凯斯·万·黑林根
Kees van Heeringen

凯斯·万·黑林根，比利时根特大学精神病学教授、精神病学和医学心理学系主任、自杀研究小组主任，佛兰德自杀预防专家中心联合创始人，曾获国际预防自杀协会（International Association for Suicide Prevention，IASP）颁发的斯坦格尔奖。

The Neuroscience of Suicidal Behavior

脑科学前沿译丛

主编 李红 周晓林 罗跃嘉

自杀行为神经科学

［比利时］凯斯・万・黑林根　著
Kees van Heeringen

攸佳宁　译

浙江教育出版社・杭州

图书在版编目（ＣＩＰ）数据

自杀行为神经科学 / （比）凯斯·万·黑林根 （Kees van Heeringen） 著；攸佳宁译. -- 杭州 ：浙江教育出版社，2022.11

（脑科学前沿译丛）

书名原文：The Neuroscience of Suicidal Behavior

ISBN 978-7-5722-3763-8

Ⅰ. ①自… Ⅱ. ①凯… ②攸… Ⅲ. ①神经科学 Ⅳ. ①Q189

中国版本图书馆CIP数据核字（2022）第101017号

引进版图书合同登记号 浙江省版权局图字：11-2022-179

脑科学前沿译丛

自杀行为神经科学

ZISHA XINGWEI SHENJING KEXUE

［比利时］凯斯·万·黑林根 （Kees van Heeringen）　著　　攸佳宁　译

责任编辑：王方家　江　雷　　　　　　美术编辑：韩　波
责任校对：陈阿倩　　　　　　　　　　责任印务：陈　沁
装帧设计：融象工作室 _ 顾页

出版发行：浙江教育出版社（杭州市天目山路 40 号　联系电话：0571-85170300-80928）
图文制作：杭州林智广告有限公司　　　印刷装订：杭州佳园彩色印刷有限公司
开　　本：787 mm×1092 mm　1/16　　印　　张：13.75
插　　页：4　　　　　　　　　　　　字　　数：280 000
版　　次：2022 年 11 月第 1 版　　　　印　　次：2022 年 11 月第 1 次印刷
标准书号：ISBN 978-7-5722-3763-8　　定　　价：79.00 元

如发现印装质量问题，影响阅读，请与本社市场营销部联系调换。（联系电话：0571-88909719）

"脑科学前沿译丛" 总序

　　人类自古以来都强调要"认识你自己"（古希腊箴言），因为"知人者智，自知者明"（老子《道德经》第三十三章）。然而，要真正清楚认识人类自身，尤其是清楚认识人类大脑的奥秘，那还是极其困难的。迄今，人类为"认识世界、改造世界"已经付出了艰辛的努力，取得了令人瞩目的成就，但对于人类自身的大脑及其与人类意识、人类健康的关系的认识，还是相当有限的。20世纪90年代开始兴起、至今仍如初升太阳般光耀的国际脑科学研究热潮，为深层次探索人类的心理现象，揭示人类之所以为人类，尤其是揭示人类的意识与自我意识提供了全新的机会。始于2015年，前后论证了6年时间的中国脑计划在2021年正式启动，被命名为"脑科学与类脑科学研究"。

　　著名的《科学》（*Science*）杂志在其创立125周年之际，提出了125个全球尚未解决的科学难题，其中一个问题就是"意识的生物学基础是什么"。要回答这个问题，就必须弄清"意识的起源及本质"。心理是脑的机能，脑是心理的器官。然而，研究表明，人脑结构极其复杂，拥有近1000亿个神经元，神经元之间通过电突触和化学突触形成上万亿级的神经元连接，其内部复杂性不言而喻。人脑这样一块重1400克左右的物质，到底如何工作才产生了人的意识？能够回答这样的问题，就能够解决"意识的生物学基础是什么"这一重大科学问题，也能够解决人类的大脑如何影响以及如何保护人类身心健康这一重大应用问题，还能解决如何利用人类大脑的工作原理来研发新一代人工智能这一重大工程问题。事实上，包括中国科学家在内的众多科学家，已经在脑科学方面做了大量的探索，有着丰富的积累，让我们对脑科学拥有了较为初步的知识。

　　2017年，为了给中国脑计划的实施做一些资料的积累，浙江教育出版社邀请周晓林、罗跃嘉和我，组织国内青年才俊翻译了一套"认知神经科学前沿译丛"，包括《人类发展的认知神经科学》《注意的认知神经科学》《社会行为中的认知神经科学》《神经经济学、判断与决策》《语言的认知神经科学》《大脑与音乐》《认知神经科学史》等，围绕心理/行为与脑的关系，汇集跨学科研究方法和成果——神经生理学、神经生物学、神经化学、基因组学、社会学、认知心理学、经济/管理学、语言学、音乐学等。据了解，这套译丛在读者群中产生了非常好的影响，为中国脑计划的正式实施起到了积极的作用。

正值中国脑计划启动之初，浙江教育出版社又邀请我们三人组成团队，并组织国内相关领域的专家，翻译出版"脑科学前沿译丛"，助力推进脑科学研究。我们选取译介了国际脑科学领域具有代表性、权威性的学术前沿作品，这些作品不仅涉及人类情感(《剑桥人类情感神经科学手册》)、成瘾(《成瘾神经科学》)、认知老化(《老化认知与社会神经科学》)、睡眠与梦(《睡眠与梦的神经科学》)、创造力(《创造力神经科学》)、自杀行为(《自杀行为神经科学》)等具体研究领域的基础研究，还特别关注与心理学密切关联的认知神经科学研究方法(《计算神经科学和认知建模》《人类神经影像学》)，充分反映出当今世界脑科学的研究新成果和先进技术，揭示脑科学的热点问题和未来发展方向。

今天，国际脑计划方兴未艾，中国也在 2021 年发布了脑计划首批支持领域并投入了 31 亿元作为首批支持经费。美国又在 2022 年发布了其脑计划 2.0 版本，希望能够在不同尺度上揭示大脑工作的奥秘。因此，脑科学的研究和推广，必然是国际科学界竞争激烈的前沿领域。我们推出这套译丛，旨在宣传脑科学，通过借鉴国际脑科学研究先进成果，吸引中国青年一代学者投入更多的时间和精力到脑科学研究的浪潮中来。如果这样的目的能够实现，我们的工作就算没有白费。

是为序。

李 红

2022 年 6 月于华南师范大学石牌校区

献给每一位瓦莱丽
献给唯一的米里亚姆

前　言

在一个炎热的夏天，当时还是年轻精神科医生的我被要求去大学医院的康复科看一个病人。那是一个聪明的年轻女孩，名叫瓦莱丽。她住在大学医院的康复科，因为她几周前从桥上跳了下去，失去了双腿。

那天的晚些时候，我坐在根特市中心一个漂亮的露台上，和几个朋友喝着啤酒。我们享受着相聚的时光，看着、讨论着那些漫步的女孩。但是，在脑海里，我一直在试图找到这个问题的答案：我那天早些时候遇到的那位聪明的年轻女孩究竟为什么会做出这样一件可怕的、对她的身体造成不可逆转的伤害的事情？当时我不知道与瓦莱丽的会面会对我的职业生涯产生如此大的影响。几年后，我在根特大学成立了自杀研究课题组。

瓦莱丽告诉我，在她企图自杀的那天，她已经和男友约好了。她想和他谈谈，因为她感觉不舒服。所以，尽管她早上应该去上学，但她还是去赴约了。当她和男友说话时，她注意到旁边有个叔叔走过。这个叔叔知道她这时应该在学校，而不应该和她的男友在一起，他看起来非常生气。当瓦莱丽看到他愤怒的面孔时，她莫名地被驱使着骑上自行车来到了附近的公路桥上，跳到了那些正在行驶的汽车前面。随后与瓦莱丽的对话清楚地表明，她"感觉不舒服"是抑郁发作的表现。她想去见她的男朋友，告诉他她的坏心情、对未来和对自己的消极想法和痛苦的感受，这些都让她感到非常害怕。后来她还告诉我，她的父亲在她五六岁时就自杀了。

瓦莱丽故事中的关键内容将在本书中讨论。我们将从有趣的大脑成像研究中了解到，人们对愤怒面孔的反应可能导致自杀行为的易感性。我们将从遗传学研究中了解到，自杀确实可能在家族中遗传，也开始理解基因可能是怎样导致自杀行为易感性的。我们也会发现抑郁症和自杀行为在年轻人中也很常见。令人悲哀的现实是，流行病学的数据显示，在包括美国在内的世界许多地区，年轻人出现自杀行为的比例高得令人无法接受，而且仍在上升。

在瓦莱丽的案例中，残酷的现实是她患有抑郁症，而她自己、她的家人、她的学校老师或者她的保健医生都没有认识到这一点，因此她没有得到治疗。除此之外，她的家族还有自杀史，这本来应该促使她周围的人或者看护人考虑到这个女孩有更高的自杀风险。抑郁和家庭因素是这"致命毒药"的两大主要成分，在世界各地每天都有许多人因此丧生。

这本书阐述了一个自杀模型的神经科学基础。该模型将自杀行为解释为易感的个体与其生活的世界相互作用的悲剧性结果。本书的第 1 章和第 2 章讨论了自杀行为的发生及其风险因素，并描述了自杀行为的特定易感性，阐明了特定压力源如何与这些易感性互相作用，从而导致自我毁灭的行为。第 3 章叙述了研究自杀易感因素和压力相关因素的神经科学方法。接下来的章节将着重从分子（第 4 章）、认知（第 5 章）和系统（第 6 章）自杀行为神经科学层面更详细地阐述这些方法。第 7 章从发展的角度出发，聚焦于儿童期的创伤性事件，比如性虐待和身体虐待导致的毁灭性影响。第 8 章探讨了一种基于预测编码的模型对于自杀行为的全新理解，这个模型可以将前面章节中所描述的很多关于自杀行为的研究结果整合为一个有意思的关于自杀的计算模型。我们预测自杀行为以及处理自杀风险的能力有限，这是自杀预防中的一个主要问题。第 9 章侧重于神经科学方法对自杀行为预测的启示，而第 10 章则聚焦于从神经科学的观点出发来应对自杀行为的难题和机遇。

探索自杀行为神经科学是一次深入大脑黑暗面的奇妙旅程。这本书将表明，个体会自杀可能是因为神经生物学机制的缺陷，那些机制通常为应对生活中的苦难提供了保护。人们普遍认为，自杀是对非正常情况的一种正常反应。科学家们则知道事实正好相反：自杀是对正常情况的一种异常反应。自杀行为通常是由失恋、失业、被霸凌、抑郁或经济困难等引起的。这些困境是非常常见的，但自杀行为却只出现在少数经历了类似困境的人中。这本书将描述人们为什么，以及如何变得如此脆弱，以至于经历困境可能导致他们选择结束自己的生命。同时，这本书也将表明，对这些机制的研究会让自杀预防成为可能。

Contents

第 1 章

什么是自杀行为？它可以被预防吗？

学习目标

- 什么是自杀和非自杀性自伤行为？
- 自杀行为有多普遍？
- 为什么有一些普遍存在的关于自杀的错误观念？
- 什么是自杀行为的应激—素质模型？
- 抑郁症等精神障碍与自杀有怎样的关联？
- 预防自杀的三种主要方式是什么？

引言

全球每 40 秒就有一人自杀，每天有 120 多名美国人自杀（WHO, 2014; MMWR, 2017）。不幸的是，美国自杀人数还在逐年增加。越来越多的人，尤其是年轻人，试图结束自己的生命。非自杀性自伤行为甚至比自杀尝试更为普遍。

关于自杀仍然存在许多谬论，这些我们将在后文提到。其中流传最久的一个说法认为，自杀是无法预防的或者自杀风险是无法降低的。这种观点导致自杀或试图自杀的人数持续居高不下。从经济学的角度来看，自杀的代价是巨大的。例如，在美国，自杀行为的总成本估计为 9.35 亿美元。在个人层面上，自杀的代价也是巨大的。每一次自杀都是沉重的个人苦难和精神痛苦下的悲剧。同时每次自杀也会影响活着的亲人、朋友，他们会感到羞耻、内疚和痛苦，并可能会因此自杀。人一生中暴露于自杀事件的概率将近 22%，这表明超过五分之一的人会在他们的生活中经历一次自杀（Andriessen et al., 2017）。人们通常认为，自杀的主要动机是结束精神上的痛苦，然而令人悲哀的现实是，自杀并不能结束痛苦，它只是将痛苦留给了活着的人。

自杀是可以预防的。据估计，每花费 1 美元在预防性干预措施上，就能节省 2.5 美元因自杀导致的成本（Shepard et al., 2016）。自杀行为从来不是单一原因导致的，现在许多影响因素已经众所周知，而且我们对它们导致自杀发生的机制也有了更深刻的理解。这些理解使得在不同层次上制定自杀预防策略成了可能。

1.1 自杀的行为学方面

自杀（suicide）一词最早可能出现于 17 世纪，来源于"sui"（自己）和"caedere"（杀死）两个词。世界卫生组织（World Health Organization, WHO）将自杀定义为"由行为者本人在完全了解或预期其致死性后果的情况下主动发起并实施的蓄意杀死自己的行为"。将自杀尝试（suicide attempt）定义为"任何非致死性的自杀行为，例如故意服毒、伤害或自残，这些行为可能有也可能没有致死性意图或结果"（WHO, 2014）。

直到 20 世纪 60 年代末，自杀尝试一直被认为是失败的自杀。从那时起，人们引入了一些术语将实施非致命性自杀定义为与自杀不同的行为。这些术语包括"准自杀"（parasuicide）、"伪自杀"（pseudosuicide）、"故意自我伤害"（deliberate self-harm）、"自我伤害"（self-harm）和"非自杀性自伤"（non-suicidal self-injury, NSSI）。这些术语反映了人们对自杀行为的理解越来越倾向于其不是一个同质化的现象，而是一系列在致命性、计划和意图上都可能有所不同的自我毁灭行为。然而，即使是这些术语也很难去定义自杀尝试："致命性"可以指由于自杀尝试或其方法造成的医学上或身体上的伤害，而"计划"和"意图"却没有客观的衡量标准。基于理论、行为、临床或流行病学特征，非致命性自杀和自伤行为可以有很多分类方式，对这些分类方式的分歧始终存在（Silverman, 2016）。如今在学术研究和临床指南中，尤其是在美国，普遍将自杀意图作为区分非自杀性自伤和自杀尝试的主要标准。精神疾病手册《精神障碍诊断和统计手册（第五版）》（*The Diagnostic and Statistical Manual of Mental Disorders, DSM-5*）将自杀行为障碍和非自杀性自伤列为需要深入研究的临床情况并提出了诊断标准，以决定是否将这两种疾病诊断为正式的精神障碍。在自杀行为下，诊断标准包括了所用方法的暴力程度、医疗后果和自杀的计划程度。

对自我伤害者的众多非自杀性原因报告支持自杀尝试和非自杀性自伤是两种不同的行为（Edmondson et al., 2016）。研究显示，在自我伤害的非自杀性原因中，最常见的原因有处理痛苦和施加人际影响，其次是惩罚和处理解离状态（见表 1.1）。

较少被提到但仍然被一些自我伤害者认可的原因有避免自杀、寻求感觉、定义个人界限以及应对性欲。此外，从一些受访者的报告来看，自我伤害行为似乎也存在着积极的或适应性的动机，比如自我肯定或证实。

表 1.1　自我伤害的非自杀性原因（Edmondson et al., 2016）

应对痛苦

- 处理痛苦（情绪调节）——处理痛苦的、不愉快的情绪状态，包括以躯体疼痛的方式表达情绪痛苦，阻断痛苦的记忆
- 人际影响——改变或回应他人的想法或感受；寻求帮助
- 惩罚——通常是对自己的惩罚，偶尔是对他人的惩罚或受到他人的惩罚
- 处理解离状态——中止或引发麻木和不真实的感觉
- 避免自杀——非致命性自我伤害是为了化解自杀的行为或想法

自我伤害是一种积极的体验

- 满足感——自我伤害是一种安慰或享受
- 寻求感觉——通过非性兴奋或性唤起的方式
- 实验——尝试新事物
- 保护——保护自己或他人
- 发展个人掌控感

定义自我

- 定义界限——自我伤害是一种界定或探索自我界限的方法
- 应对性欲——通过自我伤害产生类似性欲的感觉或以一种象征的方式表达性欲
- 证实——向自己，偶尔也向他人证明自己的力量或展示自己的痛苦
- 自我归属或融入——融入一个群体或一种亚文化
- 拥有一种个人语言——一种纪念方式：将自伤作为一种可以使自己回想起或认可过去美好感觉或记忆的方式

非自杀性自伤（NSSI）一词的使用受到了一些批评，其中一个原因是大部分关于NSSI的研究关注的是未成年人，针对成年人的研究确实很少。此外，纵向研究表明（见后文讨论），当NSSI行为大大增加了未来的自杀风险时，就很难给这些行为贴上明确的非自杀标签。低估与NSSI相关的自杀风险意味着，与其他人相比，NSSI患者将被给予较低的优先权并接受较差的治疗（Kapur et al., 2013）。另一个问题是，自杀意图可能难以被可靠地评估，因为有自伤行为的人往往有矛盾心理（即他们不在乎自己的生死）和多重动机。一项针对成

年人的研究甚至发现，三分之一的人表示他们在自伤时有自杀想法（Klonsky, 2011）。回溯性证据表明，NSSI 最大的风险因素是曾经有自杀行为和想法（Brunner et al., 2007）。而其他研究又发现，NSSI 通常先于自杀想法和行为出现，这表明 NSSI 可能是通往自杀行为之路，无论它是不是通过提高自杀能力而实现的（Whitlock et al., 2013; Grandclerc et al., 2016）。另一种观点认为，NSSI 和自杀尝试是自我伤害行为中的不同维度，自杀意图的存在与否并不能作为分类的标准（Orlando et al., 2015）。NSSI 和自杀想法在神经生物学基础上的明显相似性支持了这一解释。这种潜在的并且可能是普遍的神经生物学上的易感性，即所谓的共同素质，是本书的主题。

1.2　自杀的流行病学方面

1.2.1　自杀行为的发生

根据最新的估计，2012 年全球有 80.4 万人死于自杀，标志着每年全球年龄标准化自杀率为 11.4/10 万人（WHO, 2014）。这意味着在 2012 年，全球每 40 秒就有一个人结束自己的生命。同年，自杀死亡人数占全球死亡总人数的 1.4%，成为第 15 大死亡原因。在全球范围内，自杀死亡占所有暴力死亡的 56%：死于自杀的人数比死于犯罪和战争的人数加起来还要多。总的来说，亚洲和东欧国家的自杀率最高，中美洲和南美洲以及地中海东部国家的自杀率最低，美国、西欧和非洲的自杀率介于两者之间。但是这种形势正在迅速改变，例如，正如我们将在后面看到的那样，近年来美国的自杀率大幅上升。尽管国家和地区之间自杀率的差异可能在一定程度上反映了自杀个案的确定情况以及报告数据的可得性和及时性上的差异（Windfuhr et al., 2016），但自杀率的差异更可能是真实的，受到了特定风险和保护性因素的发生率差异（见后文讨论）以及更广泛的社会因素（如社会剥夺和政治变革）的影响。

尽管全球人口有所增加，但自杀的绝对人数却下降了约 9%，从 2000 年的 88.3 万人降至 2012 年的 80.4 万人。从 2000 年到 2012 年的 12 年间，全球自杀率下降了 26%（男性下降 23%，女性下降 32%），比总死亡率下降 18% 的速度还要快。然而不幸的是，许多国家也报告了自杀率（每 10 万人中自杀死亡的人数）的上升。例如，近几十年来，美国的自杀率增加了 30% 以上，从 1999 年的 10.5/10 万人增加到 2014 年的 13.0/10 万人，目前已高于全球平均水平（Curtin et al., 2016）。

在美国，自伤死亡率（self-injury mortality, SIM）也大幅度上升。自伤死亡数是指由任何方式导致的自杀死亡人数以及由法医和验尸官归类为意外或不确定的药物自毒事件的估算死亡人数的总和。据估计，1999 年因自伤死亡的人数为 40 289 人，而 2014 年则为 76

227 人。粗略估计，从 1999 年到 2014 年自伤死亡率增长了 89%。其一直高于肾脏疾病的死亡率，并且在 2006 年超过了流感和肺炎的死亡率。到 2014 年，自伤死亡率与糖尿病死亡率趋同，在这一年，自伤死亡夺去了男性死者 32 年的寿命和女性死者 37 年的寿命（Rockett et al., 2016）。

　　自杀和自伤死亡率的上升与许多因素有关，这些因素包括经济恶化以及精神病院床位的减少（Bastiampillai et al., 2016）。在经济方面，一项包括 63 个国家的研究估计，2009 年全球超过 5000 起自杀死亡案例与全球金融危机有关，且在金融危机前失业率较低的国家，失业对自杀率的影响更大（Nordt et al., 2015）。在美国，像 2007 年和 2008 年的经济衰退，就导致了受教育程度较低的群体每 10 万人中自杀死亡数增加 1.22 人，而受教育超过 12 年的群体中每 10 万人中增加 0.17 人（Harper et al., 2015）。仔细分析流行病学的数据发现，经济衰退可能会造成伤害，但财政紧缩会致命，特别是体现在自杀率的增加上（Stuckler & Basu, 2013）。然而，失业率的上升可能无法解释金融危机对自杀率的影响，而且在美国和欧洲，失业率上升和自杀率上升之间的因果关系确实受到了质疑（Fountoulakis, 2016）。当失业率低时，失业人群的自杀率高；而当失业率增加、失业人群中包括了更多精神健康的人时，失业人群的自杀率反而降低了。另外，自杀人数的增加发生在失业人数增加的好几个月之前。最可能的解释是，在经济危机和财政紧缩时期，精神卫生保健水平下降了。还有，精神疾病患者作为一个特殊易感群体，会以选择性的和累积性的方式受到经济危机更大的冲击（Fountoulakis, 2016）。

　　有关普通人群中发生非致命性自杀或非自杀性自伤的区域性或国家性数据很少。有关自杀尝试的数据大多来自对自伤后到综合医院就诊的研究，其中少数研究提供了数据，能让我们估算各国自杀尝试和自伤的比例。在 2006 年到 2013 年间，美国约有 350 万人因自杀尝试和自伤前往急诊科就诊，这表明每年基于全体人群的自伤率约为 170/10 万人（Canner et al., 2016）。在欧洲，爱尔兰对全国各地综合医院的此类就诊进行了全国登记，根据该登记数据，2015 年自伤率（包括有不同程度的自杀意图和各种潜在动机的自伤）估计为 204/10 万人（NSRF, 2016）。在丹麦，从 1994 年至 2011 年的全国人口个人登记数据显示，男性和女性的平均自伤发生率分别为 131/10 万人和 87/10 万人。在这期间，我们观察到在 15—24 岁年龄段的女性中，自伤率几乎增加了 3 倍（Morthorst et al., 2016）。根据 WHO 的《世界心理健康调查》（World Mental Health Surveys）数据，在世界不同地区的 17 个国家中，成年人自杀尝试的平均终生发生率约为 2.7%（Nock et al., 2008）。一项对全球青少年 NSSI 和蓄意自伤（DSH）发生率研究的系统回顾显示，NSSI 和 DSH 的平均终生发生率分别为 18% 和 16%（Muehlenkamp et al., 2013）。在美国，从 2009 年到 2012 年，因自残而到急诊室就诊的青少年人数大幅增加（Cutler et al., 2015）。值得注意的是，如上吊和从高处跳下等更可能致命的方法，被越来越多地用于自伤（Vancayseele et al., 2016）。研究清晰地表明，使用更致命的方法会增加未来出现致命性自杀行为的风险。

1.2.2　人口统计学影响

男性死于自杀的人数是女性的 3 倍（尽管在低收入和中等收入国家里，男性与女性的自杀死亡人数之比要低得多，为 1.5∶1）。在全球范围内，男性的自杀率是 15.0/10 万人，女性是 8.0/10 万人。在所有的暴力死亡中，男性因自杀死亡的人数占男性总死亡人数的 50%，女性因自杀死亡的人数占女性总死亡人数的 71%（WHO, 2014）。女性的自杀尝试率普遍高于男性。例如，爱尔兰国家登记报告显示，2015 年男性和女性的自杀尝试率分别为 186/10 万人和 222/10 万人（NSRF, 2016）。

自杀造成的死亡占所有死亡的比例和自杀作为死亡原因的排名在年龄上有很大差异。在高收入国家，自杀在中老年男性中最为常见，但年轻人的自杀率正在上升。在全球 15—29 岁的年轻人中，自杀死亡人数占所有死亡人数的 8.5%，是第二大死亡原因（仅次于交通事故）。在 30—49 岁的成年人中，自杀死亡人数占所有死亡人数的 4.1%，是第五大死因。非自杀性自伤的比例在年轻人中最高。例如，在英国，三分之二有自伤行为的人年龄在 35 岁以下（Geulayov et al., 2016）。表 1.2 清楚地表明，自杀是年轻人，尤其是 10—35 岁年轻人的主要死亡原因。

表 1.2　2015 年美国十大死亡原因						
排名	10—14	15—24	25—34	35—44	45—54	55—64	65+
1	意外伤害 763	意外伤害 12 514	意外伤害 19 795	意外伤害 17 818	恶性肿瘤 43 054	心脏病 76 872	心脏病 507 138
2	恶性肿瘤 428	自杀 5491	自杀 6947	恶性肿瘤 10 909	心脏病 34 248	恶性肿瘤 43 054	恶性肿瘤 419 389
3	自杀 409	他杀 4733	他杀 4863	心脏病 10 387	意外伤害 21 499	意外伤害 19 488	呼吸道疾病 131 804
4	他杀 158	恶性肿瘤 1469	恶性肿瘤 3704	自杀 6936	肝病 8874	呼吸道疾病 17 457	脑血管疾病 120 156
5	先天性异常 156	心脏病 997	心脏病 3522	他杀 2895	自杀 8751	糖尿病 14 166	阿尔茨海默病 109 495
6	心脏病 125	先天性异常 386	肝病 844	肝病 2861	糖尿病 6212	肝病 13 728	糖尿病 56 142
7	呼吸道疾病 93	呼吸道疾病 202	糖尿病 798	糖尿病 1986	脑血管疾病 5307	脑血管疾病 12 116	意外伤害 51 395

续表

排名	10—14	15—24	25—34	35—44	45—54	55—64	65+
8	脑血管疾病 42	糖尿病 196	脑血管疾病 567	脑血管疾病 1788	呼吸道疾病 4345	**自杀 7739**	流感和肺炎 48 774
9	流感和肺炎 39	脑血管疾病 186	艾滋病毒 529	艾滋病毒 1065	败血症 2124	败血症 5774	肾炎 41 258
10	良性肿瘤或败血症 33	流感和肺炎 184	先天性异常 443	败血症 829	肾炎 2124	肾炎 5451	败血症 30 817

表1.2　2015年美国十大死亡原因

彩色版本请扫描附录二维码查看。

　　还有研究提出自杀率的季节性变化，春夏季是自杀的高峰季节，并且自杀率似乎与纬度和日照量有关（Christodoulou et al., 2012）。在下一章中，我们将讨论神经生物学因素对自杀行为地理分布的影响，这些因素包括了从遗传因素到饮用水中锂的浓度等很多方面。

1.2.3　自杀过程

　　自伤的想法和行为是未来自杀尝试和自杀死亡的风险因素（Ribeiro et al., 2016）。自杀的最大风险因素是先前的自杀尝试。出现一次自杀尝试后，再次出现自杀尝试的可能性会增加70倍，而自杀死亡的可能性也会增加近40倍（Harris & Barraclough, 1997）。因此，先前自杀尝试的特征——包括次数、近因、意图和致命性，是之后自杀风险的重要指标。

　　早期研究着重于区分NSSI和自杀，但最近的研究结果表明，NSSI对自杀行为的长期影响可能比最初预期的要大得多（Asarnow et al., 2011; Wilkinson et al., 2011）。曾经蓄意自伤（DSH）的人的自杀风险会大幅增加（Beckman et al., 2016）。例如，基于一项平均追踪时长为5年的大型队列随访研究的结果，服毒组的自杀率约为278/10万人，而对照组约为7.0/10万人。服毒者自出院至自杀的平均时间有将近600天（Finkelstein et al., 2015）。

　　纵向流行病学研究的结果表明，自杀想法和包括NSSI在内的非致命性自杀行为、自杀之间存在联系。这样的发现支持了自杀过程的概念，而这一概念从对自杀死亡者的心理解剖研究中也能明显得出。自杀过程被定义为自杀想法和行为的发生与进展，是个体内部与周围环境相互作用的过程。这个过程可能始于"结束自己生命"这种想法，而后这种想法可能发展为经常重复的非致命性自杀行为，并且伴随着越来越强的致命性与自杀意图，最后终结于自杀死亡（van Heeringen, 2001）。

　　图1.1显示了一个自杀过程的示例，它可能始于对自杀的短暂思考，或是一种想暂时消除或摆脱情绪痛苦的愿望，这些可能会引发自杀行为。因此，负性生活事件和重度抑郁

发作等压力源可能会在这一过程中诱发个体实施自杀行为（Oquendo et al., 2014；另见第 2 章）。只有在虚线上方的一小部分过程，可能会被那些最亲近的人察觉（Retterstøl, 1993）。对美国全国人口的共病调查显示，从自杀想法转变为计划的累积概率为 34%，从计划到自杀尝试的累积概率为 72%，而有 26% 的人是从有自杀想法到计划外的自杀尝试。约有 90% 的计划外自杀和 60% 的有计划的首次自杀尝试发生在有自杀想法开始后的一年内（Kessler et al., 1999）。美国明尼苏达州罗切斯特的一项最新研究表明：首先，大约 60% 的自杀者死于他们被调查的那次自杀尝试。虽然男性比女性更有可能使用枪支，但使用枪支的女性死于被调查的自杀尝试的可能性与男性相同。其次，超过 80% 的后续自杀发生在初次自杀尝试后的 1 年内。在之后 3—25 年的随访中，自杀尝试者中每 19 人就有 1 人（男性 9 人中有 1 人，女性 49 人中有 1 人）死亡。在被调查的自杀者中，有 72.9% 的人死于开枪自杀，是使用所有其他方法的 140 倍（Bostwick et al., 2016）。

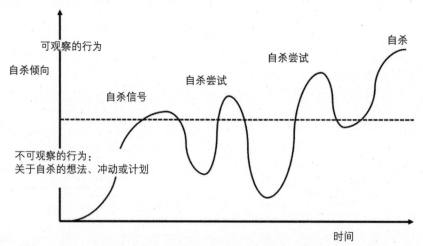

图1.1　自杀过程（改编自 Retterstøl, 1993）

　　包括双生子研究在内的流行病学数据，为生活事件与共同易感性或共有素质的交互作用在自杀想法、非致命性与致命性自杀行为中的作用提供了支持（参见 Maciejewski et al., 2014）。本书第 2 章将更详细地描述自杀行为的压力—素质相互作用模型。

1.3　自杀行为的风险因素

　　自杀行为的风险因素研究进一步支持了自杀行为的压力—素质相互作用模型，表明这些因素可能是近端的，也可能是远端的（见表 1.3）。

表1.3 自杀行为的风险因素（Hawton & van Heeringen, 2009）

远端因素

- 遗传负荷
- 早期创伤性生活事件
- 胎儿生长受限和围产期情况
- → 个性特征（如冲动性，攻击性）
- → 神经生物学紊乱（如血清素和压力反应系统的功能失调）

近端因素

- 精神障碍
- 身体疾病
- 心理社会危机
- 方法可得性
- 模仿效应

　　下一节将讨论已知的近端和远端风险因素。应该注意的是，在我们引用的研究中，"风险因素"一词通常是一个概括性术语。应区分"相关因素"（与自杀行为相关的特征）、"风险因素"（自杀行为发生前出现的相关因素，可用于将人群分为高风险和低风险群体）和"因果性风险因素"（当对风险因素的操纵能系统性地改变自杀行为的发生概率时所确定的风险因素）。本书第9章关于自杀风险的预测与治疗的讨论将使我们明确，区别这三个术语至关重要：因果性风险因素是预测因子和有价值的治疗目标；非因果性风险因素也是预测因子，但它不是那么有效的治疗目标；相关因素可能是较差的预测因子和无效的治疗目标。

1.3.1 远端风险因素

　　可能增加自杀行为风险的远端或易感因素包括遗传影响和早年逆境，本书第4章和第7章将对此进行详细讨论。双生子和收养研究表明，自杀行为的遗传率（遗传个体差异导致个体自杀行为差异的程度）在30%—50%之间。当考虑到精神疾病的遗传性时，自杀尝试的特定遗传率估计为17%（Turecki & Brent, 2016）。尽管有大量候选基因和全基因组关联研究，我们仍然难以识别特定的自杀风险基因，正如我们在接下来的章节中将看到的。无论是否通过压力反应系统反应性的变化以及对大脑结构的有害影响，涉及儿童期受虐和父母忽视的早年逆境都可能通过与自杀行为相关的神经缺陷（如无法做决策和解决问题）导致自杀风险的增加（请参阅本书第 7 章）。

冲动性似乎在包括NSSI在内的相当一部分自我伤害行为中发挥了作用（Lockwood et al., 2017）。例如，为了从可怕的心理状态中解脱出来，人们可能会为了短期利益而非长期目标做出冲动行为。因此，冲动性使个体更有可能采取容易做到但不良的行为来调节情绪，如自我伤害。成功地实施这种减轻痛苦的策略可能对自我伤害行为是一种负强化。虽然这种推理在直觉上似乎是正确的，但由于冲动性在概念和测量上，以及自伤行为在研究范围上存在很大差异，因此研究结果难以被解释。例如，认知冲动性的影响（与难以保持注意集中或没有预先考虑就行动有关）可能与行为冲动性的影响不同；自我伤害行为的冲动性似乎与作为人格特质的冲动性也没有很高的相关度。随着时间的推移，高特质冲动性也可能导致更痛苦和更具刺激性的经历。通过习惯化，个体对自我伤害的厌恶性本能反应可能会减弱，从而导致自伤行为的维持。综上所述，尽管存在方法上的问题，但研究结果表明，冲动性的不同方面在自伤的整个过程中会带来不同的风险（Lockwood et al., 2017）。

在自杀尝试者中，高冲动性和高攻击性是很常见的，但这两种特质对自杀风险的影响似乎是不同的。例如，在抑郁的个体中，攻击性比冲动性更能预测其自杀行为（Keilp et al., 2006）。自杀者，尤其是年轻的自杀者，常有冲动性攻击行为史（Turecki, 2005）。事实上，部分家庭自杀倾向可能是通过冲动性攻击行为来传递的。这些行为在家庭中聚集，自杀者和自杀尝试者的一级亲属比对照组的亲属更有可能表现出攻击性（Turecki, 2005）。因此，冲动性攻击行为可能在自杀行为的家族传递中起中介作用；也正因如此，在自杀的基因研究中，这类行为被视为自杀行为内表型，这将在本书第 4 章讨论。冲动性攻击行为是一个常见的远端神经生物学风险因素，它与自杀行为和大脑神经递质（如血清素）的活性降低都有关。

大脑神经传递的变化与自杀行为之间的联系是生物精神病学中被重复最多的发现之一。许多研究将自杀行为与血清素神经传递系统的改变联系起来，将血清素神经传递系统的改变视为最有可能的远端风险因素，通过人格特质（如冲动性与伤害回避）或神经认知缺陷显现出来。其他与自杀行为有关的神经递质是谷氨酸和 γ-氨基丁酸（GABA）（见第 4 章）。

皮质醇对压力的反应钝化可能是自杀风险的一个特质标志。自杀尝试者的一级亲属在实验室中对急性应激源表现出迟钝的皮质醇反应（McGirr et al., 2010）。此外，与有自杀想法的个体和对照组对比，无论是否有自杀家族史，自杀尝试者均在实验室面对压力时显示出较低的皮质醇反应；但在有家族史的自杀尝试者中，皮质醇对压力的反应最低（O'Connor et al., 2017）。这些发现表明，这种皮质醇对压力反应迟钝的特征可能是自杀风险的遗传标志。然而，现实情况更为复杂，我们将在第 4 章看到。

有趣的是，越来越多的证据表明感染刚地弓形虫是自杀行为中的一个远端神经生物学风险因素。自杀尝试和自杀风险的增加与血清呈阳性有关，这可能是免疫诱导的神经递质活性变化所致（Pedersen et al., 2012; Flegr, 2013）。此外，对刚地弓形虫和巨细胞病毒产生的抗体 IgM（但不是 IgG）似乎会对自杀尝试产生附加作用（Dickerson et al., 2017）。感染和自杀之间的联系在一项全国性的、基于人群的前瞻性队列研究中得到了证实，这项研究在 32 年的随访期内观察了 700 多万人。在前瞻性和剂量—反应关系中，因感染而住院的患者自杀死亡的风险增加，其中与因感染而住院相关的人群归因危险（与实际暴露模式相比，如果人群完全不暴露于感染情境，可观察到的发病率会下降）导致了 10% 的患者自杀。艾滋病患者和病毒性肝炎患者最容易自杀（Lund-Sørensen et al., 2016）。研究结果表明，感染可能在自杀行为的病理生理机制中具有相关作用，尽管这些机制的性质尚不清楚。例如，感染及抗生素治疗在多大程度上可能通过肠道微生物群的变化导致大脑功能的改变和自杀行为的发生，仍有待证实。本书第 4 章将更详细地讨论与自杀行为相关的免疫学方面的内容。

1.3.2 近端风险因素

近端风险因素是自杀行为的诱因，包括负性生活事件（将在本书第 2 章中讨论）和精神病理学。抑郁情绪、精神痛苦和绝望感是自杀心理状态的关键成分，几乎所有的自杀行为都发生在精神病理学的背景下，无论其是否符合特定精神障碍的结构化标准。心理解剖研究一致表明，在西方世界中，约 90% 的自杀者存在精神障碍。几乎所有的自杀风险的增加都与精神障碍相关，但某些障碍与自杀行为的关联更为紧密（Harris & Barraclough, 1997）。在重度抑郁症、双相障碍、精神分裂症、酒精和药物相关障碍、进食障碍和人格障碍患者中，自杀风险明显增加。年龄较小的自杀者更可能有 B 族人格障碍和药物滥用，而年龄较大的自杀者则更可能患抑郁症之类的精神障碍。

在重度抑郁症或双相障碍患者中，抑郁发作导致的自杀至少占所有自杀行为的一半。长期队列研究表明，抑郁症患者的自杀标准化死亡率约为普通人的 20 倍，双相障碍患者的标准化死亡率为普通人的 15 倍（Rihmer & Döme, 2016）。对于后者，相较于双相障碍 I 型，自杀行为似乎在双相障碍 II 型中更为常见（Shaffer et al., 2015）。对于心境障碍患者，其自杀行为几乎只发生在病情严重期间。

在这种情况下，有几个问题是值得注意的。第一，抑郁发作期间自杀行为的风险不仅仅取决于包括自杀想法在内的抑郁症的严重程度，一些临床特征对自杀行为具有更强的预测价值，包括绝望感和精神痛苦的程度。鉴于它们与自杀行为密切相关，这两种认知情绪因素的结合似乎是抑郁症患者的"致命鸡尾酒"。对于抑郁症患者而言，精神痛苦是无止境的，是自杀的常见动机。

15

精神痛苦（心理痛苦、情绪痛苦或"心理痛楚"）是一种情感和动机特征，对我们理解自杀行为十分重要（Troister & Holden, 2010）。强烈的消极情绪，如内疚感和羞耻感，可能会因亲密、赞赏、独立等心理需求无法被满足而引发。这些情绪可能会泛化为一种无法承受的精神痛苦，而自杀通常是对这种精神痛苦的逃避。在过去的10年中，人们用一些理论、测量方法、临床风险评估做了很多研究来描述、评估和确认精神痛苦是自杀的关键（Verrocchio et al., 2016）。然而，我们都知道大多数遭受如失去挚爱所带来的精神痛苦的人并不会考虑自杀。因此，一定有额外因素使精神痛苦达到了无法承受的程度，以至于一些人需要通过自杀来寻求缓解。这些额外因素至少有两个，精神痛苦的严重程度和绝望程度（van Heeringen et al., 2010）。

绝望感，或缺乏未来可预见性的好转，在很大程度上造成了人们的精神痛苦。绝望感不仅仅是简单的悲观，它反映的是个体丧失了未来可能创造积极事件的能力。长期纵向研究发现，较高的绝望程度（如在贝克绝望量表中得到9分或以上）能够预测自杀想法、（多次）自杀尝试和自杀死亡（Brown et al., 2000; Kuo et al., 2004）。

第二，高达60%的心境障碍患者都患有以抑郁症状和同时发生的轻度躁狂症状为特征的混合性抑郁，这显著增加了致命性和非致命性自杀行为的风险。

第三，由于大多数心境障碍患者不会死于自杀，而且其中有50%的患者永远不会尝试自杀，因此其他因素也起到了重要的作用。这些因素可能包括远端风险因素，如家族和人格特质以及早年负性生活事件，这再一次说明了自杀行为的特定易感因素或素质在决定自杀风险中的关键作用。因此，对心境障碍患者的自杀风险进行预测和治疗，关键就在于对这些素质的识别，这些我们会在第9章具体讨论。

对于近端自杀风险因素，除了精神障碍之外，还有一些重要的环境风险因素。自杀工具，如枪支、农药或药物的可获得性可能会降低自杀行为发生的门槛。2014年，在美国大约发生了21 000起持枪自杀事件。枪支拥有量能够预测美国的总体自杀率，整个模型能够解释美国自杀率中92%以上的变化。持枪自杀率和总自杀率的相关性显著高于使用其他方式的自杀率和总自杀率的相关性。这些发现都支持了一个观点，能够接触到枪支并熟悉枪支使用是一个强有力的自杀风险因素（Anestis & Houtsma, 2017）。许多国家的研究都发现，出台限制枪支拥有的法案降低了持枪自杀率，与自杀率的减少有关（Resnick et al., 2017）。因为枪支的易获得性与高持枪自杀率、高总自杀率有关，所以减少枪支获得途径和降低枪支使用率很可能会对预防自杀有很大贡献（Mann & Michel, 2016）。但是，广泛地减少枪支获得途径和降低枪支使用率在美国似乎不可行，因此需要紧急研究其他有针对性的方案。关于减少自杀工具可获得性的其他问题会在后面讨论。

近端风险因素还可能包括接触有自杀行为的人。自杀有时被认为是"可传染的"，因为当易感个体接触到身边或媒体中的自杀案例时，他们的自杀风险可能会增加。在周围环境中发生的自杀事件，例如同学或亲密的家庭成员自杀，可能会降低易感个体实施自杀行为的门槛。一个相关的现象是自杀事件的聚集性，也就是自杀事件的发生通常在空间和时间上比预期的更加接近（Robinson et al., 2016）。当媒体报道描述了自杀事件的具体细节，将其浪漫化而非描述为与精神疾病和应对缺陷相关时，会影响自杀率，特别是青少年和年轻成人的自杀率。有足够的证据证明，互联网对自杀与自伤行为的发生和方式选择有消极影响（Pirkis et al., 2016）。但是，考虑到另一些研究发现互联网对自杀也有积极影响，互联网被越来越多地用作预防自杀的有力工具。

1.4 预防

专栏 1.1 展示了一些对自杀预防造成妨碍的最常见的误解。

专栏 1.1 对自杀的误解 *

误解：你一定是有精神疾病才会想自杀。

事实：大多数人都可能在某些时候有自杀的想法。不是所有死于自杀的人在自杀时都有精神健康问题。但是，许多自杀者确实患有精神疾病。

误解：那些谈论自杀的人都不是认真的，而且并不会自杀。

事实：自杀者通常都会告诉别人，他们觉得生活不值得过下去或者他们没有未来。其中有些人甚至可能说过他们想死。虽然有些人谈论自杀可能是为了获得关注，但是认真对待任何提及他们有自杀倾向的人是非常重要的。大多数有自杀倾向的人实际上并不想死，他们只是不想过现在的生活。

误解：一个人一旦有过严重的自杀尝试，就不可能会再尝试自杀了。

事实：那些曾经试图结束生命的人最终自杀身亡的可能性比其他人要大得多。

误解：如果一个人是真的想要自杀，你什么也做不了。

事实：通常来说，即使一个人已经经历了长期的情绪低落、焦虑或一直挣扎着应对困境，他产生自杀想法也是暂时的。这就说明了为什么在恰当的时间给予他们恰当的支持如此重要。

误解：谈论自杀是一个糟糕的方法，因为它可能会引起他人尝试自杀的想法。

事实：自杀可能是社会中的一个禁忌话题。通常来说，有自杀想法的人不想让他人担心或给他人带来负担，所以他们不会谈论自己的感受和想法。直接谈论自杀实际上是在允许他们表达自己的感受。有自杀想法的人通常会说，谈论他们正在经历的一切对他们而言是让人释然的事情。一旦他们开始谈论自杀，他们就更有可能去发现可以替代自杀的其他选择。

误解：威胁说要自杀的人只是为了引起关注，不需要认真对待他们。

事实：那些威胁说要自杀的人一定要得到认真对待。很可能他们是通过自杀威胁寻求帮助，给予关注可能会拯救他们的生命。

误解：有自杀想法的人都想死。

事实：大多数有自杀想法的人并不是真的想死，他们是不想以现在的方式继续生活下去。可能这看起来区别非常小，但事实上区别很大，而这也是在恰当的时机探讨其他选择如此重要的原因。

* 源自Samaritans网站。

　　许多这样的误解妨碍了对自杀行为的预防。自杀过程中的每一个表现都应该被严肃对待，自杀想法是否存在也应该被经常评估。谈论自杀并不会引起自杀行为。包括健康护理人员在内的许多人都害怕讨论可能的自杀想法与感受，因为他们认为这样会降低人们采取自杀行为的门槛。但是没有任何研究可以证明这一点，我们会在本书第10章详细讨论。与这种误解相反的是，谈论自杀可能使人不再与社会隔绝，而社会隔绝恰好是许多自杀个体的典型特征。研究告诉我们，自杀预防是可能的，可以在三个不同的水平上进行，即一般性预防、选择性预防以及指向性预防（Nordentoft, 2011）。

1.4.1　一般性预防策略

　　一般性预防旨在通过减少获得医疗服务的阻碍、增加帮助自杀者的语言和行为知识、增加求助途径以及增强个人保护如社会支持和应对技巧，来降低每一个人的自杀风险。一般性预防措施包括公共教育活动、基于学校的"自杀意识"课程、媒体报道的自杀行为教育项目以及基于学校的危机应对计划和团队。

　　限制自杀途径是另一个成功的一般性自杀预防策略。由于接触到某种自杀途径的难易程度与采用该方法的自杀率有关，对该手段的限制就会有助于自杀预防。事实上，限制自杀途径的预防效果已经通过以下方式得到了证明：缩小止痛剂的包装尺寸、给杀虫剂换上带锁的包装以及使自杀"热门地点"更安全，如在桥上设置护栏。一些国家的研究证明，立法减少枪支拥有率能降低持枪自杀率，虽然部分人可能会用其他工具代替枪支。而如果立法减少枪支拥有率是不可行的，那么我们就应该立即研究其他能减少持枪自杀的预防措施。这些措施可能包括智能枪支技术和枪支安全教育，可能会减少有自杀倾向的个体使用已经购买的枪支自杀（Mann & Michel, 2016）。众所周知，媒体对自杀的关注会影响自杀率，因此，监管媒体对自杀事件的报道是许多国家自杀预防措施中的组成部分。比如，许多国家会奖励媒体中对自杀事件的冷静报道，以促进和鼓励媒体按照世界卫生组织的预防自杀指南来报道自杀事件。

一氧化碳可得性与自杀率的关系促使人们研究煤气净化和使用强制性的催化式排气净化器。在英国，使用一氧化碳自杀率的显著下降与家庭煤气净化有关。自1993年以来，包括美国在内的许多国家给汽油动力汽车强制安装了催化式排气净化器，这减少了自杀的人数，同时人们也没有采取替代性的自杀方式（Nordentoft, 2011）。

1.4.2 选择性预防策略

选择性策略针对的是一部分人，即那些更有可能自杀的风险群体，如表现出自杀易感性的个体。因此，选择性预防策略的目的是减少特定人群中自杀行为的发生，在这些特定人群中，最重要的是精神疾病患者、酗酒者和滥用药物者、新近诊断出患有严重躯体疾病者、囚犯和无家可归的人（Nordentoft, 2011）。

选择性预防策略包括筛查项目、对"一线"成人照顾者（包括全科医生和同伴等"自然照顾者"）的"守门人"培训、为高危群体提供支持与技能训练以及增强危机服务和转诊资源。增加心理健康服务是一个有力的选择性预防策略。一系列研究证明，新近诊断出严重的躯体疾病与自杀风险的增加有关。这一点在神经疾病与癌症的研究中被更加清晰地证明了，这也意味着对这些病人要进行谨慎的危机管理和详细的自杀风险评估（Nordentoft, 2011）。

考虑到这本书的主题，我们额外关注一下通过神经生物学方法在易感个体中进行的选择性自杀预防。观察性研究表明，使用抗抑郁药物和（或）心境稳定剂进行的长期药物治疗可将抑郁症患者出现致命和非致命性自杀行为的风险降低90%，同时自杀率在拥有预治疗、电休克疗法（electroconvulsive treatment, ECT）和抗抑郁药物的时代稳步降低（Rihmer & Döme, 2016）。过去的20年间，在抗抑郁药使用量增加的国家中，自杀率显著下降。这进一步表明，对心境障碍的恰当治疗可能对自杀行为的预防有很大帮助。然而，抗抑郁药物使用的增加可能反映了易感个体更容易获得更好的精神健康治疗。研究发现，黑框警告导致儿童和青少年抗抑郁药物使用量显著减少，同时也导致了这一年龄段自杀率的显著增加，这表明精神健康治疗的变化会影响自杀率（Rihmer & Döme, 2016）。

　　锂可能是治疗抑郁症和双相障碍的最强效的抗自杀药物（也可见第 10 章）。元分析证明了长期锂治疗对情感障碍的效果，从而推断出锂对预防情感障碍患者的自杀、非致命性自杀行为和由各种原因所致的死亡都可能有效。从日本到美国得克萨斯州，全球许多地区都发现了饮用水中锂离子含量和自杀率呈显著负相关（Rihmer & Döme, 2016）。锂离子是通过什么机制预防自杀的尚不清楚，但是我们会在第 10 章详细讨论这一点。

1.4.3　指向性预防策略

　　指向性策略针对的是人群中的高风险个体，如那些已经表现出早期自杀征兆的人。这种自杀预防策略包括在高中与大学成立技能训练与支持小组、开展家长支持培训计划、对高风险青少年进行个案管理以及增加危机干预和治疗的转诊资源（Nordentoft, 2011）。

　　因此，指向性预防策略关注的是自杀风险已经较高的个体，如已经尝试过自杀的人。持续关注正在接受危机干预的自杀尝试者是指向性预防的一个重要目标。持续关注的目的是在成功进行危机干预后，降低个体潜在的自杀易感性。就像我们在第 10 章将会讨论到的，针对自杀行为易感性的循证治疗已经出现了。

本章总结

- 致命性和非致命性自杀行为以及非自杀性自伤行为可以被视为不同种类的行为，但是它们有共同的易感性。
- 自杀行为是压力源与易感性（或素质）之间相互作用的结果。
- 结合个体和社会水平的预防措施可以预防自杀。
- 自杀在个体水平上的预防受到预测难和治疗难的限制。
- 通过确定自杀风险预测的生物标志和自杀治疗的神经生物学基础，研究自杀行为的神经科学方法可能会对自杀预防起作用。

回顾思考

1. 抑郁是自杀行为的充分条件吗？
2. 自杀会在家族中聚集。这是遗传因素还是模仿效应的作用？
3. 神经生物学干预措施在指向性自杀干预中非常重要，那它们又是如何与选择性自杀干预有关的呢？
4. 经济动荡与自杀有何关系？
5. 互联网与自杀预防的关系是非常复杂的。其中利害攸关的问题有哪些呢？

拓展阅读

- Hawton, K. & van Heeringen, K. (2009). Suicide. *Lancet, 373*, 1372–1381.

- Jamison, K. R. (2000). *Night falls fast: Understanding suicide*. New York, NY: Random House.

- O'Connor, R. & Pirkis, J. (2016). *The international handbook of suicide prevention* (2nd ed.). Chichester: Wiley Blackwell.

- Williams, J. M. G. (2014). *Cry of pain: Understanding suicide and the suicidal mind*. London: Piatkus.

第 2 章

应激、易感性和自杀：应激—素质模型

学习目标

- 理解为什么自杀不是对异常情况的正常反应，而是对正常情况的异常反应。
- 认识到素质对于理解和预防自杀的关键作用。
- 精神健康问题是自杀行为的充分和（或）必要条件吗？
- 已知构成自杀行为素质的因素有哪些？
- 描述认知心理模型"痛苦的呼救"中涉及的三个认知成分。
- 应激—反应系统失调是如何引起自杀的？
- 描述有关自杀的常见误解以及它们是如何影响自杀预防的。

引言

如果面对足够沉重的压力，任何人都会结束自己的生命吗？或者，就像瓦莱丽的案例一样，人们是否可能会在一个看似普通的事件之后（试图）自杀？有时，自杀似乎是应对严重和持久的问题的一个可理解的反应，比如与复发性抑郁症斗争失败后的一种反应。经历过抑郁和癌症的人说，抑郁时他们感受到的精神痛苦比癌症带来的生理痛苦要严重得多。幸运的是，绝大多数抑郁症患者不会自杀。自杀行为的应激模型无法解释这样的现象：即使是极端的压力，也不会导致所有遭受这些压力的个体出现自杀行为。自杀不是对异常情况的正常反应。相反，自杀行为是对正常情况的一种异常反应。绝大多数人都不会把自杀作为一种应对正常情况的方式。这些发现促使人们意识到，自杀风险的发展涉及个体易感性或素质，它们可能促使个体在遇到压力时倾向于采取自杀行为。因此，任何解释自杀行为的模型都会同时考虑到近端风险因素和远端易感因素，以及两者之间的相互作用。本章将展示科学家是如何基于神经认知的发现和神经生物学的研究，不断发展出包括这种相互作用的自杀模型的。

2.1 应激—素质模型:一般性问题

自杀和自杀尝试是非常复杂的行为,许多近端和远端风险因素已经被识别出来了(详见第 1 章)。正如我们在前一章所看到的,近端风险因素是自杀行为因果链中的直接促发因素,而远端风险因素则反映了特定的易感性或素质。为了充分了解这些风险因素施加于自杀行为的影响,一些解释自杀的模型被发展出来了。这些模型旨在帮助我们进一步理解自杀个体,促进自杀风险的评估,并最终确定治疗和预防的目标。压力已经被认为是精神问题的一个关键影响因素,因此许多解释精神问题的模型都把压力看作主要影响因素。这些模型表明:如果负性事件足够严重,会诱发精神障碍,不管个体自身的生理或心理特征如何。

易感性高或者具有某种素质的个体,会对生理刺激或对大多数人来说不会造成伤害的生活中的一般情况做出异常或病态的反应(Zuckerman, 1999)。在本书前言中瓦莱丽因面对一张愤怒的脸而产生的自我毁灭行为,还有我们在神经影像学研究中看到的自杀尝试者(见第 6 章),都很好地诠释了自杀是对正常情况的异常反应。这种异常反应的发生反映了易感性或素质的存在。尽管有关"素质"的概念是非常直观简单的,并且在文献中已经深入讨论,但对这个概念却很少有精确的定义。素质通常被定义为可能使个体陷入失调状态的一种或一系列倾向性,它反映了会导致精神障碍的机体易感性(Ingram & Luxton, 2005)。

"素质"这个概念在医学术语中有着悠久的历史。"素质"一词来源于古希腊对于易染病体质的理解,它与解释气质和疾病的"体液说"有关(Zuckerman, 1999)。19 世纪以来,"素质"就被应用于精神病学领域。精神分裂症的理论将应激和素质的概念结合在一起,应激—素质交互作用这个术语则是由弥尔(Meehl)、布洛伊勒(Bleuler)和罗森塔尔(Rosenthal)在 20 世纪 60 年代提出的(Ingram & Luxton, 2005)。

在现代意义上,由遗传决定的生物学特质就是素质。然而,这个术语已经被扩展到包括可能使人易患抑郁症等精神障碍的认知和社会心理倾向上。从更广泛的意义来说,不管是生理上还是心理上,素质都是导致精神障碍或问题的必要前提条件。本章详细描述的"痛苦的呼救"自杀行为模型,就是一个从心理学角度来研究自杀行为素质的明显的例子。在大多数模型中,无论是生理上的还是心理上的,单独的素质都不足以导致精神障碍的产生,还需要其他增强或释放因素作为致病原。在这种情况下,素质包括应对压力时的易感性(Zuckerman, 1999)。

大多数应激—素质模型假设所有人对于某种给定的精神障碍,都具有某种程度的素质基础(Monroe & Hadjiyannakis, 2002)。然而,每个人何时会患上某种障碍跟他们所拥有的易感风险因素存在程度和所经历的压力程度有关。因此,相对较小的压力就可能会导致高

25

易感个体出现精神障碍。这种方法假定了因素之间的可加性，或者说它认为素质和应激要加在一起才能导致精神障碍的产生。所谓的自比模型则更具体地假设了各因素之间成反比关系，也就是说当一个因素的存在程度越高时，导致特定障碍出现所需要的其他因素的存在程度就越低。因此，对于具有强烈"抑郁易感"的思维模式的个体，只需要较少的应激就会导致他们出现抑郁（Ingram & Luxton, 2005）。这样的模型假设了一种二分的素质，例如，一个人要么有这种素质（一个基因，一种独特的基因组合，一种心理特征或一种脑部病变），要么就没有这种素质（Zuckerman, 1999）。如果不存在这样的素质，压力就不会产生影响，即使是很大的压力也不会导致特定障碍的发生。而当此类素质存在时，特定障碍的严重程度将取决于压力的大小：随着压力的增加，具有这种素质的人出现障碍的风险也会增加（Ingram & Luxton, 2005）。然而，在精神病学领域，大多数障碍可能有多基因基础，涉及不同程度的素质，包括神经递质活动水平的差异。在这种情况下，出现某种精神障碍的可能性则由压力水平和素质程度共同决定。

26

将素质定义为动态的观念意味着素质是连续的，而不是二分的。例如，认为非适应性的思维和信念模式导致了抑郁的图式模型，通常被认为是二分模型：如果一个人拥有"抑郁易感"图式，当能激活该图式的事件发生时，他或她就有出现抑郁的风险。然而，最新关于图式模型的讨论指出该模型也可能是连续的，不同图式的抑郁易感程度可能从弱、中到强。

与可能存在连续性的素质相一致，应激和素质之间的相互作用可能也不是静态的，而是会随时间动态变化的。素质基础可能恶化或改善，以至于致病所需的压力可能也相应地减少或增加。"点燃"现象（Post, 1992）就是压力和易感性的相互作用具有动态特征的一个例子：反复发作的疾病可能会引起神经元的变化，而神经元的变化又会导致个体对压力更加敏感。点燃理论因此提出，素质可能会变化，所以需要或多或少的压力来激活易感性因素（Ingram & Luxton, 2005）。在本章的后面部分，我们将强调敏感化的潜在作用。然而，目前尚不清楚是负面环境下素质的变化还是加于素质的精神创伤提高了易感性。素质的改变对自杀预防具有重大意义，因为这意味着素质有可能通过治疗而改善。在本书第10章中，我们将会看到对自杀的恰当治疗不仅要关注近端风险因素，如抑郁，还要针对潜在的易感性，这也是存在神经生物治疗和心理治疗的原因。

最后，一种素质在理论上可能由单个因素组成，也可能由多个因素构成。多基因障碍或人际认知失调就是由多因素构成的，与素质相关的心理健康问题。

2.2　自杀行为的应激—素质模型

早期关于压力和素质在自杀行为发展中的作用的描述是建立在社会生物学的基础上的（De Catanzaro, 1980）。进一步的研究集中在认知心理特征上。例如，斯科特（Schotte）和克伦（Clum）（1982）通过对大学生的研究，描述了一个自杀行为的应激（问题解决）模型。在这个模型中，高生活压力下解决问题能力差的人被认为有出现抑郁、绝望感和自杀行为的风险。鲁宾斯坦（Rubinstein）（1986）发展了自杀的应激—素质理论。在这个理论中，特定情境压力源的影响以及特定文化中高易感性个体的类别或诱发因素被整合到自杀行为的生物文化模型中。之后，曼恩（Mann）和阿朗戈（Arango）（1992）在神经生物学和精神病理学整合的基础上提出了一个应激—素质模型，该模型仍然是当代大多数自杀研究的基础。该模型强调了血清素系统的变化，特别强调了它是自杀行为的本质性危险因素而不是状态依赖性危险因素。

接下来我们将聚焦于自杀行为的应激—素质模型中的应激成分和素质成分，然后介绍一系列此类模型。

2.2.1　应激成分

心理社会危机和精神障碍的急性发作可能构成自杀行为的应激—素质模型中的应激成分（Mann et al., 1999）。贫穷、失业和与社会隔绝都与自杀有关。这些因素显然并不彼此独立或独立于精神障碍。精神障碍可能导致失业，婚姻、人际关系破裂，或者无法建立人际关系。我们很难将社会心理逆境的影响与精神障碍的影响分开，它们可以结合在一起增加对人的压力（Mann, 2003）。

基于人群的研究进一步揭示了创伤性或应激性生活事件与非致命性或致命性自杀行为之间的关联。世界卫生组织《世界心理健康调查》搜集的全球 21 个国家的数据表明，一系列创伤性事件与非致命性自杀行为有关，其中性暴力和人际暴力表现出一贯的最强影响（Stein et al., 2010）。人们经历的创伤性事件数量与随后的自杀行为风险之间存在一种剂量—反应关系，但是这种关系是次加性的，即经历的创伤性事件数量越多，创伤性事件数量与自杀风险之间的相关强度就越弱。这个研究结果在高、中、低收入国家都得到了验证，不论人们是否患有创伤后应激障碍（PTSD）或者其他精神障碍。这项研究的结果表明，完全消除创伤性事件将减少 22% 的自杀尝试。

来自丹麦全国 7000 多名自杀者和 142 000 名对照者的数据显示，自杀身亡的人遭受过监禁的比例是对照组的 9 倍（Fjeldsted et al., 2016）。自杀身亡的人经历离婚的比例比对照组高出 1.5 倍。发生在自杀案例中的压力性生活事件，如离婚和监禁，在临近死亡时比对照组更频繁。因此，压力性生活事件与随后的自杀密切相关。

2.2.2 素质成分

很明显，自杀行为的素质可能是由童年时期的逆境和（表观）遗传效应引起的（Mann & Haghgighi, 2010）。儿童期创伤是常见的。一般人口调查显示，高达 1/3 的男性和 1/5 的女性表示他们曾经历过儿童期身体虐待（childhood physical abuse, CPA），13% 的女性和 4% 的男性表示他们曾经历儿童期性虐待（childhood sexual abuse, CSA）（Roy, 2012）。如流行病学责任区（epidemiologic catchment area, ECA）研究和美国国家共病调查等一般人口研究一致表明，儿童期创伤暴露是自杀行为的一个独立危险因素。美国国家共病调查重复性研究的最新数据表明，经历过儿童期身体虐待、性虐待或目睹过家庭暴力导致了女性 16% 的自杀想法和 50% 的自杀尝试，以及男性 21% 的自杀想法和 33% 的自杀尝试（Afifi et al., 2008）。此外，临床研究表明，童年逆境，如被遗弃和遭受身体虐待或性虐待，是童年后期和成年期出现精神障碍，包括抑郁和自杀的危险因素。然而，并不是所有经历了童年逆境的个体都会出现精神障碍，这表明只有某些个体具有精神障碍的易感素质。神经解剖学、生理学和基因组的改变可能导致童年逆境对出现精神障碍具有长期、有害的影响（Miller et al., 2009）。

血清素和其他神经递质对自杀行为的影响、自杀行为的表观遗传学以及基因—环境交互作用对自杀的影响在这本书的其他章节有详细的讨论。尸检和神经成像研究已经清楚地表明，有过自杀行为史的人的大脑结构和功能都发生了变化，这种变化可能与素质的组成成分有关（van Heeringen et al., 2011；见本书第 6 章）。尸检研究发现大脑的一些关键区域，如背侧和腹侧前额皮质中血清素能神经元减少，这似乎也与素质的成分有关（Mann, 2003）。这些成分可能包括攻击性和（或）冲动性，悲观和绝望，以及问题解决或认知僵化。其中一些特质作为自杀行为的中间表型在本书的其他章节进行了讨论。最近的研究使用神经心理学的方法来研究素质，并特别关注决策过程（Jollant et al., 2007; Dombrovski et al., 2010；见本书第 5 章）。

如本章所述，目前可获得的证据表明自杀行为的素质是连续性的。可以假设，在个体自杀死亡之前的自杀过程中，这种素质会逐渐加强（van Heeringen, 2001）。在个体自杀死亡之前确实通常会发生非致命性的自杀尝试，一般伴随着医疗程度、自杀意图或所用方法致命性的增加而反复发生。一些研究已经为自杀尝试发生的点燃效应提供了支持。来自临床研究的发现表明，每次这样的自杀模式被激活时，它在记忆中的可及性就会越来越高，下一次激活所需的触发刺激也会更少。这种现象可以用来解释对自杀尝试者的流行病学研究结果，这些结果表明每次自杀尝试都会增加之后再次自杀尝试的可能性（Leon et al., 1990;

van Heeringen, 2001; Oquendo et al., 2004 ）。

连续性的素质这一概念可以解释个体之间自杀反应的差异，例如，为什么个体对相似生活事件的自杀反应有所不同——从没有或只有轻微的自伤到自杀死亡。反复暴露在压力源下可能会逐渐降低对压力的心理弹性，正因为如此，严重程度逐渐降低的压力源也可能会导致自杀行为，并增加自杀意图。越来越多的证据表明，内侧颞叶皮质—海马系统中神经心理学缺陷的增加可能是压力激素对血清素能神经元的有害影响所致。正如本书其他部分将详细讨论的那样，对自杀尝试者脑脊液中血清素代谢物 5-HIAA 水平的研究表明：（1）患抑郁症的自杀尝试者的 5-HIAA 水平比患抑郁症的非自杀尝试者低；（2）反复自杀尝试者的 5-HIAA 水平比仅有一次自杀尝试的人低；（3）使用暴力自杀方法的人比使用非暴力方法的人 5-HIAA 水平低；（4）5-HIAA 水平较低的自杀尝试者在之后的自杀中存活率更低（有关研究综述，请参阅 van Heeringen, 2001 ）。这些发现表明，在自杀的过程中，自杀行为的易感性可能会提高，这与血清素功能的下降是相关的。

2.3 自杀行为的应激—素质模型举例

2.3.1 自杀行为的认知模型

马克·威廉姆斯（Mark Williams）在其极具影响力的"痛苦的呼救"自杀模型中，从认知心理学的角度描述了自杀行为的素质（Williams & Pollock, 2001 ）。专栏 2.1 列出了自杀素质的三个认知成分。

识别出这三个认知成分的神经心理学相关因素，除了具有临床意义外，还反映了"痛苦的呼救"模型的一个有趣且重要的特征，并意味着有可能对该模型进行更深入的神经生物学研究。对这一心理学上的应激—素质模型的进一步认知研究集中在反复发作心境障碍患者的自杀风险的差异性激活上，这些研究为自杀行为的素质如何随时间变化提供了例子（Williams et al., 2008 ）。长期随访研究表明，康复期的抑郁症患者复发的风险很高，换句话说，敏感化可能会发生。他们经历的负性生活事件越少，抑郁症复发的时间越晚。从认知的角度来看，敏感化（复发的风险增加）是由对抑郁情绪微小变化的认知反应性增加所致。因此，认知反应性被定义为由轻度（非病理性）情绪波动触发的非适应性认知或认知方式的相对容易程度。这种可观察的认知反应性被认为是在个体的学习历史上发生的潜在差异性激活过程的结果。因此，抑郁情绪与绝望和自杀认知之间形成了一种联系，建立了一种在情绪恶化时很容易被激活的反应模式，从而增加了出现自杀危机的风险。因此，未来的自杀想法和自杀行为的风险取决于个体在康复期面对轻微的负面情绪时，这种反应模式重建的容易程度。

专栏 2.1 "痛苦的呼救"模型

根据马克·威廉姆斯的"痛苦的呼救"模型，自杀行为的素质有三个组成部分：

1. 对失败信号的灵敏度：使用"情绪斯特鲁普测试"（emotional Stroop test, EST，见本书第5章），威廉姆斯和他的同事清楚地展示了与自杀行为相关的注意偏差［或所谓的"知觉凸显现象"（perceptual pop-out）］：对信号"失败者"状态无意识的高灵敏度增加了引发失败反应的风险。

2. 感知到"无法逃脱"：有限的问题解决能力可能会使个体认为，他们无法逃避问题或生活事件。进一步的研究表明，这种有限的问题解决能力与自传体记忆的特异性降低有关。要想产生可能的问题解决方案，一个人显然需要回忆起过去经历的一些细节。过于笼统的记忆会阻止个体使用具备足够细节的策略来解决问题。

3. 感知到"无法挽救"：自杀行为的发生与未来可能发生的积极事件的不完全流畅性有关。这种不完全流畅性不仅体现在个体认为当下无法从令人厌恶的情况中逃脱，还体现在个体认为未来也无法挽救。因此，我们可以注意到产生积极未来事件的流畅性与绝望程度呈负相关，绝望程度是自杀行为的核心临床预测因素。这表明绝望感并不是个体预期未来会发生过多的负面事件，而是反映了个体不能想出足够多的补救方法。

这些发现可能有助于我们理解一个明显的矛盾：治疗在干预重要的连续变量（绝望、抑郁和问题解决）方面被证明是有效的，但这些变量对自杀行为本身的预测效应却相对较弱。这表明自杀行为的关键危险因素不是在治疗后、随访期间或患者康复期所评估的这些变量的静态水平，而是这些变量在个体应对情绪挑战时容易被激活的程度。在考虑治疗是否成功之前，应在治疗结束时加入一项反应程序，以检测在"被激活"的条件下个体会出现哪些思维模式和冲动（Brown et al., 2005）。当病人情绪恢复正常时，绝望感和自杀倾向可能会完全消失；但当抑郁复发时，绝望感和自杀倾向可能会随时恢复。因此，治疗重点应该放在这些易感性上（Williams et al., 2008）。

乔伊纳（Joiner）的"人际—心理理论"（interpersonal-psychological theory, IPT）是自杀行为心理模型的第二个例子，应激与素质的交互作用在其中扮演了重要角色（Hagan et al., 2016）。从IPT中衍生出的四个主要假设受到了迅速增多的实证支持（见图2.1）。第一，两种人际状态——受挫的归属感和感知到的累赘感——是产生被动自杀欲望的近端风险因素。第二，当个体同时出现这两种感受并且感到绝望时，产生主动自杀欲望的可能性最高。第三，自杀意图最有可能发生在产生自杀欲望同时对死亡恐惧减少的时候。第四，所有因素，

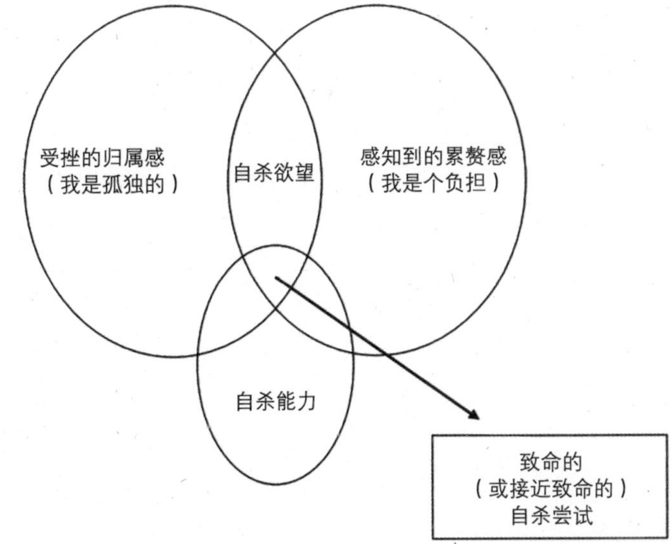

图2.1　自杀行为的IPT模型（Van Orden et al., 2010）

也就是受挫的归属感与感知到的累赘感（以及对两者的绝望）、对死亡的无所畏惧以及痛苦忍受力的提升（也被称为自杀能力）同时存在时，严重的自杀行为将会发生。虽然每个因素都是必要的，但没有一个单独的因素足以导致自杀死亡。就自杀能力而言，正如第1章所述，流行病学数据表明，非自杀性自伤可能通过影响自杀能力进而促进自杀行为的发展。初步证据表明，自杀能力至少部分是基于遗传素质的。在对双生子的研究中，遗传因素和环境因素的结合能最好地解释自杀能力和痛苦忍受力的个体差异，遗传因素能解释55%的痛苦忍受力个体差异（Hagan et al., 2016）。近期有研究使用磁共振成像（MRI）探究致命性自杀行为发生率性别差异的神经基础（Deshpande et al., 2016）。男性特异性的神经网络似乎比女性特异性的神经网络更为广泛和多样化。男性特异性的神经网络包括运动区域，如前运动皮质和小脑，而女性特异性的神经网络则由边缘系统主导。研究结果显示，男性的自杀欲望通常会导致致命的（或决定性的）自杀行为，而女性的自杀欲望则可能表现为抑郁、自杀想法和一般的非致命性自杀行为。

　　自杀行为的整合性动机—意志（integrated motivational-volitional, IMV）模型（O'Connor, 2011）建立在现有的主要理论模型上，并将自杀概念化为经历前动机、动机和意志阶段三个发展阶段的一种行为（而不是精神障碍的副产品）（见图2.2）。前动机阶段描述了应激—素质的相互作用；动机阶段描述了影响自杀想法和自杀意图发展的因素；意志阶段则描述了决定个人是否会尝试自杀的因素。

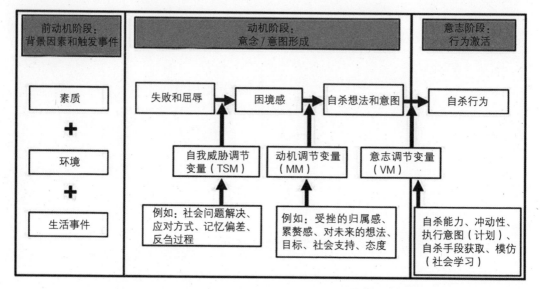

图2.2　自杀行为的IMV模型（O'Connor & Nock, 2014）

　　IMV扩展了"逮捕—逃离"模型（见下一章），假定自杀想法源于困境感，这时自杀行为被认为是生活问题的重要解决方案，而困境感又是由挫败感或屈辱感引发的。困境感会受到一些特定的状态性调节变量（促进或阻碍从一个阶段向下一个阶段发展的因素）的影响而加剧，例如担忧（反复将自己的现状与未达到的理想状态进行比较的反刍性认知）、低问题解决能力和归因偏差。在如人际关系状态失调（感知到的累赘感和受挫的归属感）、主观目标受损、未来积极思维中断等动机调节变量存在的情况下，困境感会导致出现自杀想法。从自杀想法到行动的转化是由行为激活因素（意志调节变量）决定的，这些因素包括自杀手段的可及性、习得的自杀能力（对死亡的恐惧和对疼痛的不敏感）、暴露于他人的自杀行为以及冲动性。虽然IMV模型相对较新，但该模型的不同方面已经得到了实证检验。例如，自杀行为的IMV模型能够解释自杀尝试、自杀想法、挫败感和困境感变异中的很大一部分（Dhingra et al., 2016）。

2.3.2　自杀行为的临床应激—素质模型

　　曼恩和他的同事（1999）基于对一所大学精神病院大量住院患者临床研究的结果，提出了一个应激—素质模型。与无自杀尝试史的患者相比，尝试过自杀的患者报告了更高水平的抑郁和更多的自杀想法，以及更少的生存理由。此外，有更高比例的自杀尝试者在一生中表现出攻击性和冲动性，有边缘型人格障碍、物质使用障碍、酗酒的共病，有自杀行为家族史、头部受伤、有吸烟史和儿童虐待史。因此，自杀行为的风险不仅取决于精神障碍

（压力源），还取决于素质，表现为出现更多自杀想法，更冲动，因而也更有可能在出现自杀想法时采取行动。曼恩和他的同事描述了一种自杀行为的倾向，这种倾向似乎是更基本的外化的和自我攻击倾向的一部分。攻击性、冲动性和边缘型人格障碍是这种倾向的关键特征，这可能是遗传因素或早期生活经历，包括遭受身体虐待或性虐待导致的结果。因此，一种普遍性的潜在遗传或家族因素可能可以解释自杀行为与攻击性、冲动性或边缘型人格障碍之间的联系，而且这种联系独立于严重抑郁症或精神障碍的遗传。自杀风险也与头部受伤有关，曼恩等人假设具有攻击性、冲动性的儿童和成人更有可能遭受过头部伤害，这可能导致抑制解除和攻击性行为。血清素神经传递系统也可能起作用。因为有证据表明低血清素水平与自杀行为有关，所以我们可以推测低血清素水平可能在遗传和发展性因素对自杀、攻击和酗酒的影响中起中介作用（Mann et al., 1999）。

基于对自杀临床预测因素的综述，麦吉尔（McGirr）和图雷茨基（Turecki）（2007）提供了第二个临床应激—素质模型的例子。该模型是基于这样的临床观察：精神障碍在大多数情况下似乎是自杀的必要但非充分条件。因此，提高自杀临床检测率的一种有效方法是阐明在精神障碍发作之前就已经存在的稳定风险因素，据此可以预测自杀行为。麦吉尔和图雷茨基将人格特征描述为稳定的风险因素，认为它们反映了先前存在的内表型，并与精神障碍（压力源）的发作相互作用而导致自杀。虽然他们承认神经质和内向等人格特征与自杀有关，但他们的研究重点是冲动性和攻击性，这也是本书在第1章讨论的潜在远端风险因素。冲动性从这个角度来说更多地被视为一种行为维度，而不是无法抵抗冲动时的爆发性或瞬时行为。行为维度描述的是不考虑后果的行为，这些行为通常是危险的或不合时宜的，并伴随着不良后果。这些行为不一定包括攻击性行为，但高水平的冲动性与高水平的攻击性相关。攻击性、冲动性和敌意之间的相关性已在自杀者心理解剖研究中得到了证实（对于研究方法的解释，请参见下一章）。对致命性和非致命性自杀行为的研究确实指出了这一行为维度的作用。因此，冲动性不仅与没有自杀意图的自伤行为相关，而且与高致死性和致命的自杀行为相关。

关于攻击性，在临床样本、符合严重抑郁症和双相障碍诊断标准的患者以及自杀死亡的青少年中，更高水平的攻击性与自杀尝试相关。此外，患有抑郁症和边缘型人格障碍的自杀者比患其他精神障碍的对照组表现出更高水平的攻击行为。冲动性水平往往与攻击性和敌意相关。

正如本书第1章所讨论的那样，对于是否将冲动性和攻击性纳入自杀行为的素质中已经争论了很多年。这种争论来源于多方面原因，比如，流行病学观察显示，许多自杀尝试者和自杀死亡者似乎并不具有攻击性或冲动性，而攻击性和冲动性在理论探讨中也是多维度的概念。

2.3.3 自杀行为的神经认知模型

在 2008 年，乔兰特等人（Jollant et al., 2008）在神经生物学领域发表了一项关键研究报告。他们利用功能性磁共振成像技术（技术问题见本书第 3 章），研究了目前情绪正常但有抑郁症病史的年轻男性对面部情绪表达的反应。研究者将有自杀尝试史与没有自杀尝试史的年轻男性的研究结果进行比较。在与情感对照组的比较中，相比看到中性面孔时，自杀尝试者在看到典型的愤怒面孔时右腹外侧皮质活动增强、右额上回活动减少；在看到轻微的高兴面孔时右前扣带回活动增强；在看到轻微的愤怒面孔时右侧小脑活动增强。因此，我们能够通过被试对愤怒和高兴面孔的反应将自杀尝试者与非自杀者区别开来，这可能表明自杀尝试者对他人的不赞同更加敏感，更倾向于对负面情绪采取行动，对轻微的积极刺激关注更少。作者得出结论，这些神经活动和认知过程模式可能是有抑郁史的男性出现自杀行为的易感性标志。

几年后，乔兰特等人（2011）基于他们对神经心理学和神经影像学研究的综述（这些研究结果将在本书第 5 章和第 6 章中进行全面回顾），提出了自杀行为的应激—素质模型。更具体地说，他们认为一系列神经认知功能失调中一些具有类似特质的特征，可能会在压力情境下导致自杀危机的发生。这些神经认知功能失调包括：（1）价值归因的改变；（2）对情绪和认知反应的调节不足；（3）在情绪状态下的行为易化（见图 2.3）。

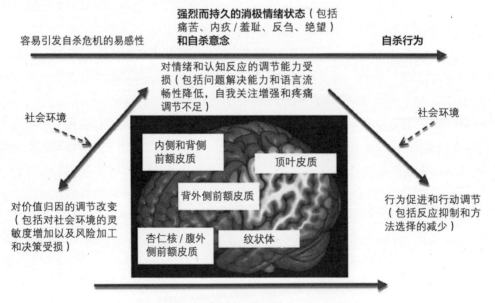

图2.3 自杀行为的神经认知模型（F. Jollant, 2017）

改编自 Jollant et al., 2011。彩色版请扫描附录二维码查看。

早前引用过的一项2008年的研究结果显示，自杀尝试者的大脑对愤怒的（而非高兴的）面孔有明显增强的反应，这是明显的与自杀行为相关的神经认知变质第一步的例子。这个改变反映出自杀尝试者无法准确评估外部事件的价值，所以他们可能变得对这些事件特别敏感。因此，无法对长期风险进行适当的评估，似乎是自杀尝试者做出不利决策的关键原因。有趣的是，不利决策已被证明与情感关系中的更大问题相关。换言之，正如临床实践中经常观察到的那样，易感性高的患者做出的次优决策可能会导致更大的压力，从而引发自杀危机。神经认知变质第二步涉及对情绪状态的调节不足。根据目前的诊断分类，这种急性和更持续的情绪状态对应具有特定认知、情绪和神经解剖特征的抑郁状态。从情绪角度来看，正如前一章所讨论的那样，这些特征包括精神痛苦和绝望感。自杀想法还可能通过神经认知变质第三步发展为自杀行为，即在特定的情绪状态中诱发行为。对于第三步，作者提出了反应抑制失调和对情绪刺激的认知再评价失调在降低其负面影响中的特殊作用。

本章总结

- 导致自杀的原因有很多。神经心理学、认知心理学、神经生物学和临床精神病学等领域的研究已经提供了越来越多支持自杀行为的应激—素质模型的证据。
- 虽然抑郁通常是导致自杀行为的最终原因，但绝大多数抑郁个体既没有尝试自杀更没有自杀死亡。自杀行为的素质似乎将可能会自杀的抑郁个体与其他抑郁个体区分开来。
- 这种素质可能是由（表观）遗传效应和童年逆境造成的，并通过不同的神经生物学、心理学或临床特征表现出来。
- 易感性特征在人生早期是可以改变的，在发展阶段的敏感期进行干预可能会对人格产生持久的影响，进而影响自杀的易感性。
- 这种素质可以在抑郁发作之外得到证明和治疗，这将在本书第10章详细讨论。例如，锂离子、氯氮平或认知行为疗法的临床效果证明了改善自杀行为的素质基础是可能的（Mann, 2003）。
- 一个重要的问题是应激和素质成分之间的潜在相互依赖性，因为素质可能会增加暴露于应激源的可能性。应激和素质成分之间的这种相互依赖性，意味着针对素质的干预措施也可能会同时减少在应激源下的暴露，同时降低应激的影响也将提高治疗性干预的效果。

回顾思考

1. 为什么抑郁不是导致自杀行为的充分因素？
2. 压力因素和特定的素质是如何在自杀风险的发展中相互作用的？
3. 马克·威廉姆斯的"痛苦的呼救"模型的三个素质成分的神经心理学基础是什么？
4. 描述自杀行为的神经认知三步自杀过程模型。

拓展阅读

- Jollant, F., Lawrence, N. L., Olié, E., Guillaume, S. & Courtet, P. (2011). The suicidal mind and brain: A review of neuropsychological and neuroimaging studies. *The World Journal of Biological Psychiatry*, *12*, 319–39.

- O'Connor, R. C. & Nock, M. (2014). The psychology of suicidal behaviour. *Lancet Psychiatry*, *1*, 73–85.

- Williams, J. M. G. (2014). *Cry of pain: Understanding suicide and the suicidal mind*. London: Piatkus.

- Van Orden, K. A., Witte, T. K., Cukrowicz, K. C., Braithwaite, S. R., Selby, E. A. & Joiner, T. E. (2010). The interpersonal theory of suicide. *Psychological Review*, *117*, 575–600.

第 3 章

大脑的阴暗面：研究自杀行为的神经科学方法

学习目标

- 动物有自杀行为吗？

- 什么是心理解剖？

- 我们的基因组成是稳定的，还是可以改变的？

- 我们的饮食如何影响自杀的发生？

- 冬季自杀更常见吗？

- 我们如何想象可能导致人们自杀的大脑功能？

引言

自杀行为的神经生物学本质总结在专栏 3.1 中。

研究和理解自杀行为的神经科学方法可能在某种程度上与那些针对其他行为的研究方法有所不同。自杀似乎是一种独特的人类行为，因此缺乏动物模型：尽管文学和电影中有类似的描述，动物也的确会表现出自残行为，但它们并不会自杀。许多信息是从对脑组织的尸检研究中获得的，这些研究将自杀者的大脑特征与具有其他死因的个体的大脑特征进行比较。身体尸检有时还会伴随着心理解剖，即对那些与死者密切接触的个体进行标准化访谈，访谈涵盖广泛的有关健康和人格的问题。最近，神经成像和基因研究中的大量信息揭示了个体如何对不利环境易感，从而可能出现自杀想法和愿望。

3.1 自杀行为及其风险因素的动物模型

动物模型常用于神经生物学研究，以揭示疾病或行为的形成原因、疗程和潜在的治疗方法。然而，尽管对数千种动物进行了深入研究，但在非人类物种中还没有发现自杀行为

（Preti, 2011）。应激—素质模型的组成部分，如冲动性和攻击性（参阅本书第2章），以及自杀行为的神经生物学风险因素，如紊乱的应激反应或血清素神经传递系统（参阅本书第4章），都可以在动物身上建模并进行研究。然而，在动物模型中再现自杀行为中动机和意志因素的作用，却是一个巨大的挑战。关于动物自杀的可能动机，目前人们已经提出了三种机制：由于种群数量压力或人类入侵造成的不利扩散、为保护群体的利他牺牲以及失去心爱主人的悲伤（Bourgeois, 1987）。但是动物能够在多大程度上有强烈的意图并计划自己的死亡以停止难以忍受的痛苦是另一个问题。

早在1897年，法国社会学家埃米尔•涂尔干（Emile Durkheim）认为，动物的头脑并不能真正让它们理解和预期自己的死亡或实现死亡的手段。他指出，动物看似自杀的例子可能有内容迥异的解释。例如，如果被激怒的蝎子用它的毒刺刺穿自己（这一点完全不确定），这很可能是一种自动的、不经思考的反应。由它的恼怒所引发的能量是偶然、随机释放的；蝎子恰巧成为它自己的受害者，很难说它对其行动的结果有所预料（Durkheim, 1897）。同样地，涂尔干认为如果狗失去主人后把自己饿死了，"这是因为他们陷入的悲伤会自动导致饥饿感的丧失；死亡由此造成，但是不会被它自己预见到"。他总结说，由于蝎子和狗都没有使用自伤或禁食"作为达到已知效果的手段"，因此"缺乏自杀的特征"。

42

专栏 3.1 自杀行为的神经生物学本质

1. 自杀行为的特殊易感性受到潜在的倾向性或素质的影响。

2. 在整个生命周期中，这种潜在的倾向性或素质会与环境压力相互作用。

3. 这种相互作用会改变神经回路的结构和（或）功能。

4. 神经回路结构和（或）功能的改变最终导致个体更有可能出现自杀行为。

然而，动物确实存在自我毁灭、自我危害和自我伤害的行为（Preti, 2011）。遭受突然囚禁的动物和经历与主人分离的宠物可能会表现出自我毁灭的行为。拥挤、隔离、分离和囚禁等压力环境——尤其是在被感知为无法控制的情况下——会导致动物的自我危害行为。隔离饲养的猴子在成年后表现出更高的自我危害行为风险，这一发现与人类经历儿童期受虐或忽视自杀风险的影响相似。但是，动物的自我危害行为是否真的类似于人类的自我伤害行为，还是仅仅是对逃离囚禁的极端尝试，仍然存在疑问。

对于某些种类的昆虫，例如某些种类的蝴蝶，寄生虫带来的损害被认为会激发它们的自我危害行为，哺乳动物也是如此，例如被刚地弓形虫寄生的啮齿动物对猫科动物表现出致命的"自杀"吸引力（另请参阅第1章）。然而，没有证据表明寄生虫诱发的动物行为跟心理病理因素导致的人类自杀在任何方面存在相似性（Preti, 2011）。因此，动物的自杀模型并不存在。但是如前一章所描述的，许多与自杀行为相关的因素已在动物身上发现。这些因素包括早期生活逆境（early life adversity, ELA）、冲动性攻击、绝望和"痛苦的呼救"。

与人类的中断养育相似，啮齿动物的母婴分离会急剧增加血液中的压力激素，这是应激的典型标志。同时，母爱剥夺也会产生长期影响：相关证据一致表明，被剥夺母爱的老鼠脑中主要的抑制性神经递质的活性降低了。在发育过程中与母亲分离的猴子在以后的分离中表现出类似抑郁的症状，而与亲生母亲分离、被无生命的代理"母亲"抚养的猴子在之后的分离中则表现出不那么明显的抑郁症状。被剥夺母爱的猴子酒精滥用和自我危害行为增加，这为动物模型与重度抑郁症的已知关联提供了表面效度和预测效度方面的证据，如酒精滥用的共病增加以及自我伤害行为风险的增加（Preti, 2011）。

在非人类的灵长类动物中，低胆固醇饮食会导致冲动性攻击行为的增加。在人类中，临床和流行病学研究报告了低胆固醇水平和自杀行为之间中等但一致的联系（见本书第4章）。然而，由营养不良引起的低胆固醇在人类中仅仅是情感障碍的一个标志，还是在自杀行为中起着独立的作用，这一点仍不清楚。胆固醇是大脑形成新突触所必需的，因此，胆固醇供应不足可能会导致突触可塑性受损，造成长期的认知和行为后果（Preti, 2011）。

如前几章所述，绝望感是导致自杀行为的致命性抑郁症状的一个关键成分。由于无法在动物身上进行正式的绝望感操作化定义，目前关于绝望感导致自杀的动物模型研究仍然依赖于习得性无助范式（Seligman, 1972）。在绝望感的发展过程中，足部电击被用作一种厌恶刺激。在一系列无法逃避的电击后，一部分动物会停止任何逃脱的尝试：当中止一段时间重新试验时，它们中的一些会再次试图逃脱；另一些则永远放弃了逃脱，表现出类似绝望的行为。后一类动物有了习得性无助，并将其当作一种对厌恶性电击的永久性反应。在这种情况下，绝望感是指获得了这样一种信念，即给定的行为和该行为的结果之间没有关系：从本质上讲，动物会认识到它们无法控制局势。习得性无助被认为与人类的绝望感类似（Krishnan & Nestler, 2008）。尽管习得性无助范式有很好的表面效度（从主观上看测量了想要测量的绝望感），但它的生态效度（与人类真实绝望感的一致性）很差。此外，绝望感导致自杀的动物模型是一种近似压力相关的抑郁模型，但一般来说，有习得性无助的动物不会表现出任何伤害自己的倾向。因此，该模型不能用于推断人类自杀行为的相关因素（Preti, 2011）。然而，当与其他特征结合时，如在"逮捕—逃离"模型中，习得性无助的效度可能会增加（Preti, 2011）。

第2章介绍的马克·威廉姆斯的"痛苦的呼救"模型，是自杀行为应激—素质模型在认知心理方面的一个例子。感知到挫败、无法挽救、无法逃脱是这个模型的三个主要组成部分（Williams, 2005）。威廉姆斯清楚地描述了他的"痛苦的呼救"模型的起源可以在吉尔伯

43

特（Gilbert）关于受困的动物模型中找到（Gilbert & Allan, 1998）。在这个模型中，挫败（一个压力事件）和受困感（无法从情境中逃脱）的结合会导致动物严重的"绝望感"。在这个模型中，挫败被认为是一种由失败的社会斗争和损失引起的感觉，会导致社会地位的下降。挫败可能与人际冲突有关，也可能与获得社会和物质资源时的失败有关。受困感指的是意识到所有的逃跑路线都被阻断了，以致引发无法逃离当前情境的无能为力感。在威廉姆斯看来，当挫败感与无法逃脱、无法获救相关联时，自杀行为是对压力环境的一种反应。这个模型模拟了无助感（"无法获救"）和绝望感（"无法逃脱"）在人类自杀行为中的作用，其中，压力扮演着重要的角色。然而，这种由社会挫败引起的压力不会导致动物的自杀。

3.2 心理解剖法

心理解剖是研究自杀原因和自杀情况的常用方法。其做法是重建一个人死前的想法、感觉和行为，所依据的信息来自个人文件、警方报告、医疗和尸检报告，以及与死者生前有接触的家人、朋友和其他人的面对面访谈（Hawton et al., 1998）。对做出精神疾病诊断和识别出与自杀有关的发展性或环境中的风险和保护因素有帮助的标准化工具也经常用到，特别是在心理解剖的研究中。

心理解剖信息通常从多个来源获取，包括与自杀者关系最密切的人（Chachamovich et al., 2013）。如果可能的话，父母或伴侣通常是自杀者的个人和发展历史最适合的信息提供者。对于年轻的自杀者，其兄弟姐妹或亲密朋友也可能提供父母所不知道的关于当事人生活的信息，例如吸毒或人际关系问题。从医生那里可以获取关于医疗、药物使用以及其他精神和身体问题的细节，这些细节其他信息提供者可能记的没那么清楚。建议独立采访多个信息提供者，或者采访与当事人有不同关系的信息提供者，可能会获得互补的信息。采访的时机也很重要：不应在自杀者死后过早接近信息提供者（以避免引发强烈的情绪反应），但也不应太晚（以避免回忆偏差）。心理解剖中使用的访谈通常是半结构化的，结合了开放式问题和标准化工具。开放式问题有助于收集生活事件轨迹、童年发展和亲子关系的信息。标准化工具可以收集关于冲动性攻击和其他个性特征的信息。心理解剖访谈工具的选择取决于每个研究的目标，但通常包括对精神障碍和人格特征的评估。

心理解剖通常需要包括对照组，而最合适的对照组选取必须由研究假设来决定。如果主要关注点是自杀的社会影响，则可能需要使用与精神障碍相关的对照组。有时一项研究会有多个关注点，这可能需要使用两个对照组。例如，一项研究首先要确定自杀与精神障碍的关联程度，其次是识别抑郁症患者的社会和其他风险因素，这就同时需要两个对照组，一个不加选择的对照组和一个与抑郁症自杀亚组相匹配的对照组（Hawton et al., 1998）。另外需要考虑的是，研究中应该使用生者还是死者作为对照组。例如，要在一种特定障碍的患者中研究与自杀相关的风险因素需要使用生者作为对照组，而要研究自杀者亲人的需求则必须以死者为对照组。应当指出的是，使用信息提供者作为对照组可能会对家庭产生负面影响，特别是在访谈可能突出当前问题的情况下（Hawton et al., 1998）。

心理解剖法最初是由埃尔温·施奈德曼（Erwin Shneidman）（1981）提出的，作为在法院检查中确定可疑死因（即区分自杀和他杀）的工具。不久之后，这种方法就被那些对自杀的原因和情况感兴趣的科研人员用于科学研究。许多心理解剖研究就此展开。例如，亚洲国家已经进行了30多项心理解剖研究（Khan et al., 2016）。此外，心理解剖研究揭示了医生和护士（Hawton et al., 2002, 2004）、因纽特人（Chachamovich et al., 2013）和中国农村青少年（Zhang et al., 2010）等特殊人群自杀的原因和自杀情况。心理解剖研究已经有了系统的综述和元分析（Cavanagh et al., 2003; Arsenault-Lapierre et al., 2004; Yoshimasu et al., 2008）。在美国，心理解剖已经成为法律程序中被认可的证据，并在民事和刑事诉讼结果中发挥着重要作用。

然而，使用心理解剖法来研究自杀可能会有相当大的方法论问题（Hawton et al., 1998; Pouliot & De Leo, 2006）。这些问题可能包括研究的设计、被试的确定、信息来源的探求、与亲属和其他信息提供者接触、选择和招募对照组、与亲属进行心理解剖访谈的困难、访谈者自身的困难、选择适当的获取信息的工具以及从不同信息来源获得有效和合理可靠的结论。

一些研究调查了心理解剖结果的可靠性和有效性。凯利（Kelly）和曼恩（1996）通过比较自杀者和非自杀者的心理解剖诊断结果与临床医生对自杀者生前治疗的图表诊断结果，支持了心理解剖在精神疾病诊断上的可靠性。研究诊断与生前诊断的比较具有良好的信度。关于自杀尝试和生活事件，他人提供的和当事人自己提供的数据有很好的一致性（Conner et al., 2001）。施耐德（Schneider）和同事（2004）的研究显示了基于生者对照组和信息提供者的信息所做的诊断具有良好的信度。然而，我们还需要对自杀研究的心理解剖方法进行标准化认证（Pouliot & De Leo, 2006; Snider et al., 2006）。

3.3 生理解剖

从自杀组和对照组中获得的死后大脑样本，为研究与自杀相关的分子机制和基因组过程提供了宝贵的样本（Pandey & Dwivedi, 2010; Almeida & Turecki, 2016）。早期对分子机制的研究使用细胞，如血小板和淋巴细胞，或脊髓液（见后面的讨论），并总是提出这样的问题，即这种异常是否反映了大脑中类似的变化，或是否与自杀的神经生物学有关。从成熟的大脑采集程序中获得合适的脑样本不仅解决了这些问题，还引发了许多与自杀有关的神经生物学研究，并确定了大脑中这些异常的重要性。

然而，在死后大脑研究中，还存在相当多的方法问题。为了从这样的研究中获得有用的信息，很重要的一点是死后大脑样本的质量要符合一定标准。例如，死后大脑研究的主要问题之一是死亡与取样间隔时间太长。最近的死后大脑样本采集程序已经打破了这一局限性，在大多数情况下，死后组织是在相对较短的时间间隔内获得的，一般不超过 24 小时。死后大脑研究的一个重要要求是对异常进行仔细的神经病理学检查。通过确定死后大脑样本本身或被试血液中的药物含量，来对尸检样本进行毒理学筛查是非常重要的。最后，死后大脑样本的质量应足以确定蛋白质和基因表达水平［通过信使RNA（mRNA）］。组织的质量通常通过测定样本的pH值和RNA完整性数量来确定。

相当多的研究结合了身体和心理解剖的方法来研究自杀行为和神经生物学特征之间的联系。例如，塞奎拉（Sequeira）和同事（2009）研究了 17 个由心理解剖诊断出来的抑郁症患者和对照组中的自杀者，观察他们大脑皮质和皮质下区域的基因表达。

死后大脑研究对于直接研究与自杀相关的脑分子和（表观）基因至关重要（Almeida & Turecki, 2016）。

3.4 基因

鉴于自杀行为的显著遗传性，并且这种遗传性明显独立于其他相关的心理病理学，研究者在过去的几十年里使用了不同的方法进行了许多遗传学研究。

基因包含制造蛋白质的信息。当一个基因主动向细胞发出制造某种蛋白质的信号时，该基因就被认为表达了出来。在基因表达中有三个主要过程：DNA转录成另一种叫作RNA的分子、翻译成氨基酸链以及经过修正的蛋白质折叠。

蛋白质是基因表达的最终产物，其作用包括通过酶的作用来帮助调节转录、翻译和蛋白质折叠。简单来说，基因表达可被视为从DNA开始到蛋白质结束的线性过程（参见图3.1）。然而，基因表达是一个庞大且极其复杂的反馈环的一部分：基因表达制造蛋白质，而蛋白质又反过来调节基因表达。

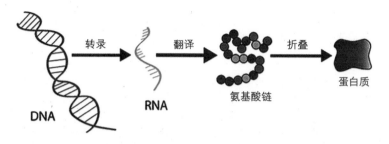

图3.1　基因表达：从DNA到蛋白质（Carmichael, 2014）

彩色版本请扫描附录二维码查看。

　　遗传关联研究着眼于自杀行为和遗传变异之间的相关性，以确定导致自杀行为发生的候选基因或基因组区域。在具有自杀行为史的个体中，出现较高的单核苷酸多态性（single nucleotide poly morphism, SNP，参见图 3.2）等位基因或基因型意味着所研究的基因变异增加了自杀风险。

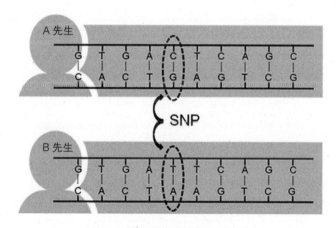

图3.2　单核苷酸多态性（SNP）

　　SNPs是生物体DNA某一区域的单核苷酸变化，在超过 1% 的人群中存在差异。每300个核苷酸中就有 1 个SNPs会出现在DNA中。在人类基因组中，这意味着人类300万个核苷酸基因组中至少有 100 万个SNPs。SNPs是关联研究中测试最广泛的标记（此术语将通篇使用），但微卫星标记、插入/缺失、可变数目串联重复序列（variable-number tandem repeats, VNTRs）和拷贝数变异体（copy-number variants, CNVs）也会被使用。

　　遗传关联研究包括：（1）病例对照研究；（2）基于家族的关联研究；（3）全基因组关联研

49

究（genome-wide association studies, GWAS）。遗传关联研究已经测试了大约 50 个候选基因。这些关联研究的结果将在本书第 4 章讨论，但总的来说结果是相当令人失望的。可能的原因包括不同研究对自杀行为的定义不同、难以控制混淆因素（如精神障碍）、技术限制、基因之间以及基因与环境特征之间的相互作用（Brezo et al., 2008; Mirkovic et al., 2016）。

考虑到自杀行为涉及多种基因的可能性（所谓的多基因遗传模式），最近的研究采用功能基因组方法，如同时观察数千个基因表达的微阵列技术，以及涉及数十万个 SNPs 的全基因组阵列技术。DNA 微阵列也被称为 DNA 芯片，它们被用来同时测量大量基因的表达或对基因组的多个区域进行基因型分析。美国昂飞公司（Affymetrix）所使用的方法是自杀行为基因表达研究中最常用的技术。目前可用于表达分析的昂飞芯片允许监测超过 45 000 个转录本，它们代表了人类基因组的大部分。在微阵列研究中，使用标准 RNA 提取方法从选定的死后大脑组织中分离出总 RNA，然后进行纯化。已发表的人类死后研究主要使用冷冻组织。一般来说，RNA 质量控制是微阵列表达研究的一个重要组成部分，而在死后大脑研究中，这个步骤尤为重要：许多变量可能会影响 RNA 质量并增加样本间的变异，这些因素包括人口统计学因素、死亡原因和死亡情况以及尸检后的组织处理。如果做得好，微阵列研究可以提供死亡前脑基因活动的快照。微阵列研究显著的优势包括设计的非假设导向、方法的高输出能力以及相比纯基因方法与神经生物学变化更直接的联系。微阵列研究还有助于厘清相关基因间的相互作用。

以下发现是连锁研究的基础，即染色体上距离较近的等位基因（基因的变体）往往会一起遗传。首个连锁研究使用了通过精神障碍确定的具有共病自杀行为的家庭，并识别出了自杀风险基因位点，其中没有一个包含已知的候选基因。与候选基因研究中的病例对照方法类似，连锁研究中使用的样本通常具有异质性。将自杀风险的易感性基因与其他精神症状的易感性基因区分开是一项挑战，同时提出了一些至关重要的问题：是否存在自杀特异性的易感性基因，以及这些易感性基因或等位基因在与自杀共病的精神障碍中是否存在差异？自杀行为的遗传研究结果将在本书第 4 章中详细讨论。

术语"表观遗传学"是指对表观基因组的研究。表观遗传是对功能性调节生物体基因的 DNA 分子的化学和物理修饰。他们通过改变基因活性和产生其编码的信使 RNA（mRNA）来实现这一点（Turecki, 2014a）。mRNA 是一类能够把遗传信息从 DNA 传递到核糖体的分子。核糖体是一个复杂的分子机器，充当制造蛋白质的场所：它将氨基酸按照 mRNA 指定的顺序连接在一起。

基因功能的表观遗传调节允许基因组适应有机体的需要（"基因组可塑性"）。长期以来，人们已经清楚地认识到，表观遗传过程的发生是物理和化学环境信号的结果。然而，直到最近人们才发现，社会环境也会引发表观遗传反应。因此，表观基因组是一个接合点，环境可以通过它影响遗传过程，并因此至少部分地响应环境需求来调节行为（Turecki，2014a）。

图 3.3 总结了表观遗传分子变化的性质和影响，这将在第 4 章详细讨论，并展示它们如何将远端风险因素（如早期生活逆境）与多年后的自杀行为联系起来。稳定的表观遗传因素很可能在远端起作用，影响素质，而动态的表观遗传因素和蛋白质组的变化很可能是更近端的精神病理状态的基础，诱发自杀行为。然而，迄今为止，大多数研究自杀行为的表观遗传因素的研究都集中在被认为起远端作用的相对稳定的表观遗传标记（如DNA甲基化）上（Turecki，2014b）。表观遗传标记与基因组对环境刺激的反应相关，并因为自杀行为与早期生活逆境（如童年遭受身体虐待、性虐待或父母忽视）密切相关，大多数针对自杀行为表观遗传因素的初步研究都集中在有早期生活逆境史的个体身上。表观遗传对自杀行为发生的主要分子机制的影响将在第 4 章详细讨论。

基因风险因素与自杀行为的关系得到了遗传流行病学领域研究的支持，包括家庭、双生子和收养研究。

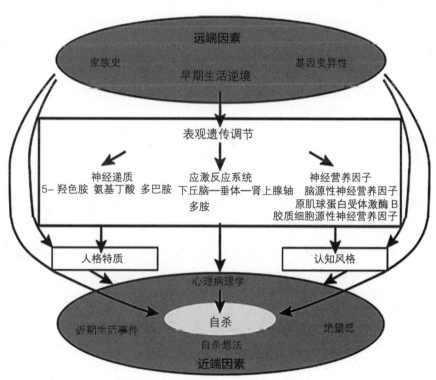

图3.3　拟建的表观遗传因子模型

来源：*American Journal of Preventive Medicine*, 47(3), Turecki G., Epigenetics and suicidal behavior research pathways, S144–151, copyright 2014, 经爱思唯尔公司许可转载。

3.5　流行病学

3.5.1　遗传流行病学

基于家系的研究清楚地表明，相较于对照组，自杀者家族成员出现自杀行为的风险增加了 2—10 倍，且这一现象与精神病史无关。在瑞典开展的一项大规模的、以人群为基础的研究对 1969 年—1980 年间因自杀尝试而住院的个体进行了调查，同样发现了这种家族倾向性。调查人员报告说，父母有过自杀尝试或自杀、兄弟姐妹有过自杀尝试的个体，自杀的风险增加了 2—3 倍（Mittendorfer-Rutz et al., 2007）。总体而言，家系研究表明自杀想法的遗传率最低，自杀尝试的遗传率略高于自杀想法，而致命性自杀行为的遗传率最高（Brezo et al., 2008）。自杀的姓氏研究为支持基因对自杀风险的影响提供了额外的证据。在父系姓氏系统中，姓氏传递与 Y 染色体非重组部分的传递相类似。因此，姓氏携带着有关遗传相关性或遗传距离的信息，可以作为 Y 染色体标记和单倍型（一组遗传自父亲的基因）的替代。奥地利的一项调查表明，姓氏区域能够解释地区自杀率中很大一部分（38%）的变异（Voracek & Sonneck, 2007）。

不同于基于家系的研究设计，双生子研究可以更好地控制共同环境的影响。整合十多年来发表的双生子研究，一项元分析发现同卵双生子（monozygotic twins, MZTs）或异卵双生子（dizygotic twins, DZTs）其中之一出现自杀行为，则另一同卵双生子的自杀风险是另一异卵双生子的 175 倍（Baldessarini & Hennen, 2004）。然而，作者认为在解释这些结果时需十分慎重，因为双生子自杀行为的发生率很低且这些研究对产后环境的影响缺乏控制。具体到自杀想法，另一项双生子研究发现，和 DZTs 相比，MZTs 共同出现自杀想法仅有统计上的趋势（Cho et al., 2006）。这些双生子研究的结果完全否定了对自杀做出的基于心理社会学因素的解释。一项对所有已登记的研究及个案报告的元分析表明，同卵双生子实施自杀行为的一致性明显高于异卵双生子（Voracek & Loible, 2007）。

领养研究表明，如果被领养者自杀，其直系亲属的自杀风险是其寄养家庭亲属自杀风险的 7—13 倍，且自杀死亡的遗传率比自杀尝试的遗传率更高（Wender et al., 1986）。这些研究也存在一些局限性，包括：领养研究的数量少、对精神障碍等混淆因素的控制不佳、缺乏最新的领养研究数据以及其他国家的研究数据。

基于人群的流行病学研究表明，加性遗传因素（遗传率估计：30%—55%）对更广泛的自杀行为（自杀想法、计划及尝试）有着显著的影响，这些遗传因素对不同类型的自杀行为来说在很大程度上是重叠的，并且独立于精神障碍的遗传。非共同环境效应（个人经历）也对自杀行为的风险有很大影响，而共同环境效应（家庭）则没有（Voracek & Loible, 2007）。

在欧洲地图上，自杀率相对较高的国家形成了一个所谓的"J曲线"，这个曲线从芬兰开始，一直延伸到斯洛文尼亚。这与欧洲基因分布的第二个主成分，即祖先对寒冷气候的适应和乌拉尔语的分布相一致。有研究指出，生活在 J 曲线内的人可能都有无法忍受过量酒精的基因，这种基因更有可能导致自杀行为（Marusic, 2005）。

3.5.2 环境的影响

采用不同方法开展的流行病学研究报告了潜在地理环境和季节对自杀的神经生物学基础的影响。这些影响因素包括：饮食特征、海拔以及气象和化学因素等。接下来我们将详细探讨这些发现，因为这与我们理解自杀行为的神经生物学基础密切相关。

关于饮食特征，最近的流行病学研究指出了脂肪酸缺乏与自杀之间的关联。一项系统综述表明，与对照组相比，心境障碍患者可能缺乏 ω-3 多不饱和脂肪酸（polyunsaturated fatty acid, PUFA），在某些情况下这种脂肪酸缺乏会导致自杀想法和自杀行为。然而，ω-3 多不饱和脂肪酸缺乏并不能在所有实施自杀的患者体内检测到。因此，增加多不饱和脂肪酸摄入对预防自杀的贡献有限（Pompili et al., 2016）。在日本，一项大规模人口学研究使用饮食问卷进行调查，该调查既没有发现 ω-3 多不饱和脂肪酸摄入量与鱼类消费之间的联系，也没有发现其与自杀的关系（Poudel-Tandukar et al., 2011）。同样地，美国的一项大规模队列研究也未发现因摄入 ω-3 多不饱和脂肪酸或鱼类而导致自杀风险降低（Tsai et al., 2014）。从美国得克萨斯州到日本，来自世界地区的大量数据一致表明，饮用水中较高的锂含量与普通人群自杀风险降低有关。这说明，微量但持久的锂暴露可以通过增强神经营养机制、神经保护因素和（或）促进神经发生来预防自杀（关于流行病学调查结果及其解释的概述，见 Vita et al., 2015）。这些研究对自杀预防的启示将在本书第 10 章进行详细讨论。

海拔高度与自杀率呈正相关。例如，在 2584 个美国城镇中，在控制了年龄、性别、种族、家庭收入和人口密度后，那些海拔较高的城市自杀率高于海拔较低的城市（Brenner et al., 2011）。人们认为是血氧饱和度的降低使自杀和海拔产生了联系（Haws et al., 2009）。水中的锂含量也可能是二者产生联系的原因，但研究结果并不一致。在奥地利，锂对自杀死亡率的影响受到海拔的调节：在高海拔地区，饮用水中的锂含量越低，自杀率越高（Helbich et al., 2013）。然而在美国，地下水中的锂含量似乎随海拔的增加而增加（Huber et al., 2014）。

自杀率的季节性变化在许多研究中都有报道。无论在南半球还是北半球，自杀率均在春季和初夏达到高峰并在冬季降低。多种气候因素似乎与这一自杀率的季节变化有关，这些因素包括：温度、日照时长、太阳辐射和降水。奥地利的一项最近的研究表明，自杀人数与自杀当天及自杀前 10 天的每日光照时长呈正相关，与自杀前 60 天至 14 天的每日光照时长呈负相关，与季节无关（Vyssoki et al., 2014）。有学者认为，这些结果可能与气温升高密切相关（Tsai, 2015）。此外，在服用血清素能抗抑郁药的个体中，光照和自杀之间的联系似乎增强了，这表明了血清素能神经传递系统在这个联系中的作用（Makris et al., 2016）。

与其他气候变量相比，太阳辐射被认为是影响自杀率的一个更为重要的因素。这是因为，太阳光在个体昼夜节律的调节中起着主要作用，而昼夜节律与情绪障碍密切相关。太阳辐射对自杀率的季节性变化影响可以用许多因素来解释（Jee et al., 2017）。阳光照射会通过影响与情绪调节相关的几种激素诱发自杀风险，这些激素包括血清素、褪黑素、皮质醇和左旋色氨酸。阳光照射引起的血清素功能急性和快速的变化可能解释了自杀的季节性，这与抗抑郁药的效果类似。生化研究表明，人体血清素浓度在春季和夏季高于秋季和冬季。此外，一些神经影像学研究报告了大脑血清素转运体（5-HTT）结合的季节性波动，在健康被试和情绪障碍患者中，这种结合都是夏季最低，冬季最高。

个体内部昼夜节律会发生变化，以适应季节变化所带来的阳光照射的改变，这也可能会触发那些具有昼夜节律易感性的个体，例如那些患有情绪障碍的个体的自杀风险。其他研究报告称，情绪障碍患者和女性自杀具有显著的季节变化，这表明增加亮度和刺激松果体具有作用。光是昼夜节律及其影响的重要调节因素。特别是在季节过渡时期，当具有昼夜节律易感性的个体暴露在阳光下时，他们可能很容易受到情绪不稳定状态的影响，从而可能尝试自杀（Jee et al., 2017）。

其他研究提出了化学因素，例如空气污染的影响。美国犹他州的自杀风险增加与急性空气污染暴露（特别是二氧化氮和细颗粒物）有关（Baklan et al., 2015）。中国台湾的一项研究预测了一种典型的自杀季节模式：在初夏，由于空气颗粒物的增加和气压的降低，自杀人数增加，而气压是伴随着温度升高而降低的。臭氧等气态空气污染物在较长的时间尺度上增加了自杀的风险（Yang et al., 2011）。在中国和日本等亚洲国家，大气污染也与自杀风险增加有关（Lin et al., 2016; Sheng et al., 2016）。天气不仅会通过温度，并且会通过降雨来调节空气污染对自杀率的影响。雨天自杀死亡率可能会降低，但非致命性自杀行为在雨天似乎更加常见（Barker et al., 1994）。

3.6　外周生物标志

不同种类的体液可以被用于寻找外周生物标志的研究。外周生物标志是在脑之外能够客观测量的，可以作为自杀风险指标的特征。生物标志可以作为预测和干预自杀风险的神经生物学基础，关于这些内容我们会在第 10 章讨论。这些体液包括血液（血清、淋巴细胞、血小板、红细胞）、脑脊液、唾液和尿液。

3.6.1　血液

淋巴细胞在探索自杀的神经生物学机制中起作用是显而易见的，这是因为：(1)它们在免疫应答(细胞因子产生)的改变中所起的作用；(2)它们在下丘脑—垂体—肾上腺(hypothalamus-pituitary-adrenal, HPA)轴功能失调和神经内分泌调节中的作用(Pandey & Dwivedi, 2012)。淋巴细胞在研究自杀的基因表达方面也很重要，因为许多潜在的与自杀行为相关的基因也在淋巴细胞中表达，其中一些基因在大脑和淋巴细胞中具有相似的特征。血小板已被用于神经递质功能的研究，包括单胺氧化酶、肾上腺素能受体、5-HT2A 受体和脑源性神经营养因子(brain-derived neurotrophic factor, BDNF)。虽然这些研究提供了重要的信息，但这些研究的意义和使用血小板作为脑功能模型的意义尚不清楚。血小板中有许多成分与大脑神经递质系统相似，例如，细胞内的生物胺水平、诸如单胺氧化等的代谢酶和其他几种膜受体。然而，神经传递系统的组织，包括它们之间的相互调节，在大脑中要复杂得多。在受体，特别是 5-HT 受体，和 5-HT 摄取之间的一个最引人注目的相似之处是，人类血小板血清素摄取位点的蛋白质和大脑血清素转运体在结构上是完全相同的，并且由相同的单拷贝基因编码。因此，血小板对自杀行为的研究可能会非常有用，并可能成为诊断和预后的生物标志。

神经内分泌研究通常被称为"大脑之窗"，它为利用外周来源研究中枢血清素功能提供了另外一种有用的方法。这个过程涉及血清素能探针的使用，例如：类似 5-羟色氨酸的 5-HT 前体，或 5-HT 兴奋剂(拮抗剂)。5-HT 兴奋剂(拮抗剂)，如 mCPP、丁螺环酮或伊沙匹隆，可刺激 5-HT 受体亚型。某些由于 5-HT 作用于血清素系统而被释放的激素，如催乳素、促肾上腺皮质激素(adrenocorticotropic hormone, ACTH)或皮质醇，进而可以被测量(Pandey & Dwivedi, 2012)。地塞米松抑制测试(dexamethasone-suppression test, DST)通过测量地塞米松的摄入如何影响皮质醇水平的变化来评估肾上腺功能。正常情况下，使用地塞米松会引起皮质醇水平的降低。DST 曾被用于诊断抑郁症，但因其有限的特异性和灵敏度，现在已不再在临床中使用。然而，该测试仍作为衡量应激—反应系统(HPA 轴)灵敏度的一个指标，被用于神经生物学研究。自杀个体的 HPA 轴经常出现失调(见第 4 章)。

3.6.2　脑脊液

关于脊髓或脑脊液(cerebrospinal fluid, CSF)中 5-HT 代谢物 5-HIAA 的研究首次证明了 5-HT 系统缺陷与自杀行为之间的联系(Åsberg et al., 1976)。自此开始，许多研究开始考察脑脊液中与自杀行为相关的物质，其中包括胺、激素、炎症标志和应激相关标志。相关研究结果将在第 4 章进行讨论。在解释这些研究结果时，我们应该考虑到 5-HIAA 在 CSF 中的水平和它在大脑中的水平的关系尚不完全清楚，5-HIAA 水平可能受到许多因素的影响，包括性别、年龄、治疗和饮食特征。例如，长期使用抗抑郁药往往会增加CSF中的5-HIAA水平（Oquendo et al., 2014b）。

3.6.3　唾液和口腔拭子

唾液样本通常用于自杀行为的神经生物学研究，例如遗传和神经内分泌研究。口腔拭子，也称为口腔黏膜涂片，是一种从口腔内壁细胞中收集DNA的方法。口腔拭子是一种能够用来收集DNA样本进行遗传研究的相对无创的方法。

3.7　脑成像

神经影像学为在活体内研究有关自杀行为的遗传、环境、神经生物学和神经心理学研究结果之间的联系提供了一个很好的机会。有几种脑成像技术可用于研究：（1）结构特征；（2）功能特征；（3）脑中生化物的水平。

3.7.1　脑结构成像

脑结构成像研究关注灰质。灰质由神经元的胞体、神经纤维网（树突和轴突）和胶质细胞（星形胶质细胞和少突胶质细胞）组成。这些胶质细胞为神经元提供营养和能量。它们协助将葡萄糖运输到大脑，清洁大脑中多余的化合物，甚至可能会影响神经元通信的强度。由于这些细胞没有被白色的髓鞘包裹，因此它们呈现出神经元和胶质细胞的自然灰色（见图3.4）。

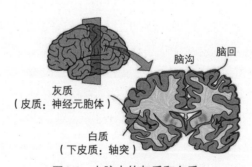

图3.4　大脑中的灰质和白质

来源：*Science Reports*, art nr 5644, Budday et al., A mechanical model predicts morphological abnormalities in the developing human brain, copyright 2014，经麦克米伦出版公司许可转载。彩色版本请扫描附录二二维码查看。

　　白质是脑结构成像研究关注的第二个焦点。它位于大脑皮质以下的更深处，由神经纤维（轴突）组成，轴突是神经细胞（神经元）的延伸。许多神经纤维被一种鞘或覆盖物包裹，这种覆盖物称为髓鞘。髓鞘使白质呈现白色。髓鞘还能保护神经纤维免受损伤，同时提高了电神经信号的传输速度。

　　大脑结构的变化是通过磁共振成像（MRI）和弥散张量成像（diffusion tensor imaging, DTI）来进行研究的。MRI可以创建大脑的详细图像。MRI技术使用一种非常强大的磁场来排列脑内的原子核，可变的磁场会使原子产生共振，这种现象称为核磁共振。核磁共振扫描仪检测原子核产生的旋转磁场，并用于创建图像。DTI是一种基于MRI的神经成像技术，它使人们能够直观地观察大脑白质束的位置、方向和各向异性。DTI测量平均扩散率（mean diffusivity, MD）、各向异性分数（fractional anisotropy, FA）、径向扩散率（radial diffusivity, Dr）和轴向扩散率（axial diffusivity, Da）。FA对微结构的变化非常敏感。它可以反映白质束内扩散的方向一致性、结构或结构完整性，但不能特异性地反映变化的类型（如径向或轴向）。为了最大限度地提高特异性，研究通常使用多种扩散张量测量方式（例如MD和FA，或Da和Dr），来更好地表征组织的微观结构。因此，我们能够直观地观察到（由缺血、髓鞘化问题、轴突损伤、炎症或水肿导致的）白质的病理性问题。

　　磁化转移成像（magnetic transfer imaging, MTI）是一种相对较新的、高度敏感的技术，能够使我们直观地观察到与自杀行为相关的脑组织大分子结构完整性的变化，即使在常规MRI观察不到时，MTI也可能观察到（Chen et al., 2015）。MTI利用自由水和与大分子结合水的自旋之间的磁化交换现象，在组织之间形成对比。这种交换的效率取决于大分子的数量和状态，并能通过磁化转移比（magnetization transfer ratio, MTR）来测量。灰质中较低的MTR被认为与细胞膜蛋白和磷脂的异常有关。此外，由远端轴突损伤和微小病变引起的沃勒变性也被认为是皮质MTR减少的潜在机制。因此，MTI可以通过大分子浓度变化显示出细微的生物物理变化（Chen et al., 2015）。

3.7.2　功能性脑成像

　　功能性脑成像技术包括功能性磁共振成像（functional MRI, fMRI）、单光子发射计算机体层摄影（single photon emission computed tomography, SPECT）和正电子发射体层摄影（positron emission tomography, PET）。fMRI是一种通过检测由神经活动引起的大脑血流变化，即产生所谓的血氧水平依赖（blood-oxygen-level dependent, BOLD）信号来测量大脑活动的技术。当某个大脑区域更活跃时，它会消耗更多氧气，为了满足这一需求，该活跃区域的血流量会增加。因此，fMRI可以生成激活图，显示大脑的哪些部分参与了某个心理过程。相反，静息态功能性磁共振成像（resting state fMRI, rsfMRI）可用于评估被试未执行明确任务时脑区的交互作用。因为即使在没有外部提示任务的情况下，被试也会出现大脑活动，因此大脑任何区域都会有BOLD信号的自发波动。这种静息态方法有助于探索大脑的功能组织，并考察它们的改变是否与自杀行为（的危险因素）有关。

SPECT是一种基于传统核医学成像和体层重建方法的伽马射线成像技术。它的图像反映了放射性药物空间浓度的功能信息。这项技术需要在被试的血液中注入伽马放射性同位素。放射性同位素标记物附着在特定的配体上，以产生放射性配体，其性质使其与某些类型的组织相结合。当放射性配体与大脑中的特定受体结合时，配体浓度可以用伽马相机测量。SPECT已成功用于自杀行为的临床和神经心理的相关脑机制研究，我们将在本书第6章中讨论。

类似地，PET扫描仪也通过检测注入的放射性物质来创建图像。常用的放射性标记物包括氧、氟、碳和氮。当放射性物质进入血液时，它们会流入使用它们的大脑区域。因此，氧气和葡萄糖会积聚在大脑代谢活跃的区域。当放射性物质分解时，会释放出一个中子和一个正电子。当正电子与电子发生碰撞时，电子和正电子都会被摧毁，同时会释放出两条伽马射线。伽马射线探测器记录发出伽马射线的大脑区域。这种方法为科学家提供了大脑功能的图像。关于自杀行为，PET扫描有助于我们直观地观察到血清素神经传递系统的紊乱（见第6章）。此外，PET已经被用来研究特定的治疗方法，如氯胺酮对与自杀想法相关的脑区的影响，我们将在第9章对这些研究进行详细讨论。

3.7.3　生化脑成像

磁共振光谱成像（magnetic resonance spectroscopic imaging, MRSI），即光谱学技术，是一种非侵入性的成像方法。它除了能提供由MRI单独产生的图像外，还能提供有关细胞或代谢活动的光谱信息。光谱学技术分析分子，如氢离子，或者更常见的是分析质子。它可以测定多种代谢产物，包括氨基酸、脂质、乳酸、丙氨酸、N-乙酰天冬氨酸、胆碱、肌酸和肌醇。这些代谢物频率的测量以百万分之一（ppm）为单位。自杀行为的光谱学研究结果将在第6章讨论。

本章总结

- 研究自杀行为的神经生物学有各种各样的方法，从对饮用水的研究到复杂的脑扫描。
- 不同研究方法发现了一个有趣的共同点。例如，锂是目前最强的抗自杀药物，这可能是由于它使大脑结构发生了变化，进而防止自杀风险的发展。
- 该领域仍然存在许多挑战。虽然血清素能神经传递系统与自杀行为之间的联系可能是生物精神病学研究中重复最多的发现，但如何解释这种联系尚不清楚。

- 流行病学研究表明，自杀行为有相当高的遗传性，但遗传研究的结果总体来说是令人失望的。

- 总体而言，自杀行为似乎是多种遗传因素和环境因素相互作用的复杂表现。因此，关键的环境因素，包括诸如童年逆境的远端风险因素和诸如心理社会压力的近端风险因素，需要纳入遗传研究设计中。例如，确实有证据表明，儿童期创伤在遗传变异与神经生物应激反应系统功能的关系中起中介作用，而应激反应系统功能失调可能会导致自杀行为。

- 显然，使用单一一种特定的神经生物学研究方法不会让我们对自杀风险的了解有所突破。因此，我们需要使用本章所描述的各种方法来深入全面地了解自杀风险发展的潜在机制，这样才能形成有效的预测和干预。

回顾思考

1. 动物模型在自杀行为研究中的主要局限性是什么？
2. 什么是表观遗传效应？为什么它们对解释自杀很重要？
3. 关于自杀的原因，我们可以从遗传流行病学中学到什么？
4. 影响自杀行为发生的主要环境因素是什么？
5. 哪些神经生物学途径可以用来解释这些影响？

拓展阅读

- Gilbert, P. & Allan, S. (1998). The role of defeat and entrapment (arrested flight) in depression: An exploration of an evolutionary view. *Psychological Medicine*, *28*, 585–98.

- Preti, A. (2011). Animal models and neurobiology of suicide. *Progress in Neuro-Psychopharmacology and Biological Psychiatry*, *35*, 818–30.

- Turecki, G. (2014). Epigenetics and suicidal behavior research pathways. *American Journal of Preventive Medicine*, *47*, S144–S151.

- van Heeringen, K. & Mann, J. J. (2014). The neurobiology of suicide. *Lancet Psychiatry*, *1*, 63–72.

第**4**章

致命信号：自杀行为的分子神经科学

学习目标

- 什么是分子以及它们跟自杀行为有什么关系？
- 自杀个体的应激反应系统是如何出错的？
- 神经递质紊乱在自杀行为中扮演着什么角色？
- 为什么表观遗传机制对我们理解自杀如此重要？
- 什么是大脑可塑性？它与自杀行为有什么关系？
- 刚地弓形虫感染与自杀有什么关系？

引言

蛋白质是维持生命的机器，但出现问题时，它们会导致个体过早死亡，包括导致个体出现自杀行为。没有蛋白质，细胞就不能正常工作。蛋白质是一种大分子，由一组原子结合在一起构成，原子是能参与化学反应的化合物的最小单位。分子的大小千变万化，例如，从由同一元素的两个原子组成的氧分子，到由成百上千个分子连接而成的相当长的蛋白质。在我们的大脑和身体中，大约有 20 000 种不同的蛋白质参与新陈代谢、生长和再生。

分子的主要作用是信号传递，而分子神经科学是通过研究神经元表达和响应分子信号的机制来探究大脑的神经生物学。能够传递信息的分子有很多种不同的类型，其中一些分子能够远距离传递信号，而另一些分子则在邻近细胞之间进行局部信息的传递。此外，信号分子对目标细胞的作用方式也不同。一些信号分子可以穿过质膜进入细胞，并与细胞质或细胞核中的细胞内受体结合，而大多数信号分子则与靶细胞表面的受体结合。受体是一种通过与分子（配体）结合来接收信号的蛋白质分子。

分子神经科学使用分子生物学和遗传学的工具来理解（表观）遗传学可能如何影响神经生物学功能以及神经元之间交流的方式。本章将通过回顾关于自杀行为的重要分子学研究，阐明诸如胆固醇、性激素和血清素等分子特征的改变是如何增加自杀风险的。对于各个类别的分子学研究发现，我们将阐述该分子的变化与自杀行为的关系，以及其与目前所知的自杀行为的神经生物学机制，如（表观）遗传学的关系。

4.1 应激反应系统

正如第2章所示，应激—素质模型假设应激事件可能促使具有自杀素质或自杀行为易感性的个体出现自杀行为。因此，在寻找自杀行为的神经生物学相关因素方面，应激—反应系统应该是一个关键的备选项。对生物和心理应激系统的适当反应是生存的关键，而人类有不同的相互关联的应激反应系统。如果这些系统中存在功能性分子问题，那么这些问题确实会干扰个体的生存，因为它们可能会增加因自杀而过早死亡的风险。与自杀行为有关的应激反应系统包括HPA应激系统、去甲肾上腺素（norepinephrine, NE）应激系统和多胺应激系统。

4.1.1 HPA应激系统

应激事件刺激下丘脑释放一种激素——促肾上腺皮质激素释放激素（corticotropin releasing hormone, CRH）进入血液循环，激活HPA系统，如图4.1所示。CRH进而激活垂体中的CRH受体1（CRH receptor 1, CRHR1），导致垂体释放促肾上腺皮质激素（ACTH）等激素。ACTH一旦进入主循环，就会刺激肾上腺皮质释放皮质醇，皮质醇能够调动能量，增强某些神经递质的活动，抑制炎症反应，并激活糖皮质激素受体（glucocorticoid receptors, GRs），后者在高水平时会与皮质醇结合（Oquendo et al., 2014b）。GR刺激会提高葡萄糖水平和促进脂质的分解，调动能量资源，增强记忆的储存和巩固，从而使有机体为将来类似事件的发生做好准备。盐皮质激素受体（mineralocorticoid receptors, MRs）是在基础条件下具有较高亲和力的受体（亲和力是衡量受体与其配体之间吸引力的一种指标），从而能维持HPA轴张力。当与皮质类固醇结合时，MRs和GRs调节基因转录，成为之后应激源影响的中介因素。当皮质类固醇与MRs和GRs结合时，负反馈开始出现，从而停止了由应激诱发的HPA轴激活反应（Oquendo et al., 2014b）。

皮质醇和自杀是相关的。一项包括近400 000名初级护理病人的大型研究发现：服用糖皮质激素的患者出现致命和非致命性自杀行为的风险几乎是那些患有相同疾病但没有服用糖皮质激素的患者的7倍（Fardet et al., 2012）。然而，关于HPA轴活动和自杀行为之间关系的研究结果并不一致。研究发现唾液、尿液和血浆皮质醇水平既有升高也有降低，还发现由于下午皮质醇水平下降幅度较小和上午HPA轴活动水平较高而导致的昼夜变化的缺

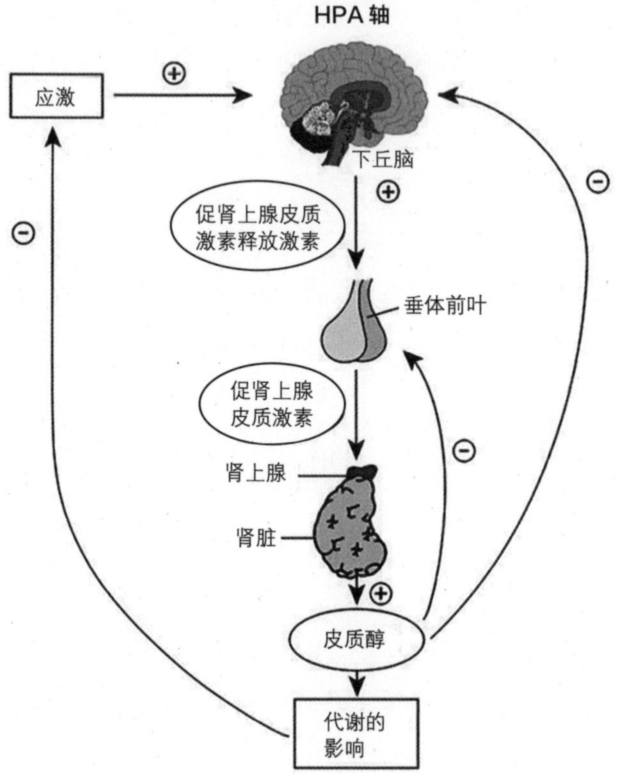

HPA 轴

图4.1　下丘脑—垂体—肾上腺（HPA）轴

彩色版本请扫描附录二维码查看。

失（Lindqvist et al., 2008; Keilp et al., 2016; Mann & Currier, 2016; Reichl et al., 2016）。研究发现自杀死亡者亲属的血浆皮质醇水平较低，且能预测其未来的自杀（Jokinen et al., 2010; McGirr et al., 2011）。最近一项对27项研究的元分析发现，有过自杀尝试的历史对皮质醇没有显著影响。然而，也有研究发现皮质醇和自杀尝试之间的显著相关会随着年龄而变化。在被试平均年龄低于40岁的研究中，这种相关是正向的（这意味着高皮质醇与自杀尝试相关），而在被试平均年龄为40岁或以上的研究中，这种相关是负向的（这表明低皮质醇与自杀尝试相关）。因此，HPA轴活动的变化，如皮质醇水平的年龄依赖性变化所示，似乎与自杀行为有关（O'Connor et al., 2016）。

比测量这些基线活动更重要的也许是应激系统对（特定的或非特定的）应激源的反应是否与自杀行为相关。还记得前言中瓦莱丽的故事吗？她的自杀行为是她与愤怒的叔叔之间的冲突导致的。使用实验室应激诱导或对HPA轴进行药物负荷试验的功能研究表明，HPA轴功能失调与自杀行为相关。服用地塞米松后不能抑制皮质醇水平的抑郁个体，其自杀死亡的风险是能够抑制皮质醇水平者的 4 倍以上（Mann et al., 2006；请参见第 3 章对地塞米松抑制测验的描述）。研究发现，自残者、自杀尝试者、实施非自杀性自伤的青少年、自杀身亡者的亲属以及情绪障碍患者有自杀尝试的后代在面对实验室环境中的社会应激（如特里尔社会应激测验或马斯特里赫特急性应激测验）时皮质醇反应减弱（McGirr et al., 2010; Kaess et al., 2012; Melhem et al., 2016; O'Connor et al., 2017; Plener et al., 2017）。在接受芬氟拉明——一种有效的血清素释放剂和再摄取抑制剂的药物负荷试验时，后续仍然有进行自杀尝试的抑郁症患者对该药物的皮质醇反应减弱，这与在刺激 ACTH 或 CRH 释放时潜在的血清素缺乏相一致（Keilp et al., 2010）。一项使用网络掷球（Cyberball）范式（我们将在第 6 章详细讨论该范式）和公众演讲压力测试的研究结果非常有趣，并对我们理解自杀行为非常有意义，因为社会排斥是自杀行为的触发因素。这项研究表明，在网络掷球游戏中受到排斥后，女性在公众演讲压力下的皮质醇分泌得更少（Weik et al., 2017）。

相对而言，很少有研究涉及与 HPA 应激—反应系统有关的候选基因。一个很有可能的候选基因是 CRHR1 基因，它与皮质醇对地塞米松负荷的反应有关。另一个候选基因是 GR 及其伴侣蛋白质 FKBP 和 SKA2，它们参与 GR 向细胞核的转运过程（Mann & Currier, 2016）。分子伴侣是主要参与蛋白质折叠的蛋白质，这种折叠赋予它们特定的形状，这对于诸如通过与受体结合而实现的蛋白质的功能至关重要。导致应激反应失调的无响应 GR 反馈机制是如自杀行为这类应激相关表型的重中之重（Roy & Dwivedi, 2017）。早期生活经历对 HPA 应激—反应系统的塑造起着至关重要的作用。其他类型的伴侣参与跨膜运输（"易位"）。

对成人自杀者中的这种非适应性的 HPA 轴反应的分子学解释表明，不良的早期生活经历与海马中的 GR 活性失调之间有着重要的联系。对小白鼠的研究结果显示，母性行为通过甲基化调节 HPA 轴的活动，该研究结果最近也在人类身上得到了验证，该项研究分析了有童年逆境经历的自杀死亡者、无童年逆境经历的自杀死亡者和对照组的海马组织（Turecki, 2014b）。这就是表观遗传学发挥作用的地方，而基因折叠和易位的紊乱可能为自杀行为的遗传率和与环境的相互作用之间提供了缺失的联系。

表观遗传学研究基因表达如何被外部因素所影响，现在人们已经描述了多种表观遗传学机制，如专栏 4.1 和 4.2 所示。

专栏 4.1　表观遗传机制

甲基化：被研究最多的表观遗传修饰，是指 DNA 甲基转移酶将甲基附着在胞嘧啶残基上，使基因表达过程中的信息处理发生实质性变化。

组蛋白修饰：对组蛋白的翻译后修饰（posttranslational modification, PTM），其作用是将 DNA 包装到染色体中。PTM 可以影响基因表达。

专栏 4.2　DNA甲基化

DNA甲基化是指在胞嘧啶残基上添加一个甲基，特别是当胞嘧啶后面跟着鸟嘌呤（CpG二核苷酸）时。在基因组中大约70%—80%的CpG被甲基化。尽管有例外，但是这种表观遗传标记基本上都与转录活性下降有关。大多数关于DNA甲基化的研究都集中在CpG岛上，它是一个富含CpG的短区域，在脊椎动物基因组中存在于大约一半的基因中。CpG岛在启动子区域过多，那里的甲基化水平非常低，使得周围的DNA和转录起始位点未被包裹，易于转录。大多数研究将DNA甲基化状态与基因表达水平联系在一起，这可能涉及几种机制。某些CpG二核苷酸的甲基化，尤其是在基因启动子区域，会损害调控蛋白（如转录因子）与DNA结合和促进基因表达的能力。DNA甲基化是一种动态机制，特别是在大脑中，它在生理和病理过程中都能对环境因素做出快速反应。从进化的角度来看，我们可以推测，大脑作为感知内部和环境刺激的专门器官，已经进化得特别容易产生表观可塑性。

因此，外部因素可能在不改变DNA序列的情况下改变基因的表达方式，这些外部因素包括不利环境的影响。例如，我们将在本书第7章看到，表观遗传效应如何解释个体在经历早期生活逆境，如童年时期的身体虐待或性虐待之后自杀风险的增加。在一项研究中，自杀身亡的受虐者GR基因的甲基化水平明显高于没有遭到虐待的自杀身亡者和健康对照组（McGowan et al., 2009）。参见图4.2。

随后的研究表明，自杀死亡的抑郁症患者中GR表达的下降可能是由不同的分子途径导致的，具体取决于是否存在早期生活逆境。对有早期生活创伤史的自杀者海马区启动子DNA甲基化的全基因组甲基化研究显示，基因启动子的低甲基化和高甲基化状态呈双向模式（Labonté et al., 2012a）。早期创伤性生活经历导致的获得性甲基化改变会在以后的生活中持续，这增加了儿童时期受虐待个体的自杀风险（Labonté et al., 2012b; Haghighi et al., 2014）。

作为失调的HPA轴的一部分，GRs的异常功能反应不仅受到GRs受损的细胞转录的调节，还受到GRs在细胞核区域中作为转录因子的可用性受损的影响。这意味着伴侣蛋白，如FKBP和SKA2，作为分子护航帮助作为转录因子的GR转运到细胞核中（Roy & Dwivedi, 2017）。FKBP5抑制GR信号转导，而FKBP5序列变异与自杀行为风险增加相关，尤其是在那些有早期创伤史的人群中（Turecki & Brent, 2016）。FKBP5中的基因变异与早期生活创伤相互作用，决定应激暴露后的自杀风险（Mandelli & Serretti, 2016）。关于SKA2，自杀者表现出特有的DNA甲基化特征，其功能影响主要体现在改变了前额皮质的GR反应性。此外，对活体外周血组织的观察结果与大脑研究的发现相吻合，这些发现重复了SKA2表观遗传标记对其表达与自杀想法相关的功能影响（Guintivano et al., 2014）。关于伴侣蛋白的研究发现与自杀行为预测的相关性将在第9章讨论。

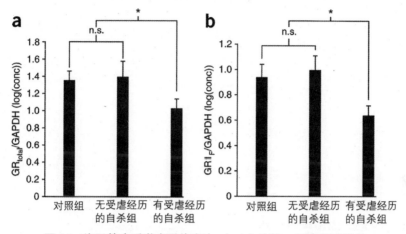

图4.2　海马糖皮质激素受体表达。（a,b）均值 ± 测量标准误差

12名有童年受虐史的自杀者、12名无童年受虐史的自杀者和12名对照组被试总体糖皮质激素受体（GR）mRNA表达水平（图a）和糖皮质激素受体1_F（$GR1_F$）表达水平（图b）。从分析中剔除的异常值包括：对于糖皮质激素受体1_F，剔除n= 2 个对照组被试，n= 1 个有童年受虐史的自杀者；对于总体糖皮质激素受体，剔除n=1 个有童年受虐史的自杀者和n= 3 个没有受虐的自杀者。
＊ 表示p<0.05, n.s.表示统计上不显著。（来源：Nature Neuroscience, 12(3), 342–348, McGowan et al., Epigenetic regulation of the glucocorticoid receptor in human brain associates with childhood abuse, copyright 2009, 经麦克米伦出版公司许可转载。）

4.1.2　去甲肾上腺素应激系统

压力在激活HPA系统的同时，也激活了去甲肾上腺素（NE）应激反应系统。激活该系统导致起源于蓝斑核（locus coeruleus, LC）的密集神经元网络释放NE，并广泛投射到前脑，导致唤醒、警觉和焦虑增强（Oquendo et al., 2014b）。NE受体分布遍及皮质、丘脑、下丘脑、海马、杏仁核和基底神经节。NE神经传递经过NE转运体的再摄取或被单胺氧化酶（monoamine oxidase, MAO）或儿茶酚-O-甲基转移酶（catechol O-methyltransferase, COMT）分解代谢而终止。NE应激系统在自杀行为中的作用主要是通过尸检研究发现的，但结果并不明确。同样，对于NE代谢产物苯乙二醇的脑脊液研究结果也没有定论。

对自杀者的尸检研究发现，他们的蓝斑核中NE神经元较少，前额皮质有更多的β-肾上腺素能受体结合和较少的α₂肾上腺素能结合。然而，使用暴力方法自杀的人明显比使用非暴力方法自杀的人有更少的β-肾上腺素能受体（Oquendo et al., 2014b）。此外，自杀

70

与蓝斑核中而非下丘脑中较少的NE转运体结合相关。考虑到研究结果缺乏一致性，这些发现通常可能反映出皮质去甲肾上腺素能的过度活跃，这可能是由于在导致自杀的应激反应中过量的NE被释放，且自杀者中NE神经元数量较少，从而导致NE耗尽（Mann & Currier, 2016）。

尽管单胺氧化酶A（MAO-A）和单胺氧化酶B（MAO-B）活性似乎与自杀无关，但与无精神疾病的对照组相比，MAO-A基因多态性导致的高活性在患有心境障碍的男性自杀者中更为普遍，而在女性自杀者中并不普遍。使COMT在分解去甲肾上腺素方面更有效的COMT的Val/Val基因型，在健康的男性活体对照组中比在自杀者中更为普遍，而在女性活体对照组中并不普遍。而Met/Met基因型对男性似乎具有相反的保护作用。因此，遗传学研究表明，自杀者中去甲肾上腺素功能降低，可能是面对长期压力时去甲肾上腺素功能下调的结果（Oquendo et al., 2014b）。

4.1.3　多胺应激系统

多胺是含有两个或多个胺基的小分子，它有多种功能，包括对基因转录和转录后修饰的调节，以及对蛋白质活动的调节（Turecki, 2014b）。代表性的多胺包括腐胺、亚精胺、精胺和鲱精胺。它们在受到应激刺激后被释放，并呈现出一种独特的反应模式，被称为多胺应激反应（polyamine stress response, PSR）。PSR可由直接的神经刺激引起，或由如糖皮质激素等激素信号引起，并可通过抗焦虑药物和锂离子进行药物操控。PSR的大小与应激源的强度有关。亚精胺/精胺N1 -乙酰转移酶1（spermidine/spermine N1-acetytransferase 1, SAT1）是多胺分解代谢的限速酶。

一些研究发现自杀死亡个体的皮质和皮质下脑区和自杀尝试者的外周样本中出现了多胺系统成分的mRNA和蛋白质水平的变化（Turecki, 2014b）。尸检研究一致表明了SAT1表达的下调，亚精胺和腐胺的直接定量显示出它们在大脑皮质组织中浓度的增加。然而，对SAT1的全基因测序并没有发现SAT1的变体或其中测量的任何片段与自杀尝试有显著相关，也没能重复之前报告过的相关（Monson et al., 2016）。正如我们将在第9章中详细讨论到的，对血液中SAT1水平的纵向研究表明，SAT1基因表达水平的变化可以预测自杀风险。

大脑中关键的多胺基因受到表观遗传机制的调控，而其中一些基因在自杀者中受到不同的表观遗传调控的证据正在逐渐累积（Fiori & Turecki, 2011）。一些强有力的证据表明HPA和多胺系统之间存在联系（Turecki, 2014b）。如前所述，随着越来越多的证据表明HPA活动受到早期生活事件的表观遗传调控，我们需要注意多胺代谢会影响这种表观遗传修饰。此外，有越来越多的证据表明，表观遗传过程也调节了多胺系统成分的基因编码。

4.2 神经传递

神经递质是化学信使，允许信号通过突触从一个神经元传递到另一个神经元，如图 4.3 所示。

目前，我们已经在大脑中发现了超过 150 种神经递质。与我们理解自杀行为相关的神经递质包括血清素、多巴胺、去甲肾上腺素（见之前的讨论）、γ-氨基丁酸（GABA）和谷氨酸。一般来说，神经递质可以分为两种基本类型：能够镇静大脑的抑制性神经递质（如，血清素和GABA）和能够刺激大脑的兴奋性神经递质（如，多巴胺和谷氨酸）。

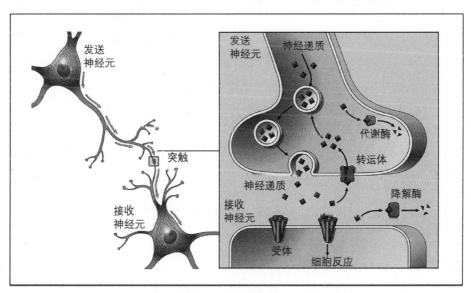

图4.3 神经传递系统

来源：美国国立药物滥用研究所（NIDA）［美国国立卫生研究院（NIH）］公共领域，通过维基百科共享。彩色版本请扫描附录二维码查看。

4.2.1 血清素（5 HT）

血清素［5-羟色胺（5-HT）］是一种进化上非常古老的神经递质，在植物和包括人类的动物中无处不在。与自杀行为相关的血清素系统变化是生物精神病学中得到最多重复的发现之一。这种古老而且无所不在的分子对自杀这种相对新近出现且是人类独有的现象的作用机制，十分令人费解。本书第 8 章将对这一特别的关系给出一个假设性的解释。

如图 4.4 所示，中缝背核和中缝中核中的细胞体为整个大脑提供了广泛的血清素能神经分布。

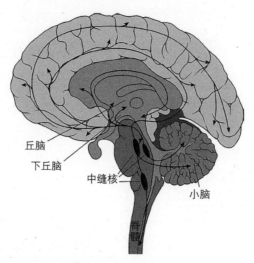

丘脑
下丘脑
中缝核
小脑
脊髓

图4.4　血清素神经传递系统（Lynch, 2010）

彩色版本请扫描附录二维码查看。

有七个 5-HT 受体家族，其中多个家族有数个亚型。如图 4.5 所示，突触前 5-HT 转运体（5-HTT 或 SERT）从突触间隙中清除血清素，从而阻断神经传递。色氨酸羟化酶（tryptophan hydroxylase, TPH）是 5-HT 合成过程中的限速酶，在人类中存在两种异构体。TPH1 主要在人类出生后的大脑外发现，与宫内神经发育有关，而 TPH2 则是大脑特有的。5-HT 分解包括 5-HT 被 MAO-A 和乙醛脱氢酶氧化，生成代谢物 5-羟基吲哚乙酸（5-HIAA）。

大量关于脑脊液、外周组织、死后脑组织、活体神经成像（见第 6 章）和分子脑特征（见第 3 章的技术问题）的研究表明，血清素功能的改变与自杀行为相关。脑脊液研究表明，自杀尝试者的 5-HIAA 水平下降，特别是那些使用暴力方法或高致命性方法的自杀尝试者（Mann & Currier, 2016）。此外，一项对前瞻性研究的元分析显示，脑脊液 5-HIAA 水平低于中位数的抑郁症患者死于自杀的可能性是脑脊液 5-HIAA 水平高于中位数的抑郁症患者的 4.5 倍（Mann et al., 2006）。对死后脑组织的研究显示，腹内侧前额皮质和前扣带回的 5-HT 转运体结合减少。5-HT 神经元越多，5-HT 神经元中 TPH2 基因表达和蛋白质越多，5-HT 转运体表达和蛋白质越少，越有利于 5-HT 传递的增强。这可能是由较低水平的 5-HT 释放所引起的，反映在自杀死亡者脑干中 5-HIAA/5-HT 比例较低，以及严重自杀尝试者脑脊液中 5-HIAA 浓度较低（Mann & Currier, 2016）。尽管对研究结果的解释存在争议，但 5-HT 释放的减少可能是由背核中 5-HT$_{1A}$ 受体的增加所致，这与非致命性和致命性自杀行为有关（Sullivan et al., 2015; Mann & Currier, 2016），这与 5-HT$_{1A}$ 受体在大脑血清素活动

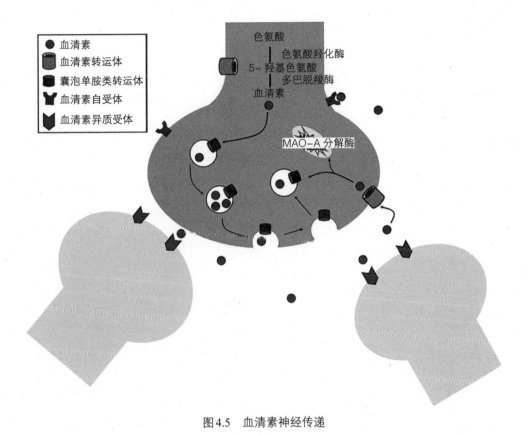

图4.5 血清素神经传递

来源：*Trends in Neurosciences*, 33(9), Daubert EA & Caudron BG, Serotonin: a regulator of neuronal morphology and circuitry, 424–434, copyright 2010。彩色版本请扫描附录二维码查看。

调节中的中心作用相一致（Popova & Naumenko, 2013）。死后组织和神经影像学研究表明，5-HT$_{1A}$自身受体的上调在解释血清素系统的变化与自杀行为之间的联系中至关重要（Menon & Kattimani, 2015）。这些受体的上调很可能与增加中枢血清素生物利用度的稳态上调机制有关，因此解释了血清素活动的代偿性增加，这种代偿性增加表现在血清素能神经元的增多和转运体结合的减少（Menon & Kattimani, 2015）。支持这一假设的是最近的一项前瞻性研究，该研究对抑郁症患者进行了两年随访，发现中缝核中较高的5-HT$_{1A}$受体结合与后续出现更多的自杀想法和更高致死性的自杀行为之间存在关联（Oquendo et al., 2016）。5-HT$_{1A}$自身受体上调在自杀风险发展中的潜在核心作用将在第8章介绍解释自杀行为的计算神经科学时详细阐述。

关于候选基因，部分但非全部研究报告了TPH1和TPH2基因与自杀行为之间的联系（Mann & Currier, 2016）。受体基因似乎与自杀行为无关。研究最多的多态性之一涉及5-HTT或SERT基因上游调控区。血清素转运体作为突触的血清素能信号调节器，发挥着重

75

要的作用。血清素转运体基因（SLC6A4）位于 17 号染色体（17q11.2）上，它具有常见的功能启动子多态性（5-HTTLPR, rs4795541），由一个短（S）等位基因和一个长（L）等位基因组成。L 等位基因转录该基因的效率是 S 等位基因的 2—3 倍。虽然并非所有研究都有涉及，但许多研究发现了较少表达的 S 等位基因和自杀行为之间的关系（Mirkovic et al., 2016）。

由于基因只能部分解释自杀风险，所以一些研究将环境因素也纳入易感性模型中，考察 5-HTT、5-HTR$_{1A}$、5-HTR$_{2A}$ 和 TPH 基因的多态性变异是否会与压力性生活事件产生交互作用，从而增加产生自杀行为的风险（Antypa et al., 2013; Mandelli & Serretti, 2016）。自从卡斯皮（Caspi）和他的同事发表了开创性和关键性的研究以来，压力与 5-HTT 基因的相互作用及其对自杀行为发生的影响已引起人们的广泛关注。他们证明，压力源增加了自杀尝试的风险，但仅在那些拥有较少表达的 5-HTT S 等位基因的人群中才有此效应（Caspi et al., 2003）。大多数后续研究证实了这一发现，即 5-HTT S 等位基因携带者在经历了两次或更多的压力性生活事件后，自杀风险会增加（Mandelli & Serretti, 2016）。特别的是，研究者在遭受了儿童期受虐、儿童期创伤和严重压力性生活事件的人群中以及遭受了虐待的学龄儿童中，观察到了 5-HTT S 等位基因对自杀风险的显著影响。尽管结果不一致，甚至有一项研究发现了相反的结果（长—长基因型的个体自杀风险增加），但绝大多数研究表明 5-HTT 基因型调节了压力对自杀行为发生的影响。然而，这种交互作用对自杀风险的影响似乎只发生在个体先前已经存在精神问题的情况下（Mandelli & Serretti, 2016）。关于 5-HTR$_{1A}$ 和 5-HTR$_{2A}$ 基因多态性以及 TPH1 和 TPH2 基因对暴露于压力性生活事件后出现自杀风险的调节作用的基因 × 环境研究产生了不一致的结果。然而，此类研究的数量较少，还需要进一步的研究。

4.2.2 谷氨酸/γ-氨基丁酸（GABA）

GABA 和谷氨酸分别是大脑中主要的抑制性和兴奋性神经递质。鉴于氯胺酮[一种通过 N-甲基-D-天冬氨酸（N-methyl-D-aspartate, NMDA）受体结合的谷氨酸拮抗剂]具有公认的抗自杀特性（见第 10 章），在过去的 10 年中，人们对谷氨酸在自杀风险发展中的研究兴趣显著增加。关于自杀者大脑中谷氨酸受体结合的研究得出了不一致的结果（Oquendo et al., 2014b）。尽管关于谷氨酸受体和 GABA A 受体的基因编码的证据正在增加，但是对谷氨酸/GABA 系统与自杀行为关系的遗传学研究产生了不一致的结果（Gray et al., 2015; Yin et al., 2016）。与一项早期研究发现自杀者前脑中 GABA 浓度没有变化相一致（Korpi et al., 1988），最近的一项光谱学研究（技术问题见第 3 章）发现前额皮质中谷氨酸和 GABA 的水平与自杀行为也没有关系（Jollant et al., 2017）。

现有的少数基因 × 环境研究，考察了谷氨酸和 GABA 系统相关的基因变异与暴露于早年生活逆境相结合对自杀风险的影响，但没有发现显著的结果（ Mandelli & Serretti, 2016 ）。

4.2.3　多巴胺

多巴胺是由腹侧被盖区和黑质的左旋多巴合成的。多巴胺可以跟 5 种受体亚型结合，并通过 MAO 和 COMT 代谢为高香草酸（ homovanillic acid, HVA ）。在去甲肾上腺素能和肾上腺素能神经元中，多巴胺被代谢为去甲肾上腺素。多巴胺与情绪、动机、攻击性、奖赏、工作记忆和注意有关，这使其成为自杀行为分子研究的主要候选分子（ Oquendo et al., 2014b ）。

然而，只有很少的自杀研究从受体和代谢物的角度找到了自杀与多巴胺功能变化的联系。一项结合了心理和生理解剖的，对纹状体多巴胺结合的研究表明，自杀者多巴胺受体和转运体基因的表达失衡，而这种失衡与早期生活逆境无关（ Fitzgerald et al., 2017 ）。研究数量少和结果不一致导致我们无法将多巴胺功能视为自杀风险的标记物（ Oquendo et al., 2014b ）。

77

4.3　神经炎症

非致命性和致命性自杀行为的发生率在炎症和自身免疫性疾病，如哮喘、过敏、狼疮和多发性硬化患者中有所增加。有人认为，自杀的春季高峰（见第 1 章）是由于季节性空气过敏原增加导致炎症而引起的（ Brundin et al., 2015 ）。因感染住院的患者自杀死亡的风险增加，且感染和自杀死亡存在先后和剂量反应关系，这意味着二者存在因果关系（ Lund-Sorensen et al., 2016 ）。有些低毒性的神经营养致病因子（也就是所谓的病原体，如病毒、细菌或寄生虫）在感染宿主后能相对安静地存活于免疫活性宿主的中枢神经系统中（宿主因此能够产生正常的免疫反应）。这种病原体包括寄生虫刚地弓形虫。越来越多的研究表明，这种长期的、低程度的感染对宿主大脑产生的影响可能比以前想象的要大得多。正如本书第 1 章中已经讨论过的，研究已经反复证实，刚地弓形虫阳性的个体出现自杀行为的风险显著增加（ Brundin et al., 2015 ）。这种寄生虫的血清阳性使个体出现非致命性和致命性自杀行为的相对风险增加了近两倍（ Pedersen et al., 2012 ）。由于约 10% 的自杀可归因于严重感染的影响（ Lund-Sorensen et al., 2016 ），并且鉴于世界上约 30% 的人口感染了刚地弓形虫，研究这种致病机制对自杀预防非常重要。

除了这些流行病学结果，越来越多的分子研究发现自杀行为中免疫系统和细胞因子出现失调。细胞因子是一种小的蛋白质，当它从细胞中释放出来时，会对周围细胞的行为产生影响。细胞因子包括干扰素（ interferon, IF ）、白细胞介素（ interleukin, IL ）和肿瘤坏死因子（tumor-necrosis factor, TNF），它们与受体结合，在免疫系统中发挥重要功能。大量实证研究和元分析报告了血浆、脑脊液和大脑中与自杀行为相关的IL和TNF水平的变化（关于此研究综述，见Brundinet al., 2015）。在这些关于细胞因子或多或少不一致的发现中，升高的白细胞介素-6似乎是最强的，因为它与非致命性和致命性自杀行为都有关（Gananza et al., 2016）。

色氨酸分解代谢的犬尿氨酸通路的激活是解释自杀和炎症关系的一种潜在的神经生物学机制。由于色氨酸也是血清素的前体，炎症可能通过将色氨酸的分解代谢转化到犬尿氨酸通路上，导致血清素水平的下降。此外，色氨酸代谢物喹啉酸通过NMDA受体增加神经元中谷氨酸的释放（Brundin et al., 2015）。激活的脑细胞（小胶质细胞）可能会耗尽血清素水平，这些脑细胞通过犬尿氨酸通路增强色氨酸向喹啉酸的代谢，但炎症干扰自杀个体血清素和谷氨酸神经传递的程度仍有待证实。无论如何，光谱学研究发现炎症的加重可能导致抑郁症患者基底神经节中谷氨酸的增加（Haroon et al., 2016）。因此，以谷氨酸为靶点的治疗策略（见第10章）对炎症加重的抑郁症患者可能更有效。

小胶质细胞是大脑白质中最重要的和最主要的主动免疫防御细胞，它能通过一系列具有不同特征性功能和形态的激活状态对大脑内部环境的变化做出反应。它们是细胞因子的主要生产者。对自杀者的大脑尸检研究揭示了以下变化：激活的小胶质细胞密度的正常背腹差异在自杀者中发生了逆转。在自杀者中，激活的小胶质细胞在腹侧前额白质中的密度大于其在背侧前额白质中的密度，而免疫反应细胞的密度则在背侧前额白质中更大。这些发现符合本书第2章描述的自杀的应激—素质模型，在该模型中，急性应激源激活了大脑的反应性过程，并使处于风险中的个体产生了自杀想法（Schnieder et al., 2014）。

库尔泰（Courtet）和他的同事（2016）提出了一个关于炎症和自杀行为之间关系的很好的综合模型，其中包括了许多我们在前面描述过的由炎症导致的变化。根据这一综合的应激—素质模型，儿童期受虐、刚地弓形虫感染和睡眠障碍会导致个体进入系统性的炎症状态，诱发HPA轴失调。当这些个体暴露于应激源时，这种低水平的慢性炎症状态可能会诱发前馈循环，接着会激活吲哚胺-2, 3-双加氧酶（IDO）。IDO使色氨酸分解为犬尿氨酸。然后，小胶质细胞激活（在背外侧前额皮质、前扣带皮质和背内侧丘脑）导致喹啉酸增加和犬尿氨酸减少。这又导致NMDA刺激增加。此外，色氨酸代谢增强导致血清素水平下降。甚至，精神疾病和负性生活事件等应激源与这些易感性因素相互作用也会诱发自杀行为。

自杀个案可能具有自身免疫缺陷得到了以下发现的支持：半数以上的抑郁症患者体内存在血清素抗体（相比之下，只有不到10%的非抑郁症患者有血清素抗体），同时，在所有促炎细胞因子升高的抑郁症患者中均存在血清素抗体。据推测，针对血清素的自身免疫过程可以清除血清素轴突或其末端，并导致上文描述的血清素神经传递的缺陷。这种推测也与背腹特异性一致，因为与自杀相关的转运蛋白缺乏主要出现在腹侧（Schnieder et al.，2014）。

自杀的炎症假说对理解和干预自杀风险有很大贡献。相对于奖赏，炎症增强了对惩罚的灵敏度，这是将在本书第8章中提出的自杀行为的神经计算模型的关键成分（Harrison et al.，2016）。以犬尿氨酸通路酶为靶点可能会为控制自杀行为提供有吸引力的新治疗方法（Bryleva & Brundin, 2017）。

4.4 神经营养因子

大脑可塑性是指大脑改变自身结构和功能以适应环境变化的非凡能力。大脑可塑性是正常大脑功能，例如学习和改变行为的能力。为此，脑细胞可能彼此建立新的联系，或者重塑。可塑性在童年时期最强，但在整个生命过程中都是大脑的基本属性。神经发生是产生新的脑细胞的过程。这个过程对许多人类功能，包括学习和记忆都提供了支持。过去，人们认为神经发生只出现在婴儿、儿童和青少年身上，在成年后就完全停止了。我们现在知道新神经细胞的产生确实发生在成人大脑中，这意味着成人大脑也可以随着新细胞的生长而得到加强和改善。

对环境要求做出结构和功能性适应可以通过突触可塑性和神经发生来实现，这些过程受到神经营养因子的调节。在四类已确定的神经营养因子中，脑源性神经营养因子（BDNF）及其受体原肌球蛋白受体激酶B（tropomyosinreceptor kinase B, TrkB）是可塑性的关键介质，并且人们假设它们的改变是自杀死亡者大脑可塑性变化的基础。

这种变化包括自杀的抑郁患者背外侧前额皮质变薄和齿状回颗粒神经元减少。皮质体积减小表明神经发生减少，细胞凋亡导致神经元加速损失，或无髓神经纤维及其树突的灰质网络减少（Oquendo et al., 2014b）。一般来说，自杀者前额皮质的BDNF蛋白表达水平较低，前额皮质和海马的TrkB受体较少，BDNF和TrkB的mRNA较少。自杀者前额皮质和海马中神经营养因子的表达发生改变，表明神经发生受损（Oquendo et al., 2014b）。

女性自杀者更有可能携带BDNF Val66Met（Val/Met或Met/Met）多态性，这是一种与BDNF分泌减少相关的基因变异。表观遗传的变化，可能反映了早期生活逆境，也可能与BDNF-TrkB系统功能失调有关，因为相比无自杀的对照组被试，自杀者BDNF基因DNA甲基化的水平较高，相应地，BDNF的mRNA水平较低（Oquendo et al., 2014b）。与自杀相关的Trk基因表达的变化已经得到了充分的验证（Almeida & Turecki, 2016）。基因×环境交互作用可能在BDNF和Trk基因对自杀风险的影响中发挥作用，因为特定的多态性与如早期生活逆境等暴露于（早期）压力性生活事件相结合，增加了自杀行为发生的风险（Mandelli &

80

Serreti, 2016)。

因此，越来越多的证据表明神经可塑性在自杀中的作用。有趣的是，神经营养因子与炎症标记、压力和自杀风险之间似乎存在负相关关系，即神经营养因子水平越低，自杀风险、压力和炎症标记水平越高（Priya et al., 2016 ）。

4.5 胆固醇和脂肪酸

胆固醇水平和自杀风险之间可能存在着一定的关系，这个假设最初是在研究者观察到服用了降胆固醇药物的患者自杀死亡率和受伤率过高时提出的（Hibbeln & Salem, 1996 ）。即使元分析显示，与对照组被试相比，被随机分配到接受降胆固醇干预的被试因自杀、事故和暴力导致的死亡并没有显著增加，但研究者们仍聚焦于两者的关系上（Muldoon et al., 2001; De Berardis et al., 2012 ）。之后的大多数对自杀尝试者的研究证实了在抑郁症和其他精神疾病患者中，低血清胆固醇水平与（特别是暴力的）自杀行为之间的联系。更具体地说，与胆固醇水平在前 25% 的被试相比，胆固醇水平在后 25% 的男性进行自杀尝试的风险增加了 7 倍，女性增加了 16 倍（Olié et al., 2011 ）。因此，血清胆固醇水平可能是抑郁症患者出现自杀行为的一个强有力的风险因素，也可能作为自杀风险的一个有用的生物学标记（见第 9 章 ）。

恩格尔伯格（Engelberg, 1992 ）提出了一个将胆固醇和血清素系统联系起来的假设。他假设血清胆固醇水平的降低可能伴随着血清素受体和转运体的黏度和功能的变化，以及血清素前体的减少，这可能导致自杀风险的增加。自杀未遂者血清总胆固醇和脑脊液 5-HIAA 水平之间存在显著正相关支持了这一假设（Hibbeln et al., 2000; Jokinen et al., 2010 ）。

多不饱和脂肪酸（PUFAs，主要在鱼类、谷物、豆油中发现）的失衡与神经精神疾病，包括抑郁症和自杀风险有关。ω-3（或 "n-3"）多不饱和脂肪酸对大脑发育、精神健康和认知功能至关重要。研究表明，低 ω-3 多不饱和脂肪酸摄入量与自杀行为也有一定关系。自杀死亡者体内的 ω-3 多不饱和脂肪酸水平非常低，自杀尝试者体内的 ω-3 水平也低于无自杀行为者（有关综述，见 Haghighi et al., 2015 ）。促炎性 ω-6 和抗炎性 ω-3 多不饱和脂肪酸的失衡可能与炎症对自杀行为的影响有关（Oquendo et al., 2014b ）。多不饱和脂肪酸不是人体内源性产生的，因此必须来源于饮食摄入。然而，最近对 20 多万人进行的一项大型长期前瞻性队列研究显示，食用鱼类以及 ω-3 或 ω-6 多不饱和脂肪酸不会降低自杀风险（Tsai et al., 2014 ）。虽然饮食摄入无疑是 PUFA 效应的主要决定因素，因为长链多不饱和脂肪酸（LC-PUFA）无法在人体内生产，但影响 PUFA 生物利用度的其他生理因素也可能影响低 ω-3 多不饱和脂肪酸水平对自杀行为的临床效应。最近的一项表观遗传学研究表明，ω-3

多不饱和脂肪酸生物合成中基因的 DNA 甲基化与抑郁和自杀风险有关。因此，长期多不饱和脂肪酸失衡可能会导致与自杀相关的表观基因组发生变化（Haghighi et al., 2015）。研究观察到的血浆多不饱和脂肪酸水平、DNA 甲基化和自杀风险之间的关系可能对通过营养干预调节疾病相关的表观遗传标记有所启发。

4.6　性激素

虽然睾酮浓度的差异可能导致本书第 1 章中描述的自杀流行病学中的性别差异，但很少有研究关注睾酮在自杀行为中可能起到的作用。鉴于压力反应和睾酮水平之间的密切关系以及它们与攻击性和冲动性的相关性，这种性激素可能是自杀行为的关键生物标志。年轻男性（而非女性）自杀尝试者的脑脊液和血浆睾酮水平高于同龄的健康人士。在男性自杀尝试者中，脑脊液睾酮和皮质醇的比例与冲动性和攻击性呈显著正相关（Stefansson et al., 2016）。

关于女性性激素，研究结果并不明确，目前还不清楚性激素水平的变化在多大程度上导致女性自杀尝试者的比例增加，或者导致孕妇自杀（但不是自杀尝试）率低。一般来说，女性的自杀死亡率在整个月经周期中没有显著变化，但自杀尝试在经前期和月经期相对更常见。

4.7　神经肽

鉴于人际压力和社会支持在自杀风险发展中分别起着促进和保护作用，我们有充分的理由考虑神经肽催产素（neuropeptide oxytocin, OT）在自杀风险发展中的重要作用。OT 在社会关系、依恋、社会支持、母性行为和信任中起着重要的作用，并能预防压力和焦虑。成人较低的脑脊液催产素水平与儿童期创伤的关系（Heim et al., 2009）可能表明，中枢催产素功能的改变可能与童年逆境带来的不良后果，如自杀行为有关。与健康对照组被试相比，自杀尝试者脑脊液中催产素水平确实较低，且与自杀意图显著相关（Jokinen et al., 2012）。NMDA 受体拮抗作用至少可以部分解释 OT 对大脑和行为的影响。

其他一些神经肽似乎也与自杀行为有关。更具体地说，自杀尝试者或自杀死亡者的促肾上腺皮质激素释放因子（corticotropin-releasing factor, CRF）、VGF、胆囊收缩素、P 物质和神经肽 Y（neuropeptide, NPY）的水平与健康对照组被试或死于其他原因的人有显著差异（Serafini et al., 2013）。这些神经肽的确切作用尚不清楚，但已有充分的证据显示它们在应激反应和情绪加工中起到关键的调节作用。

本章总结

- 分子变化与自杀行为之间可能通过许多种不同的途径发生联系。分子特征可能使个体产生自杀行为的易感性，或者分子变化可能引发自杀危机。

- 关于分子特征的研究有助于我们对自杀动力学的理解。例如，分子研究揭示了早期生活逆境可能通过表观遗传过程影响个体对之后生活应激源的行为反应。这通常是一个长期稳定的过程（可能长达至少20年），涉及长期的基因沉默。

- 候选基因研究已经将几个基因的皮质DNA甲基化变化与自杀行为联系起来。越来越多的证据表明，甲基化状态可能是自杀行为的临床生物标志，自杀风险的表观遗传学管理可能是未来预防自杀的一种富有成效的方法。

- 相当多的分子变化似乎是相互依赖的，并涉及类似的过程。炎症、血清素减少和谷氨酸盐水平升高之间，以及炎症标记、压力和自杀风险之间都有关系。低胆固醇对自杀风险的影响很可能是通过血清素系统的中介作用实现的。5-HT转运体甲基化的增加与应激状态下皮质醇分泌的减少有关，这表明血清素功能和HPA轴之间存在联系（Ouellet-Morin et al., 2013）。

84

- 对药物分子基础的研究（见第10章）可以进一步阐明自杀行为的分子基础。例如，锂离子似乎通过调节多巴胺能、谷氨酸能和GABA能通路以及上调BDNF等神经保护因子和下调神经元细胞死亡的凋亡因子来发挥其独立于情绪稳定作用之外的抗自杀作用（Turecki, 2014b）。在这种情况下，我们注意到锂的使用与相关脑区的体积增加有关，而自杀行为则与这些脑区的体积减小有关，这部分内容将在本书第6章进行描述。

回顾思考

1. 自杀是对非正常情况的正常反应，还是对正常情况的非正常反应？
2. 什么是大脑可塑性？为什么说它是预防自杀的根本？
3. 什么是基因×环境交互作用？这种交互作用如何影响自杀风险？
4. 感染、饮食习惯与自杀有什么关系？
5. 早期生活逆境如何导致成年后自杀风险的增加？

拓展阅读

- Black, C. & Miller, B. J. (2015). Meta-analysis of cytokines and chemokines in suicidality: Distinguishing suicidal versus non-suicidal patients. *Biological Psychiatry*, *78*, 28–35.

- Roy, B. & Dwivedi, Y. (2017). Understanding epigenetic architecture of suicide neurobiology: A critical perspective. *Neuroscience and Biobehavioral Reviews*, *72*, 10–27.

- van Heeringen, K. & Mann, J. J. (2014). The neurobiology of suicidal behaviour. *Lancet Psychiatry, 1*, 63–72.

第5章

我思考着，故我不想活着：自杀行为的认知神经科学

学习目标

● 哪些认知特征会使个体倾向于产生自杀行为？

● 什么是自传体式记忆？它是如何与自杀行为关联的？

● 什么是自杀斯特鲁普（Suicide Stroop）测验？它为什么重要？

● 与自杀行为相关的认知功能失调的潜在原因是什么？

● 描述认知神经科学有助于预防自杀的三种方式。

引言

预防自杀的核心问题是：为什么一个人在特定的情况下想要结束自己的生命，而另一个人在同样的情况下会有不同的反应，也许会去寻求帮助？在本章中，我们将会探讨认知神经科学研究在多大程度上，以及在以何种方式帮助我们找到这个问题的答案。

认知可以被定义为信息处理，处理来自外部世界的信息并判断如何使用这些信息增强适应能力（Robinson et al., 2013）。这种处理过程和判断能力的改变可能会产生相反的效果，也就是可能导致过早死亡。认知科学家对"热认知"和"冷认知"进行了大概的区分，前者涉及情感（如情绪上有价值的）信息，后者涉及情感上中立的信息。在这两种认知范畴中，认知科学家也区分了以下四种功能：（1）感觉—知觉过程（刺激的早期处理和检测）；（2）注意或控制（注意某些刺激而忽略其他刺激的能力）；（3）记忆（保持和提取信息）；（4）执行功能（复杂的综合和决策的过程）。从广义上说，这些功能是按照不断上升的系统发育的"复杂性"来呈现的：感知过程主要在皮质下和皮质后回路中迅速发生，而注意、高阶学习和执行过程则需要对皮质加工信息进行更复杂的整合（Robinson et al., 2013）。这 4 种功能区分构成了本章的层次结构。为了便于阅读，参考文献将会按照认知分类列在本章的末尾。专栏 5.1 描述了在瓦莱丽的案例中（见前言），认知特征可能会如何导致自杀行为。

专栏 5.1　认知与自杀：以瓦莱丽为例

　　我们在第 2 章已经看到，对特定社会刺激的灵敏度被认为是自杀易感性的重要部分。前言中瓦莱丽的故事就是一个极有说服力的例子，说明了一个看似平常的冲突是如何导致极端后果的：叔叔愤怒的脸促使她试图自杀。理论上来说，这种灵敏度可能是由注意、知觉、记忆或者其他认知功能的变化引起的。如果一个人只关注那些标志着失败的环境刺激，那么环境就可能会成为恐惧的来源，它让你感觉自己是个失败者。然而，另一个人可能会注意到完全不同的刺激，以一种不同的、不具有威胁性的方式体验相同的环境。还是说，对特定社会刺激的灵敏度是储存在我们记忆中的过去负面经历的结果？又或者是因为记忆功能不佳，导致只有这些刺激的负面含义才会被记住？这些只是寥寥几个例子，说明认知特征是如何影响我们思考自己、世界和未来的方式的。这些认知改变可能会导致个体有自杀倾向，而认知研究的目标就是量化这些改变。

5.1　感官知觉

　　知觉是大脑组织和理解感觉信息以赋予其意义的过程。它是一个复杂的过程，指的是对感官环境和社会刺激的相对直接的内心反应。因此，从本质上讲，"知觉"一词是指从环境刺激中提取信息。马克•威廉姆斯（Williams et al., 2015）在他的极具影响力的"痛苦的呼救"模型中，提到了"知觉凸显"，即一个人非常感兴趣的刺激会跳到他面前。这就解释了为什么一个人在派对上，甚至在拥挤的房间里，都能听到自己的名字（因此被称为"鸡尾酒会现象"）。这是一个正常的知觉过程，确保对一个人重要的信息不会被错过。研究表明，这样的知觉凸显几乎完全是无意识的。对于那些对失败很敏感的人（或者因环境而变得很敏感的人）来说，这个世界似乎有很多方面预示着他们的失败和被排斥。就在他们需要从压力中解脱出来的那个时刻，他们会被一连串的刺激信号轰炸，这些信号都说明他们是"失败者"。

　　对自杀者知觉的进一步研究主要集中在视知觉，尤其是对面部情绪的知觉上。查尔斯•达尔文（Charles Darwin）在他 1865 年出版的《人和动物的感情表达》（*Expression of Emotions in Man and Animals*）一书中，首次提出了人类对面孔着迷的进化论解释。他认为，在极度恐惧和兴奋的情况下，重要的社会线索是通过面部表情传递出来的，这强烈表明面部表情是我们社会交流的一个重要特点。因此，对情绪面孔的反应可以用来评估对社会排

87

斥的反应，而社会排斥是自杀易感性的一个组成部分（见第 2 章）。

5.2　注意

注意可以被定义为对聚焦某一体验，例如感官知觉的某些部分所付出的努力。知觉和注意都有助于有意识地控制和引导与外部刺激有关的心理过程，其中知觉是理解环境的能力，而注意是聚焦于知觉刺激的能力。因此，这两种认知功能都有助于我们选择应该将注意分配到哪些刺激上。

注意有许多不同的定义，威廉·詹姆斯（William James）在其 1901 年出版的《心理学原理》（*The Principles of Psychology*）中的一个非常早的定义涵盖了注意的主要基本特征。詹姆斯将注意定义为"从似乎同时存在的几个可能的对象或思绪中，以清晰而生动的形式，将其中一个意念占有"。因此，"注意"一词指的是一个选择的过程，即对信息和想法的选择。或者，正如詹姆斯所述："聚焦，它的本质是意识的集中。它意味着为了有效地处理一些事情，而放弃另一些事情。"在本书第 8 章中，我们将会看到注意的这个定义对于我们理解自杀想法和感觉的发展是多么的重要。

持续操作测验（continuous performance test, CPT）和情绪斯特鲁普测验（见图 5.1）是自杀行为认知研究中最常用的注意测量方法。CPT 通过让参与者完成一项重复、枯燥的任务来衡量注意持续和分散的程度。在这项任务中，为了对目标刺激做出反应，注意必须保持一段时间。斯特鲁普测验评估选择性注意，即对某些环境刺激做出反应的同时忽略其他刺激的能力。斯特鲁普测验有不同的变体，但所有的版本都有至少两个子任务。在经典的斯特鲁普测验中，被试被要求识别一系列颜色词所呈现的颜色——其中一些颜色和单词意思一致 [如：单词"红（Red）"用红色呈现]，而一些颜色和单词意思不一致（如单词"红"用蓝色呈现）。

绿	蓝	黄	蓝
蓝	红	黄	红
黄	黄	绿	红
黄	绿	蓝	黄
绿	红	蓝	绿
蓝	黄	蓝	红

图 5.1　斯特鲁普测验

彩色版本请扫描附录二维码查看。

自动化阅读语言刺激引起的认知干扰是通过颜色不一致词的平均反应时间减去颜色一致词的平均反应时间来计算的。因此，斯特鲁普效应是指人们说出词语呈现的颜色而非单词本身意思的困难程度：词语呈现的颜色和单词的意思之间存在一种干扰，因为读出所呈现的颜色比读出单词需要更多的注意。"情绪斯特鲁普测验"则考察了被试对消极情绪词汇所呈现颜色的反应。例如，抑郁个体说出令人沮丧的单词的颜色会比说出不令人沮丧的单词的颜色要慢。一些研究特别运用了带有自杀特异性的情绪斯特鲁普测验，通过使用与自杀相关的词汇，例如"自杀""死亡"和"葬礼"来研究与自杀行为相关的注意偏差。这个测验被称为"自杀斯特鲁普测验"。

通过CPT评估的注意集中和分散似乎与自杀行为没有关联。但从斯特鲁普研究中我们却看到了完全不同的情况：抑郁个体表现得很差，而那些有自杀行为史的人表现得更差。抑郁相关的注意缺陷，特别是容易受到干扰，在有自杀行为史的个体中更为突出（Kelip et al., 2008）。此外，人们认为，在没有任何明确的情绪激惹或者带有情绪偏向的刺激的情况下，注意缺陷变得明显意味着注意控制机制本身就是功能失调的，并且不容易受到特定类型的情绪唤起的影响。然而，最近使用情绪斯特鲁普测验的研究（包括一项元分析）显示了自杀相关词汇，特别是"自杀"这个词，在所谓的"自杀斯特鲁普测验"中具有干扰效应，这对自杀行为有很好的预测效度。对这些词语而不是一般意义上的负性词的注意偏差，可能会因此成为自杀风险的认知标记。

5.3 记忆

从理论上来说，记忆的特征，即编码、储存和提取信息的能力，可能导致自杀风险的发展。比如，人们可能会对这个世界产生消极的看法，因为他们清楚地记得在他们人生中发生过的不好的事情。因此，在自杀行为研究的背景下，人们广泛地研究了记忆的不同方面，如短期记忆、长期记忆、自传体记忆和工作记忆。包括系统综述和元分析在内的许多研究已经开展，特别是那些将有精神问题及自杀行为史的个体与只有精神问题的个体进行比较的研究，对于我们理解自杀行为的认知易感性是有帮助的，这些将会在本章进行讨论。

这些研究表明，用如听觉语言学习测验等测量工具测量的短期记忆功能缺陷与自杀行为不相关。对长期记忆的研究产生了不同的结果，因此很难得出结论。同样反映过去经历的记忆是自传式记忆，它包括我们对特定个人事件的回忆。自传式记忆是通过自传体记忆测验（autobiographical memory test, AMT）来测量的。在AMT中，五个积极的词（快乐、安全、感兴趣、成功和惊喜）和五个消极的词[抱歉、生气、笨拙、受伤（情绪化）和孤独]依次呈现给参与者。参与者被要求在一分钟内根据每个单词说出特定的个人记忆。他们的回答通常会被录音。记忆的特异性取决于参与者描述了多少细节。过去 60 年的研究和最近的一项元分析表明了自杀行为与自传体记忆的相关性：在尝试过自杀的人群中，自传体记忆的特异性降低了，这表现在他们倾向于概括和总结同类事件，而不是回忆单个事件。

关于工作记忆，研究结果存在分歧，但是有一项元分析表明，当同样处于临床抑郁状态时，尝试过自杀的人在工作记忆任务上的表现要比没有尝试过自杀的人差。

5.4 执行功能

5.4.1 流畅性

首个关于流畅性特征的研究可以追溯到 20 世纪 90 年代早期，是在与自杀行为相关的执行功能研究的背景下进行的。一些重要的发现促使研究者进一步研究流畅性与自杀行为的关系。在标准版本的流畅性任务中，参与者要在一分钟时间内尽可能多地想出属于某个语义类别（"类别流畅性"，如动物或水果）的单词，或以某个字母开头（"字母流畅性"，如以 F、A 或 S 开头）的单词。被试的分数是他们想出的正确单词的数量。未来思考任务（future thinking task, FTT）专门测量个体对未来认知的效价差异。这个任务包括明确要求被试想出未来可能发生的事件，包括个人"期待"的积极事件和个人"不期待"的消极事件。

对流畅性的研究得出了不同的结果，但一项元分析发现，自杀尝试者在"动物"类别流畅性上的得分低于心境障碍对照组（Richard-Devantoy et al., 2014）。在未来思考任务中，与对照组相比，自杀尝试者对未来的积极想法有所减少，但消极想法没有增加。

5.4.2 认知灵活性

认知灵活性是一种复杂的认知特征，它是指在不同概念之间进行思维转换，同时思考多个概念的能力。认知灵活性包括诸如策略规划、有组织的搜索、使用环境反馈来改变认知定向、指导行为来实现目标，以及调节冲动反应等认知过程。威斯康星卡片分类测验（wisconsin card sorting test, WCST；见图 5.2）是测量这一特征最常用的神经心理学测验。在这个测验中，研究者会向被试展示一些卡片，卡片上的图形在颜色、数量和形状上都有所不同。

参与者被告知要对卡片进行分类，但是他们不知道使用哪些信息来分类；他们在完成一次分类之后，才会被告知这次分类是对的还是错的。这个测验会产生心理测量分数，包括完成的数量、百分比和分类完成的百分位数、试次、总错误数和持续错误数。这个测验特别评估了"定势转换"，即在面对变化的规则时展现灵活性的能力。因此，完成 WCST 依赖于认知功能，包括注意、工作记忆和视觉处理。连线测验（trail making test, TMT）也是一

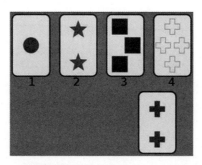

图5.2　威斯康星卡片分类测验：线上版的截图

彩色版本请扫描附录二维码查看。

种常用的认知灵活性测验。

　　总的来说，在控制了抑郁的影响之后，使用高致命性方式的自杀尝试者比使用低致命性方式的自杀尝试者、非自杀尝试者和健康对照组在WCST上的表现都更差。使用低致命性方式的自杀行为，也包括自伤行为，与在WCST中所表现出来的认知缺陷无关。此外，用WCST测量的当前认知不灵活性可能会增强六个月内的自杀想法，不过这个结果仅仅出现在自杀尝试者中。

5.4.3　问题解决

　　问题解决通常被认为是最复杂的神经认知特征之一。问题解决与自杀行为关系的研究主要是通过手段—目的问题解决测验（means-ends problem solving, MEPS）展开的。这个测验测试了一个人通过定位目标构思出朝目标前进的方法的能力。MEPS由 10 个问题情境组成，参与者要把自己想象成问题情境中的主角。参与者要就每一个问题情境构思一个故事，在这个故事中主人公成功地解决了问题，并达到一个特定的结局。图 5.3 展示了来自MEPS的一个问题情境。

> C 女士那天刚搬来，她谁也不认识。C 女士想在社区里交些朋友。故事的结局是 C 女士有了很多朋友，在邻里之间感到很自在。你的故事从 C 女士在她的房间开始，那时她刚到这个社区。

图5.3　MEPS的问题情境示例

　　关于社会问题解决的研究比较少见。社会问题解决是使用社会问题解决量表（social problem-solving inventory）来评估的，该量表测量了适应性问题解决维度（积极问题取向和理性问题解决）和功能失调维度（消极问题取向、冲动/粗心以及回避）。

　　在一般人群和临床样本中对（社会）问题解决的横断研究和纵向研究明确发现：问题解

决能力差与自杀风险（即自杀想法和自杀行为）的增加有关。对使用MEPS的研究进行进一步考察，发现有自杀倾向的人报告更少的问题解决方法，他们使用的问题解决策略更加被动，也没那么有效。

总的来说，自杀行为和想出数量更少的问题解决策略相关，并且这些策略也没那么有效。

精神疾病，比如抑郁症，似乎通过在受损的问题解决（能力）上增加一种被动的成分，放大了这种缺陷。问题解决中的被动性可能不是特异性地与自杀行为相关，但是它与想出较少数量及不太有效的问题解决方案的结合，似乎增加了自杀行为的易感性。这样看来，问题解决能力差是与先天素质（diathesis）相关的，因为缺乏社会问题解决的技巧可能使一个处在长期压力下的人更容易产生自杀行为。

在一项使用社会问题解决量表的研究中，有强烈自杀意图且尝试了自杀的老年人似乎比没有自杀倾向的抑郁老年人认为生活问题更具有威胁性，也更不可能解决（Gibbs et al., 2009）。

5.4.4 内隐联想

内隐联想测验（implicit association test, IAT）可用于评估决定自杀的个体是否表现出较强的内隐认知，将自己与死亡/自杀联系在一起，以及这种联系的强度是否可以预测实际的自杀尝试。IAT测量人们在对语义刺激进行分类时的反应时间，以此来衡量人们对各种主题（如割伤自己、生命与死亡/自杀）产生的自动化的心理联想（Greenwald et al., 2003）。

在"死亡/自杀IAT"中，参与者将语义刺激分为代表"死亡"[即死（die），死的（dead），过世的（deceased），毫无生气的（lifeless）和自杀（suicide）]、"生命"[即活着的（alive），幸存（survive），生存（live），茁壮成长（thrive）和呼吸（breathing）]、"我"的人称代词[即我（I），我自己（myself），我的（my），我的（mine）和自我（self）]和"非我"的人称代词[即他们（they），他们（them），他们的（their），他们的（theirs）和其他的（others）]的各种表达（Nock & Banaji, 2007）。每个参与者将"死亡"与"我"之间关联起来的相对强度，由他们对"死亡/我"组合相对"生命/我"组合的反应速度表现出来，而负分则代表了参与者在生命和自我之间建立起了更强的联系。一项纵向研究表明，"死亡/自杀IAT"能够识别死亡/自杀与自我之间的内隐联系，这可以作为一个行为标记，将自杀尝试者与其他有精神问题的患者区分开来，并预测未来的自杀行为。

5.4.5 决策

决策是在价值观和偏好的基础上识别和选择替代选项的认知过程，决策的结果是在多种可能性中选择一种信念或行动方向。爱荷华博弈任务（Iowa gambling task, IGT）是最常用的研究决策的实验范式。这项任务要求多种认知和情绪功能的参与，包括对持续性躯体反馈的情绪加工、工作记忆、注意、反应抑制、计划和规则检测。这项任务涉及复杂的现实生活决策，包括即时奖励和延时惩罚、风险和结果的不确定性。IGT 是一项电脑化的任务，它包括四副牌（A、B、C、D）。每次参与者选择一张牌，就会得到一定数量的游戏币。然而，在这些奖励中穿插着一定概率的惩罚（不同数额的金钱损失）。其中的两副牌（牌A和牌B）会产生很高的即时收益，但是总的来看，这两副牌的惩罚会超过收益，因此被认为是不利的牌。另外两副牌（牌C和牌D）则被认为是有利的，虽然它们会产生低的即时收益，但总的来说，这两副牌的收益会大于惩罚。在每次任务中，参与者要进行 100 次抽牌。图 5.4 显示了IGT线上版本的屏幕截图。

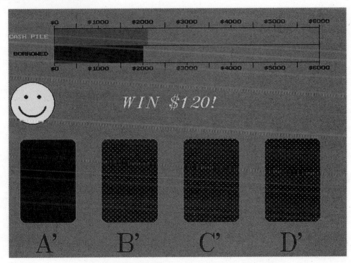

图5.4　爱荷华博弈任务：线上版的截图

彩色版本请扫描附录二维码查看。

博弈任务的净分数是用有利选择（牌C和牌D）的数量减去不利选择（牌A和牌B）的数量。因此，更高的净分数意味着在任务中的表现更佳。要想在IGT中取得最佳表现，参与者需要在任务进行过程中学习每一副牌对应的结果，并相应地改变他们的策略（大多数时候从有利牌组中抽牌）。

单个研究、系统回顾和元分析一致发现了与自杀行为相关的决策缺陷。这些缺陷似乎独立于情绪失调，并在抑郁发作后仍然持续存在。一些研究表明，使用暴力手段的自杀尝试者在IGT中的表现比使用非暴力手段的自杀尝试者更差。值得注意的是，与健康对照组相比，自杀尝试组和情绪（障碍）对照组更难理解每一次抽牌对应的结果（即哪个选择可以带来更高的收益或损失）。在健康对照组和情绪（障碍）对照组中，对抽牌可能结果的理解和更好的任务表现相关联，但是在自杀尝试者中则不然，自杀尝试者显然表现出了知与行的分离。

最近的一项研究使用成人决策能力任务（adult decision-making competence task, A-DMC），考察在决策过程中的不同组成部分。结果发现：首先，自杀尝试者似乎无法抗拒沉没成本（无法中止那些已经无法挽回成本的行为），他们在无法收回投资的情况下仍然坚持失败的计划。这可以被认为是一种困境，它表明自杀尝试者可能是在过度聚焦于过去痛苦经历的情况下做出决定的。第二，自杀尝试者似乎容易受到框定偏差（framing bias）的影响，无法在更高的抽象层面上对问题进行概念化，这可能会阻止他们在经历自杀危机时努力寻找替代性解决方案。这些结果与第2章中描述的导致自杀行为易感性的认知心理模型中的困境感和无法逃脱的特征相一致。

目前我们尚不清楚基本神经心理功能（如注意）失调在多大程度上会导致或影响更复杂的神经心理功能（如决策和问题解决）缺陷。事实上，决策过程可能会因为不能充分地将注意集中于决策所需的信息和控制这些信息而被破坏（Kelip et al., 2008）。至少有一项研究发现，在IGT中的不良表现与选择性注意和记忆缺陷有关（Hardy et al., 2006）。选择性注意缺陷可能是"认知僵化"（cognitive rigidity）的基础，而认知僵化正是自杀尝试者的一个常见临床特征（Pollock & Williams, 1998）。此外，研究还发现（过度概括化的）自传体式记忆和（低效的）问题解决方案之间存在关联（Pollock & Williams, 2001; Kaviani et al., 2003; Kaviani et al., 2004; Kaviani et al., 2005; Arie et al., 2008）。研究也发现了自传体式记忆和未来想法之间的相关性。威廉姆斯（1996）研究了自杀组和健康对照组回忆过去事件的具体程度能否决定他们想象未来的具体程度。自杀组被试对过去的记忆与对未来的想象都较为笼统，而两组被试对过去回忆与对未来想象的具体程度都是相关的。最近的一项神经影像学研究表明，对过去和未来事件的唤醒都涉及高度相似的大脑激活模式（Bot-zung et al., 2008）。因此，神经心理学功能（包括功能失调）可能会聚集在一起，这可能是自杀行为共同潜在基础的体现。另一方面，对自杀尝试者的研究表明，决策功能的改变在很大程度上独立于认知控制（包括认知灵活性、认知控制和工作记忆），也与注意缺陷无关，因为他们在斯特鲁普测验中的表现与在IGT中的表现不相关。然而，一些使用Go/No-Go任务中的执行错误（Westheide et al., 2008）或者斯特鲁普测验（Legris et al., 2012）来考察自杀尝试者的决策和认知抑制的研究表明，IGT的净得分与注意、工作记忆或者认知灵活性之间存在显著相关性。此外，我们将在本章进一步看到，旨在提高注意控制的干预措施可以提高决策能力。总的来说，该研究仅部分支持了IGT中的决策与注意控制等认知能力之间的可分离性（Toplak et al., 2010）。

　　然而，这样的可分离性与（如前所述的）研究启示一致，也就是自杀行为的神经认知易感性可能与两个截然不同的解剖系统的缺陷有关，一个系统处理价值导向的决策（与腹内侧前额皮质等结构有关联），一个系统负责认知控制（更多的与背侧前额叶区域有关）。第6章将详细讨论自杀易感性的功能性和结构性神经解剖学基础，并指出它们与神经认知特征的功能相关性。

　　综合起来，我们可以假设自杀行为的易感性是由价值导向/激励过程（支持诸如IGT所测量的决策行为）与认知控制过程（由流畅性测验和斯特鲁普测验所测量）的改变相结合所造成的（Jollant et al., 2011）。认知控制是指根据内部目标协调想法和行动的机制，包括任务切换、反应抑制、错误检测、反应冲突和工作记忆等多种功能（Richard-Devantoy et al., 2014）。

　　临床上对这个认知模型的解释，可能是高易感性个体更有可能赋予负性生活事件，比如社会排斥信号更大的价值，所以当这样的事件发生时，就会导致个体体验到强烈的精神痛苦，进入严重的负面状态（见第1章）。他们对这种反应控制的困难，加上先前已经存在的预想某些选项长期后果的困难，可能限制了他们的选择范围，导致他们认为自杀是逃离这种痛苦状态的唯一可能方式（Richard-Devantoy et al., 2014）。

本章总结

- 本章回顾了80多个研究的发现，揭示了与自杀行为相关的认知失调，包括注意、记忆和执行功能，如对未来思考的流畅性、问题解决和决策。
- 最近的研究特别表明，在自杀尝试者中价值导向的决策过程发生了明显的变化。
- 绝望感是自杀行为的有力预测因子，它与问题解决能力和言语流畅性（不能想出积极的未来事件，而是更倾向于想出消极的未来事件）方面的缺陷有关。
- 相比使用低致命性方式的自杀尝试者，注意、记忆、流畅性和心理灵活性方面的缺陷在使用高致命性方式的自杀尝试者中更明显，而反向因果关系（这些缺陷是由自我伤害行为所导致的）则不太可能成立。
- 常见的第三因素（与自杀行为和认知失调有关），如智商（见第1章）或抑郁，可能存在一定的影响。
- 对于抑郁症（的个体），抑郁状态可能会导致斯特鲁普测验中注意缺陷的干扰效应产生或加剧。因此，在抑郁状态下，自杀风险可能会增加，同时更难监测和控制注意，特别是对自杀想法的关注。自传体记忆的缺陷可能是抑郁增加个体自杀易感性的其中一个机制。在问题解决能力和思考未来流畅性方面，研究结果表明情绪上的微小变化可能会启动认知缺陷。一个重要的临床启示就是，情绪上的微小变化可能同时会导致绝望感的增加以及问题解决能力的下降，从而引发自杀危机。

- 研究存在方法学上的问题，包括（非）自杀行为定义的不明确和样本的数量少。

- 尽管如此，使用不同研究群体，包括使用纵向设计的研究一致支持认知缺陷和自杀行为之间可能存在因果效应，并且这种因果关系存在一种剂量—效应关系（在更致命的自杀行为中有更严重的缺陷）。

- 已揭示的认知缺陷的成因尚不清楚，可能包括以下原因：

  - 遗传学：认知功能的遗传率是相当大的，例如，斯特鲁普测验表现的遗传率高达50%。在WCST和IGT任务中，自杀尝试者的一级亲属似乎表现出与自杀尝试者本人类似的认知缺陷，但他们有完整的认知控制，这使他们没有真正实施自杀行为（McGirr et al., 2013; Hoehne et al., 2015）。

  - 胎儿生长受限是自杀行为的危险因素，这可能与大脑发育紊乱有关，因此也构成了自杀先天素质的宫内决定因素（见第1章）。产前母亲的应激与后代的注意缺陷相关（Weinstock, 2008）。

  - 应激：感知到的挫败感是导致自杀行为的常见应激源，它会损害记忆功能（Johnson et al., 2008）。皮质醇是一种压力激素，它在有自杀倾向的抑郁患者中浓度会增加。皮质醇与回忆愉快词汇的能力受损有关，而回忆不愉快词汇的能力则没有受到影响（Tops et al., 2004）。

- 从本章关于自杀的认知研究综述中，可以得出的一个重要结论是，自杀风险的把控不应该只关注状态依赖性特征。当抑郁情绪恢复正常时，绝望感和自杀风险可能会消失，但当抑郁复发、潜在的神经心理失调持续存在时，绝望感和自杀风险又会再次被激活。威廉姆斯及其团队（2008）指出，专注于减少绝望感本身是不够的，而且治疗结束的时候较低程度的绝望感或自杀想法也不能保证潜在的自杀易感性已经得到治疗。有一种危险是，临床医生将病人的绝望感降低视为治疗成功的标志，却看不到潜在的神经心理缺陷，如认知反应性仍然没有改变。因此，在治疗接近尾声的时候，引入预防复发任务是一种很有前景的方法（Brown et al., 2005）。其目的是再一次谈论与患者先前的自杀尝试相关的想法和感受，确定患者是否能够以适应性的方式来应对他们的问题。预防复发任务的成功完成则代表了治疗的结束。

- 认知缺陷是能够被治疗的。抗抑郁药物，例如帕罗西汀和安非他酮，可能使抑郁的自杀个体在注意和记忆领域的认知缺陷正常化，无论这些药物是否能改善抑郁的严重程度（Gorlyn et al., 2015）。正念冥想可以通过减少对过去和未来的关注以及降低负面情绪来提高对沉没成本认知偏差的抵抗力，从而提高决策能力（Hafenbrack et al., 2014）。因此，干预可以减少注意信息处理的偏差，并将自杀个体的注意拓宽，从自杀转移到其他选择上，比如希望和活下去的理由。

回顾思考

1. 描述与自杀行为有关的主要认知缺陷。

2. 自杀风险与"热"还是"冷"的认知功能失调有关？

3. 抑郁状态和长期认知失调是如何相互作用从而增加自杀风险的？

4. 旨在提高注意控制的干预措施如何能提高决策能力？

5. 给出自杀个体存在认知缺陷的三个潜在原因。

6. 描述认知缺陷对于预防和治疗自杀行为的意义或启示。

拓展阅读

- Jollant, F., Lawrence, N. L., Olié, E., Guillaume, S. & Courtet, P. (2011). The suicidal mind and brain: A review of neuropsychological and neuroimaging studies. *The World Journal of Biological Psychiatry*, *12*, 319–39.

- Richard-Devantoy, S., Berlim, M. T. & Jollant, F. (2014). A meta-analysis of neuropsychological markers of vulnerability to suicidal behavior in mood disorders. *Psychological Medicine*, *44*,1663–73.

- van Heeringen, K., Bijttebier, S. (2016). Understanding the suicidal brain: A review of neuropsychological studies of suicidal ideation and behavior. In R. C. O'Connor & J. Pirkis (Eds.), *The international handbook of suicide prevention* (2nd edition). Chichester: Wiley.

- Williams, J. M. G. (2001). *Suicide and attempted suicide*. London: Penguin Books.

100

按认知分类的参考文献

- **知觉**

  Williams et al., 2015; Seymour et al., 2016

- **注意**

  Williams & Broadbent, 1986; Becker et al., 1999; King et al., 2000; Keilp et al., 2001; Marzuk, 2005; Harkavy-Friedman et al., 2006; Raust et al., 2007; Dombrovski et al., 2008; Keilp et al., 2008; Ohmann et al., 2008; Rüsch et al., 2008; Westheide et al., 2008; Malloy-Diniz et al., 2009; Cha et al., 2010; Keilp et al., 2013; Dixon-Gordon et al., 2014; Drabble et al., 2014; Keilp et al., 2014; Tsafrir et al., 2014; Chung & Jeglic, 2016; Steward et al., 2017.

- **记忆**

Williams & Broadbent, 1986; Williams & Dritschel, 1988; Evans et al., 1992; Sidley et al., 1997; Kaviani et al., 2003; Kaviani et al., 2004; Kaviani et al., 2005; Williams et al., 2005a; Williams et al., 2005b; Leibetseder et al., 2006; Sinclair et al., 2007; Williams et al., 2007; Arie et al., 2008; Johnson et al., 2008; Rasmussen et al., 2008; Rüsch et al., 2008; Westheide et al., 2008; Williams et al., 2008; Malloy-Diniz et al., 2009; Delaney et al., 2012; Keilp et al., 2013, 2014; Richard-Devantoy et al., 2014.

- **内隐联想测验**

Nock et al., 2010.

- **流畅性**

Bartfai et al., 1990; MacLeod et al., 1993; MacLeod et al., 1997; Audenaert et al., 2002; Conaghan & Davidson, 2002; Hunter & O'Connor, 2003; Tops et al., 2004; Hepburn et al., 2006; O'Connor et al., 2008; Williams et al., 2008.

- **心理灵活性**

McGirr et al., 2012; Miranda et al., 2013.

- **决策**

Jollant et al., 2005; Jollant et al., 2007; Oldershaw et al., 2009; Dombrovski et al., 2010; Clarke et al., 2011; Dombrovski et al., 2011; Martino et al., 2011; Bridge et al., 2012; Chamberlain et al., 2013; Gorlyn et al., 2013; Jollant et al., 2013; Ackerman et al., 2015; Hoehne et al., 2015; Szanto et al., 2015; Richard-Devantoy et al., 2016c; Pustilnik et al., 2017.

- **治疗与预防**

Hafenbrack et al., 2014; Gorlyn et al., 2015.

第**6**章

自杀的大脑图像：系统神经科学与自杀

学习目标

- 描述主要的结构性和功能性脑成像技术，并说明它们是如何有助于我们了解自杀风险的发展的。
- 描述额丘脑回路中与自杀行为有关的主要灰质和白质部分。
- 什么是网络掷球游戏？我们可以从这个游戏的脑成像研究中了解到哪些有关自杀行为的内容？
- 哪些机制将决策混乱和自杀行为联系在一起，我们能从这些机制的影像学研究中学到什么？
- 导致自杀者大脑结构和功能改变的可能原因是什么？

引言

正如我们在前面认知神经科学的章节中所描述的，系统神经科学关注执行相对较高水平功能的神经回路和系统的功能。系统神经科学的主要研究工具是脑成像技术，例如利用PET的分子成像和利用MRI的功能性、结构性和连接性成像。研究的重点是识别与自杀行为有关的大脑回路，以了解导致自杀行为发生的个体差异在系统水平上的神经生物学机制。

有关自杀行为的个体差异为自杀预防提出了一个难题，而系统神经科学则可能会为解决这个难题做出贡献。具体来说，个体差异导致无法准确评估自杀风险和准确预测治疗后的反应，这构成了有效预防自杀的两个主要障碍。临床医生无法在个体层面上预测自杀行为的发生。抑郁症患者经常被他们自己的自杀想法吓到，他们甚至通常无法预测这些想法是否会导致他们结束自己的生命。此外，当自杀风险处于较高水平时，风险管理往往非常具有挑战性，因为各种方法的治疗效果缺乏实证研究的支持。例如，我们无法预测个体在接受治疗后是否会降低自杀风险，无论是药物治疗还是心理治疗，它们甚至还有可能增加个体出现自杀行为的风险。即使个体对治疗反应良好，降低了自杀风险，我们其实也不知道治疗是如何以及为什么起效的。本章将讨论脑成像技术对有效预防自杀的潜在贡献，该技术是通过识别可能作为自杀风险生物标志和治疗目标的大脑神经回路及系统来实现自杀预防的。

我们还可以从自杀风险的脑成像研究中获得更多信息。神经影像学与认知研究（参见第5章）一起，提供了一个通向大脑的窗口，我们可以从影像学研究中了解到有关自杀的动力学，以及导致自杀行为的认知通路。整合认知过程以及他们的神经解剖基础的研究结果能够对神经认知通路的研究有所启发，并为解释自杀风险的新模型，如第8章将会探讨的计算模型的发展提供坚实的基础。为便于阅读，本章末尾将分别列出每项脑成像技术的参考资料。

6.1 自杀大脑的图像

6.1.1 自杀行为的结构影像学研究

使用MRI技术进行自杀行为的结构性脑成像研究（技术细节参见第3章），重点关注灰质和白质的病变。脑部MRI研究一致表明，灰质高信号（hyperintensities in gray matter, GMH）和白质高信号（hyperintensities in white matter, WMH）是与自杀行为有关的脑部异常。一般来说，白质高信号可由多种因素引起，包括血供给减少、髓鞘缺失或变形（去髓鞘）、出血或胶质细胞肥大。图6.1显示了与自杀行为相关的脑室周围白质高信号（Pompili et al., 2008）。

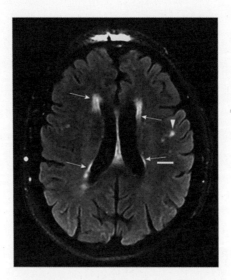

图6.1 脑室周围白质高信号

高信号在正常的个体衰老过程中通常也会出现，但是自杀尝试组的老人比对照组老年患者表现出更多的WMH，而且WMH增加了抑郁儿童和青少年的自杀风险。WMH是有关自杀行为的影像学研究中被重复最多的发现之一，它的影响独立于年龄组而存在，但很难对它进行解释，就像我们在后面会提到的一样。

人们用DTI（有关技术问题详见第3章）对与自杀行为相关的白质结构特征进行了研究，主要的发现是穿过左内囊的额丘脑回路、左侧眶额叶以及丘脑的白质异常。人们还发展出了能够对全脑DTI数据进行基于轨道的详细空间统计分析的各种方法，用以评估白质的变化。这些方法可以在与健康对照组进行比较时，研究精神分裂症和惊恐障碍等精神疾病患者的自杀行为与其白质变化的关联。这些在不同患者群体中的研究结果非常相似：相比无自杀行为者，自杀尝试者在左放射冠、丘脑辐射、内囊以及矢状层均有明显更高的各向异性分数（FA，测量液体扩散方向性，反映了白质纤维在方向上的一致性和完整程度，是结构连通性的一个重要指标；技术细节参见第3章）。另外在左内囊、丘脑辐射以及矢状层等类似区域，自杀尝试者表现出更低的轴向扩散（axial diffusivity, AD）和正常的平均扩散（mean diffusivity, MD），提示这些区域存在轴突异常。自杀尝试者与无自杀行为者在使用DTI进行纤维跟踪所估计的投射到左内侧前额叶、眶回前额叶和左丘脑的纤维数量，以及穿过内囊左前肢（ALIC）的纤维数量方面存在显著差异（Jia et al., 2014）。

这些发现提供了关于额丘脑回路中特定改变的新细节，其中，丘脑皮质和皮质丘脑反馈回路的解剖异常可能导致神经回路的功能异常，从而影响行为控制，增加抑郁症患者出现自杀行为的风险。在第8章中将详细阐述丘脑皮质反馈回路在自杀风险发展中的特定作用。

综合来说，关于白质的研究揭示了以下与自杀行为有关的变化：

- 左内囊、丘脑辐射、放射冠以及矢状层的连通性增强（如FA的增加）。
- 左侧眶回前额叶和双侧背内侧前额叶的连通性减弱（如FA的减少或流线数量减少）。
- 左内囊投射到丘脑和眶回前额皮质的纤维的平均百分比减少。

这些发现与上文所描述的额叶、颞叶和顶叶中的WMH相一致。值得注意的是，DTI研究似乎揭示了白质的这些变化只出现在左半球，但其意义尚不清楚。连通性增强可能会导致信息传递的量更大或速度更快，从而导致特定感觉信息的异常突出，或导致自上而下的认知控制的增强（参见第8章）。

另外一些研究通过观察皮质的体积和厚度，来考察皮质和皮质下灰质区域的形态差异。前额皮质的体积减小与自杀行为相关，这些前额叶区域包括眶回前额叶、腹外侧、内侧、背内侧（包括前扣带回）和背外侧前额叶。值得注意的是，这些差异是独立于诸如单相和双相情感障碍、精神分裂症和边缘型人格障碍等精神疾病的。

重要的是，锂治疗似乎可以逆转自杀尝试者的皮质体积减小，这将在第 10 章进行详细讨论。在岛叶、顶叶、颞叶、枕叶和小脑中也发现了皮质体积的减小。在右侧背外侧前额皮质、岛叶皮质和颞上皮质中同样发现明显的皮质变薄。很少有研究发现体积的增加：只有额下回白质体积的增加和颞叶皮质体积的增加（译者注：这里与上文矛盾）。

在有自杀史的个体中，相当多的皮质下神经核团，包括基底神经节，都表现出体积减小。对丘脑的研究则出现了不一致的结果，有的发现丘脑体积增加，有的发现减小。这种不一致似乎与血清素转运体基因的遗传特征（ss 表现型的扩大，见第 4 章）和抗抑郁药物的影响有关。在最近的自杀尝试者中，研究者发现了右海马体积的减小。另一些研究发现了杏仁核体积的增加。最后，一些（但不是全部）研究发现连接左右半球的一束有髓轴突——胼胝体的后三分之一的体积减小。图 6.2 总结了有自杀风险者的大脑的比较性结构成像研究的结果，描绘了丘脑皮质回路中与自杀行为相关的变化。

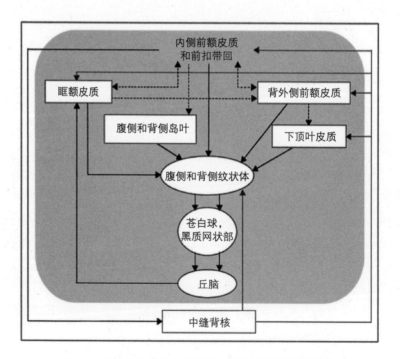

图6.2　额丘脑回路与自杀行为：结构成像研究的发现

来源：*The Lancet Psychiatry*, 1, van Heeringen K & Mann JJ, The neurobiology of suicide, 63–72, copyright 2014, 经爱思唯尔许可转载。彩色版本请扫描附录二维码查看。

6.1.2 自杀行为的功能影像学研究

6.1.2.1 静息态成像

静息态成像是一种脑功能成像的方法，可以评估在被试没有执行明确任务时，脑区域间的相互作用。这种静息状态下的大脑活动可以通过观察大脑中血流或代谢活动的变化来探测，并通过fMRI、PET或SPECT等仪器技术来测量（技术细节见第3章）。因为在静息状态下缺乏会激发大脑活动的外部任务，任何大脑区域都可能会产生自发活动。静息态成像的方法有助于探索大脑的功能组织，包括功能连接，也就是有共同功能特征的脑区之间的连接。

一项比较性PET研究显示，与使用低致命性方式的抑郁自杀尝试者相比，使用高致命性方式的抑郁自杀尝试者在腹侧、内侧和外侧前额皮质有相对较低的大脑活动。在施用芬氟拉明（血清素受体兴奋剂）后，这种差异更加明显，而这种差异与自杀尝试的致命性相关。另一项PET研究表明，在服用安慰剂后，与非自杀尝试者相比，自杀尝试者的右脑背外侧前额叶区域的脑活动性较低，而腹内侧前额叶的脑活动性较高。服用芬氟拉明后，活动性相对较低的脑区扩大了。如第4章所述，有关血清素的发现证实了神经递质血清素的参与。因此，与自杀行为史相关的特定脑区葡萄糖代谢的变化与血清素功能的改变有关，这种改变对应着从最低到最高的自杀风险。

静息态功能性MRI显示自杀尝试者在小脑的连通性增加，而右侧顶叶上部（楔前叶）的连通性减弱。另一项fMRI研究显示，与非自杀尝试者相比，自杀尝试者的右颞上回活动增加，而右额腹内侧回活动降低。

脑部SPECT扫描显示，相对于没有因自杀而死亡的抑郁和健康对照组，在扫描后自杀死亡的个体中，运动皮质、胼胝体、扣带回膝上部和前背侧皮质的静息态活动较低。一个明显的低活性区域是伏隔核，这个区域还延伸到腹内侧前额皮质和左右壳核。

相比仅有自杀想法的抑郁个体，有明确自杀计划的抑郁个体在静息态时，大脑在右额中回和右顶叶下部（布罗德曼10区和39区）的活动较低——由PET扫描测得（关于这种研究方法的详细信息，请参阅第3章）。抑郁症患者的自杀计划似乎与参与决策和选择，尤其是探索行为方面的脑区活动减少有关，这将在本书第8章进行详细讨论。

功能性神经成像技术，如PET和SPECT，可以用来研究神经药理学特征。关于血清素神经传递系统的研究最多。PET研究显示血清素转运蛋白在中脑与受体的结合减少。而关于$5-HT_{2A}$受体结合的研究则显示出差异性的结果。自杀尝试者和非自杀尝试者在前额皮质和脑干中缝核中的$5-HT_{1A}$受体结合没有差异，但是在使用高致命性方法的自杀尝试者中，中缝核中的$5-HT_{1A}$受体结合比使用低致命性方法的自杀尝试者高了45%。在一项针对100名抑郁患者的为期2年的PET研究中，中缝核较高的$5-HT_{1A}$受体结合能够预测被试在随访

108

期间出现的自杀行为的更高致命性。探索性分析表明，脑岛、前扣带回和背外侧前额皮质中的 5-HT$_{1A}$ 受体结合也可以预测自杀行为的致命性。因此，更高的中缝核 5-HT$_{1A}$ 受体结合的可能性预测了 2 年内更多的致命性自杀行为。这个效应可能是通过降低血清素能神经元的放电和释放来实现的。

大脑中的局部血清素合成可以用 PET 和 α -（11C）- 甲基 -L- 色氨酸示踪物来进行研究。与健康对照组相比，使用高致命性方法的自杀尝试者在眶回和腹内侧前额皮质中表现出血清素合成减少，并且在这些区域中，α -（11C）- 甲基 -L- 色氨酸示踪物与自杀意图呈负相关。因此，前额皮质中血清素合成的减少可能会降低高致死性自杀行为的阈值。

6.1.2.2 光谱学

如第 3 章所述，光谱学使用 MRI 来测量如谷氨酸盐、GABA、N- 乙酰天门冬氨酸（n-acetyl-aspartate, NAA）、肌酐和肌醇等分子的浓度。与健康对照组相比，自杀尝试者左海马 NAA/肌酐比例的降低，更可能反映了一种抑郁状态（因为没有抑郁对照组），而非自杀行为的神经生物学易感性。另一项光谱学研究发现，自杀尝试者和抑郁对照组在右背外侧前额皮质中 9 个分子（包括谷氨酸盐、GABA 和 NAA）的浓度上没有差异。NAA 在自杀风险中的潜在作用将在稍后关于风险因素的内容以及白质异常的可能原因中进行讨论。

6.1.3 自杀风险因素的影像学研究

如第 1 章所述，自杀行为是近端和远端风险因素相互作用的结果。近端风险因素，或者说与增加自杀行为风险相关的状态性因素，包括抑郁症、精神分裂症和物质使用障碍等精神障碍。由于绝大多数患有这些精神障碍的人不会表现出自杀行为，这些障碍的特异性对增加自杀风险的作用是有限的。因此有关这些精神障碍的影像学研究将不会在本章进行回顾。然而，其他的状态性因素更明确地与自杀行为的风险增加相关，这些因素包括精神痛苦和绝望。我们将在后文对自杀行为的状态性临床因素的影像学研究进行综述，因为这些因素可能有助于自杀的风险评估和治疗。远端风险因素可能包括特质性因素，例如攻击性、冲动性以及情绪加工和决策困难。影像学研究已经在自杀尝试者中定位了这些潜在的自杀风险因素。

6.1.3.1 精神痛苦

阅读自杀尝试者对他们在自杀尝试之前和尝试过程中所经历的精神痛苦的描述，可以用来唤起大脑反应，通过这种方法，我们可以研究这种强烈的情感体验所涉及的大脑区域。与中性的神经活动相比，对自杀事件的回忆，即体验到精神痛苦加上回忆已经发生的自杀行为，与前额皮质（布罗德曼 6 区、10 区和 46 区）的失活有关，这可以通过 fMRI 扫描中对比度的降低反映出来。然而，与单纯体验精神痛苦时的神经活动相比，对自杀行为的回忆与内侧前额皮质、前扣带回皮质和海马的活动增加有关。这些研究结果表明，引发自杀行为的精神痛苦具有创伤性应激的性质，与前额活动减少相联系。然而，为应对精神痛苦而计划和实施自杀行为则与前额活动的增加有关，这表明具有目标导向特征的自杀行为可能会减轻精神痛苦。一项比较性SPECT研究发现，在精神痛苦水平上得分高的抑郁症患者和得分低的抑郁症患者中，精神痛苦程度高的抑郁症患者在贝克抑郁自评量表中的自杀项目上得分较高，在右背外侧前额皮质、枕叶皮质、额下回和左侧颞下回的活动也相对增加。一项光谱学研究表明，精神痛苦的程度与大脑前额区域的NAA浓度呈负相关。

6.1.3.2 疼痛和情绪调节

大量研究表明，情绪调节是非自杀性自伤的常见动机。但这种疼痛的、令人厌恶的物理刺激是如何变得具有吸引力和起到强化作用，从而使自伤成为重复性行为的，目前尚不清楚。同样不清楚的是，疼痛刺激是如何在自伤者中引发主观"解脱"感的。加工疼痛和奖赏的神经回路有所重叠。急性躯体性疼痛会激活涉及导水管周围灰质、丘脑、脑岛、纹状体、小脑和前扣带皮质的通路。奖赏加工神经回路涉及腹侧被盖区、伏隔核、黑质和眶回前额皮质等区域的激活。此外，对疼痛或奖赏刺激的情绪调节似乎都有脑岛、眶回前额皮质、前扣带回和其他前额皮质区域的参与，而杏仁核—皮质连接对情绪和疼痛调节都是至关重要的（Osuch et al., 2014）。

当有非自杀性自伤行为的个体给自己（而不是由实验者）施加会导致疼痛的冷刺激时，与无自伤行为的对照组相比，这种冷刺激会给他们带来程度更强的主观痛苦的缓解。在自伤个体中，主观痛苦缓解（意味着奖赏）与自我施加的冷刺激的生理疼痛程度显著相关。fMRI显示自伤个体在右侧中脑、杏仁核、旁海马、额叶下回和颞上回以及眶回前额皮质的神经活动比对照组更强。相比无自伤个体，自伤个体中主观痛苦缓解程度与神经反应的相关性在奖赏/疼痛相关脑区，包括丘脑、背侧纹状体和楔前叶中更强。在有自伤行为的年轻人中，右侧眶额皮质和前扣带回皮质之间的功能连接性降低，这意味着这些年轻人对情绪性行为的神经调节可能存在缺陷。因此，在自伤个体中，自我施加的疼痛似乎与奖赏有关，而在无自伤个体中则不相关。

有趣的是，由实验人员实施的前臂切伤可导致边缘型人格障碍患者（经常表现出自伤行为）比健康对照组表现出更大的主观和客观（由任务诱发的）压力下降。边缘型人格障碍组在前臂被切伤后，静息态fMRI显示杏仁核激活减少，并且与额上回的功能连接正常。前臂切伤后压力水平的下降和杏仁核激活的减少，支持了自伤在边缘型人格障碍患者中的情绪调节作用，这也有助于理解为什么这些患者使用自我施加的疼痛来减轻内在压力。

6.1.3.3 绝望感

一些影像学研究已经考察了与绝望感相关的大脑因素，尤其是它与血清素能失调的关

110

111

系。使用SPECT和一种选择性5-HT_{2A}受体配体，我们可以测量自杀尝试者和正常对照组额叶皮质5-HT_{2A}受体的结合指数，该指数体现了这些受体的密度及其与配体的亲和力（有关技术问题，请参阅第3章）。用贝克绝望量表可以可靠地评估绝望程度，从而使得我们可以研究5-HT_{2A}受体结合指数与绝望感的关系。与健康对照组相比，自杀尝试者额叶5-HT_{2A}受体的结合力显著降低，这表明自杀尝试者此类受体的密度较低、绝望程度较高。在自杀尝试者群体中，绝望感与5-HT_{2A}受体的结合指数显著相关。因此，中枢神经系统血清素功能低下和绝望是相互关联的现象，而这似乎增加了产生自杀行为的可能性。

PET可用于测量在抑郁状态中的个体脑内血清素受体结合与负面的功能性失调的态度之间的关系。功能性失调的态度是指对自己、世界和未来的带有负面偏见的假设和信念，它可以用功能失调性态度量表（dysfunctional attitudes scale, DAS）来进行可靠的评估。一项关于血清素在功能失调性态度形成中的作用的早期研究有三个主要发现。第一，健康被试在服用d-芬氟拉明（一种能选择性地诱导神经元释放血清素的物质）后，功能失调性态度水平有所降低。第二，在严重抑郁发作期间，患者更高的功能失调性（更悲观和更绝望）态度水平与皮质中更高的5-HT_2结合电位有关。第三，与健康被试相比，在经历了严重抑郁发作和具有高水平功能失调性悲观和绝望态度的患者中，皮质中的5-HT_2的结合电位更高。因此，局部脑区的5-HT_2的结合电位强度可能是细胞外低水平的血清素和极端负面的功能失调性态度的易感性因素。

6.1.3.4 冲动性

白质完整性、冲动性和自杀风险之间的联系可以用DTI来测量。这样的研究表明，各向异性分数（FA）（反映白质中的纤维密度、轴突直径和髓鞘化程度）与个体当前的自杀念头相关。另一项使用DTI的研究发现，较低的左侧眶额部白质的FA值与曾经的自杀尝试史有关，而自杀尝试史又与行为冲动性相关。

使用SPECT和单胺转运体配体$^{123}\text{I-}\beta\text{-CIT}$，我们可以测量血清素转运体（5-HTT）和多巴胺转运体（dopamine transporter, DAT）与受体的结合程度。在自杀尝试者中，高冲动性与5-HTT在右下眶额和双侧颞叶皮质区、中脑皮质下、丘脑、双侧基底神经节和左侧小脑半球的低结合电位显著相关。

6.1.3.5 攻击性

很少有人研究攻击性的神经基础与自杀行为之间的关系。对于高致命性自杀尝试者，他们的攻击性主要与涉及情绪调节和冲动性攻击行为的前额区域相关；而对于低致命性自杀尝试者，他们的攻击性则与涉及共情、社会接纳和合作的边缘区域相关。高致命性自杀尝试的特征是主观的死亡意图，而低致命性自杀尝试通常被认为是应对策略，其中也可能包括为达到沟通目的而做出的"准自杀"。

112

6.1.3.6　对社会压力源的灵敏度

在一项关键研究中，乔兰特和他的同事（2008）率先使用fMRI来考察与自杀行为易感性相关的功能性神经生物学异常。他们在曾患有严重抑郁障碍和有自杀行为史但目前情绪良好的男性、曾患有严重抑郁障碍但没有自杀行为史同时目前情绪良好的男性（情绪对照组）和健康男性对照组中，测量他们看到愤怒、快乐和中性面孔时的神经活动。与情绪对照组被试相比，自杀尝试者在看到典型的愤怒面孔时比他们看到中性面孔时右外侧眶额皮质（布罗德曼47区）的神经活动更强，而右额上回（布罗德曼6区）的活动则更弱。

因此，自杀尝试者与无自杀行为者的不同之处在于他们对愤怒和快乐面孔的反应，这些反应可能表明自杀尝试者对他人的反对更加敏感，在负面情绪的影响下采取行动的倾向性更高，以及对温和的积极刺激的关注更少。这种神经活动和认知过程模式可能标志着有抑郁症病史的男性具备了出现自杀行为的易感性。在另一项对自杀尝试者的研究中，这种对愤怒面孔的特殊灵敏度也通过眶额皮质的相对活动增加得到了验证。在前言中所描述的瓦莱丽的故事中，那张愤怒的脸就是一个令人信服的例子，说明了他人反对的迹象会如何激发自杀行为。

随后的一项fMRI研究考察青少年自杀尝试组、情感对照组和健康对照组被试在两个独立的情绪（高兴和愤怒）加工序列中，对从中性到温和再到强烈的连续变化的情绪面孔的神经反应性。对于50%强度的愤怒面孔，自杀尝试组在前扣带回—背外侧前额皮质注意控制回路、初级感觉皮质和颞叶皮质的活动显著高于情感对照组，在初级感觉皮质的活动显著高于健康对照组。对于愤怒面孔中的中性面孔，自杀尝试组在梭状回的激活程度显著低于情感对照组。对于100%强度的高兴面孔，自杀尝试组在初级感觉皮质的活动明显低于健康对照组，而对于在高兴面孔中的中性面孔，自杀尝试组在前扣带回和左额内侧回的活动也明显低于健康对照组。心理生理交互作用分析显示，与情感对照组或健康对照组相比，自杀尝试组被试在观看50%强度的愤怒面孔时，前扣带回—岛叶功能连接性明显降低。许多重要的发现是在背侧前扣带回取得的，这表明自杀尝试者比无自杀行为者对50%强度的

愤怒面孔给予了更多的注意。背侧前扣带回支持注意加工、情绪加工、情绪突显以及情绪反应的产生和调节。此外，与无自杀行为者相比，自杀尝试者从前扣带回皮质区到双侧后岛叶的功能连通性降低。自杀尝试者在面对50%强度的愤怒面孔时，背侧前扣带回和其他皮质活动增加，同时这一区域和岛叶之间的功能连通性降低，这表明他们在面对这些刺激时，可能没有有效的策略来调节注意、处理这些刺激所带有的情绪以及对这些刺激选择适当的行为反应。与其他对照组相比，自杀尝试组被试在面对50%强度的愤怒面孔时，注意控制回路的活动增强，而前扣带回和岛叶之间的功能连通性降低，表明了他们在调节对低强度愤怒面孔的注意时，不能高效地调动注意控制神经回路。这一缺陷也可能是自杀风险

的潜在生物标志。

这些发现说明，在情绪（由暴露在社会应激下所引起）加工时前扣带回的激活增强可能意味着在青少年时期更高的自杀尝试风险。

对社会排斥的灵敏度也可以用网络掷球范式和fMRI来研究。网络掷球范式是一个成熟的实验范式，可以在实验室环境下诱发社会排斥感。在这个范式中，被试会玩一个掷球游戏，并且被引导相信和自己一起玩的是两个真实的玩家，而实际上那两个玩家是由电脑操控的。游戏通常会设置两种条件：在"融入"条件下，被试将得到所有抛球的三分之一；而在"排斥"条件下，被试将不会得到任何抛球。

fMRI研究显示，当健康青少年和成年人在"排斥"条件下时，他们的前岛叶、腹外侧前额皮质（vlPFC）和腹内侧前额皮质（vmPFC）的激活比在"融入"条件下更强。在有自伤行为的青少年中，mPFC和vlPFC的激活相对于没有自伤行为的抑郁青少年有所增加，虽然他们被排斥的主观感受是一样的。这个结果表明，在有自伤行为的抑郁青少年与仅抑郁的青少年中，对社会排斥存在着不同的加工过程。对有自杀行为史的女性同样可以使用网络掷球范式进行研究。结果显示，在控制了抑郁发作次数、用药、情绪障碍类型或社交恐惧症后，她们左侧脑岛与缘上回的激活程度差异在"排斥"条件和"融入"条件下降低。因此，在女性自杀尝试者中，与疼痛忍受和社会认知有关的脑区对社会排斥的脑反应似乎受到了损害。这些发现均表明，与社会认知有关的大脑功能在自杀尝试者中存在持续性的失调。

6.1.3.7　决策

自杀可以被视为一种对无法忍受的惩罚的逃避，并以未来的一切回报为代价（Dombrovski et al., 2013）。那么，对结果的错误估计会导致自杀行为吗？在行为研究中，许多曾尝试过自杀的人错误地估计了博弈和概率学习任务的预期回报。正如我们在第5章中所讨论的，使用诸如强化学习任务和爱荷华博弈任务等范式的认知研究确实证明了决策损害和自杀行为之间的联系。神经影像学方法的使用，加深了我们对这些损害的神经认知机制的理解，这将会促进有效的治疗方法的发展。

在参与金钱奖赏任务时，有自伤行为的青少年在对奖赏的预期过程中，纹状体（壳核）、杏仁核和眶额皮质的激活比对照组要少。因此，我们观察到在有自伤行为的女性青少年中，存在中枢神经系统奖赏功能失调。

有抑郁症且有自杀尝试的老年人的壳核灰质体素数低于有抑郁症但无自杀行为的老年人或无抑郁症的对照组。壳核灰质体素数较低的自杀尝试者表现出较明显的"延迟折扣"现象，但没有表现出延迟厌恶。使用强化学习任务对奖赏学习进行进一步研究发现，自杀尝试者在实验中的决策与他们现实生活中的自杀行为大致符合。具体来说，那些尝试过自杀但计划不周的人在实验中表现出一种短视，即对即时奖励而非延迟奖励的偏好。相反，那些对自杀进行了周密计划的人，表现出更强烈的意愿去等待更大的回报，即他们有延迟满足的能力。自杀尝试经历（尤其是计划不周的自杀尝试）与旁边缘皮质（一组相互连接的大脑结构，涉及情绪加工、目标设定、动机和自我控制），特别是腹内侧前额皮质（vmPFC）的预期回报信号减弱有关。因此，冲动性和计划不周的自杀尝试同时受到旁边缘皮质，特别是vmPFC中变化的价值信号的影响。之后的一个fMRI研究显示，首先，高水平的预先计划与背外侧前额叶对有利于近期前景的相对价值增长的反应减弱有关。这一结果与行为研究的发现一致（见本书第5章），即即时奖励对有预谋自杀行为史的个体并没有太大的激励价值。其次，自杀尝试者面对长期前景时旁海马反应降低。这一发现可能揭示了自杀个体预期受损的神经基础，这也使得这些个体在出现自杀危机时很难尝试其他的解决方案。

116

综上所述，这些发现表明，将时间以不同的方式整合到大脑决策中可能标志着导致自杀行为的不同的认知途径。

正如本书第5章所讨论的，与自杀行为易感性相关的低决策能力的神经基础，可以用爱荷华博弈任务（IGT）和fMRI进行进一步研究。一组目前未确诊为抑郁症的男性，其中一些人有自杀行为史（自杀尝试组），而另一些人没有（情感对照组），在fMRI中完成了一项改编版的IGT。研究者另外通过15名健康男性对照组在完成同样任务时所获得的结果，独立定义了与任务相关的脑功能区。与情感对照组相比，自杀尝试组有以下表现：（1）在博弈任务中的表现较差；（2）相比做安全选择，他们在做冒险选择时左外侧眶额皮质和枕叶皮质的激活程度较低；（3）大脑激活在赢与输之间没有差异。在不确定的情况下对风险处理的改变，加上左外侧眶额皮质功能失调，可以解释在自杀尝试组中观察到的决策缺陷。对于很难被识别以及缺乏有效治疗方法的自杀高危人群，这些受损的认知和神经过程可能是未来的预测标记物和治疗靶点。这些结果也加深了我们对眶额皮质在决策和心理病理中的作用的理解。

然而，在另一项对自杀尝试组和情感对照组的类似研究中，研究者没有得出相同的结论。相反，他们发现自杀尝试者在做出冒险选择时比在做出安全选择时左背外侧前额皮质的激活更低，而在赢的试次中比在输的试次中前扣带回皮质、眶额皮质和背外侧前额皮质（主要是右侧）的激活更高。这两个研究结果上的差异可能与涉及的脑区解剖学定义的差异有关，或者与研究样本的特征有关。一种综合性的解释可能是，腹侧和背侧的额皮质都对结果的价值评估不充分，这可能导致自杀尝试者的背外侧前额皮质对长期风险的评估不充分。

117

在青少年群体中，研究者也通过IGT和fMRI对与自杀行为相关的决策过程中可能发生的变化进行了研究。令人惊讶的是，与无自杀行为的抑郁症患者相比，有自杀行为的抑郁症患者似乎在IGT中表现得更好，他们做出了比其他两组更多的低风险选择。在做低风险决策时，相比健康对照组，无自杀行为的抑郁症被试左侧海马和中部颞叶的激活更强。在做高风险决策时，有自杀行为的抑郁症患者右侧丘脑的激活较少，而在做低风险决策时，他们左侧尾状核激活更强。因此，能够通过在IGT中的表现区分无自杀行为的抑郁症患者与健康对照组，而不能区分有自杀行为的抑郁症患者。在风险情境下，与学习有关的神经通路功能异常可能带来了青少年患抑郁症的风险，但不会成为其自杀行为的风险因素。这一发现，结合抑郁症自杀尝试者在IGT任务上相对较好的表现，可能意味着有自杀行为的青少年抑郁症患者比没有自杀行为的抑郁症患者的认知功能损害更少。结合对青少年自杀尝试者认知功能的研究结果（见前面的讨论），青少年时期的自杀行为可能与支持认知任务（在风险情境下的反应抑制和决策）的神经回路的异常无关。因此，青少年出现自杀行为和患抑郁症的风险可能有不同的神经机制。有可能其他的影响因素，例如已经在有自杀尝试史的成年男性中得到证实的与情绪加工有关的神经回路，能够区分伴随自杀行为的抑郁症和单纯的抑郁症。

6.1.3.8　认知控制与反应抑制

如第5章所述，在不同年龄段的自杀尝试者中都发现了认知控制受损。认知抑制是认知控制的主要组成部分，是一种限制无关刺激处理的主动抑制机制。自杀尝试者的认知抑制缺陷可能是他们对情绪和认知反应调节不良的神经基础。认知抑制可以通过Go/No-Go任务来测量。同时，在健康个体中，认知抑制受到扣带回—额叶—顶叶神经回路的影响。在完成Go/No-Go任务时，抑郁青少年自杀行为组、抑郁青少年对照组和健康青少年对照组在准确性方面表现相似。而在大脑激活方面，抑郁自杀行为组和健康对照组都比抑郁对照组在右前扣带回有更低的激活。因此，与预期相反的是，青少年自杀行为与反应抑制神经回路的异常激活没有关系。抑郁自杀行为者似乎不需要额外的神经回路参与也能很好地完成Go/No-Go任务。这一发现的意义尚不清楚。一项针对成年人的类似研究表明，认知抑制缺陷与额下回、丘脑、眶额皮质和顶叶有关，与抑郁状态的相关度比与自杀行为易感性的相关度更高。这些发现表明，与抑郁状态相关的认知抑制缺陷可能会跟与自杀行为易感性相关的特质性认知改变一起增加自杀行为的风险。

6.2　我们能从系统神经科学中了解到哪些跟自杀行为有关的研究结论？

从结构成像研究中，我们可以得到的与自杀行为相关的总体结论如下：

- 额叶灰质体积减小，而白质体积增加。
- 对于皮质下脑区，纹状体灰质体积减小；而关于丘脑灰质体积的结果不一致。

- 包括 ALIC 和丘脑辐射在内的左侧白质束连通性增强（然而，投射到丘脑和眶额皮质的纤维平均百分比下降），左侧眶额叶和双侧背内侧额叶的连通性降低。

如第 5 章所述，功能成像研究揭示了许多与自杀行为易感性的神经认知表现相关的神经生理学改变。更具体地说，这些研究表明自杀行为与对刺激重要性的归因异常有关，这导致个体对他人的反对信号给予过度的重视，而对冒险的选择则不予重视。其次，前额叶—纹状体网络的改变与不同选择结果的价值表征变化有关，这可能会导致在决策过程中人们更倾向于选择即时奖励而非抽象和延迟奖励。在感知到他人的反对信号后，个体出现的难以忍受的情绪痛苦可能使他们不考虑更好的未来，反而选择立即缓解痛苦。因此，跨时期的延迟奖励可能是影响自杀行为易感性的一个重要因素。因为血清素能神经传递系统参与了延迟奖励决策过程的调节，所以可能解释了在自杀尝试者中，前额叶血清素功能失调和绝望程度之间的关联。除了对奖赏信息的异常忽视外，负面信息在决策中的作用增加也可能影响自杀行为。在第 8 章，我们将看到这种解释是如何很好地将自杀行为与结构和功能神经成像结果（本章）和自杀行为的计算模型中的神经认知结果（第 5 章）联系起来的。

我们需要解决一些方法学问题，因为这些问题可能会影响研究结果及其解释。由于成像和分析技术的差异，不同研究结果的可比性相对受限。尽管许多研究已经使用了可靠的统计过程（统计参数作图），但因为放射性配体的结合特异性存在差异，研究发现的解剖学定位常常不精确。小样本量限制了能够发现群体差异的研究效力，或者由于生物异质性而放大了个体差异。在这种情况下，我们注意到最近一项涉及 3000 多名抑郁患者的元分析显示，有自杀计划或企图的人的颅骨内体积缩小了近 3%，但脑容量没有差异（Renteria et al., 2017）。其他研究误差可能来源于缺乏（例如，健康的或精神病患者）对照组。在许多研究中，有自杀行为的个体和他们的对照组并不符合潜在的偏差特征，例如人口统计学变量、是否有精神障碍（包括共病）、相关障碍的性质和严重程度或长期性、治疗情况以及他们接触到的风险和保护性因素。研究结果的普遍性可能受到样本中只包括男性或女性个体或只包括患有特定障碍（如精神分裂症）的患者的限制。许多研究使用感兴趣区域（region-of-interest, ROI）方法，因此只关注了预定义的区域。最后，在大多数研究中，影像学的评估是建立在已知行为史的情况下的。

考虑到这些方法学问题，本章回顾的研究结果表明，自杀行为与额纹状体丘脑网络的改变有关，如图 6.2 所示。

自杀领域之外的最新神经科学研究已经清楚地证明了这个网络在情绪处理和认知控制过程中起主要作用，这与我们对自杀行为的理解有关，也就是与对刺激重要性的归因和对不同选择结果的价值表征有关。在这些过程中，注意似乎扮演了一个核心角色，这一点也可以从很多研究都发现的与自杀行为有关的注意缺陷中得到证实（见第 5 章）。注意控制的三个独立的方面与不同的脑区相关（Petersen & Posner, 2012）。这些脑区包括与"警觉"相关的额顶叶皮质和丘脑，与"定向"相关的双侧顶叶皮质，与"执行控制"相关的额上回和梭状回。前扣带回皮质似乎与注意的三个方面都有关系（Petersen & Posner, 2012）。大量的综述研究表明，这些注意控制过程及其神经生物学基础的变化与自杀行为有关。

关于警觉，在第 5 章中我们讨论了"鸡尾酒会现象"。研究已经明确发现了自杀个体对生气面孔的注意增加和对高兴面孔的注意减少的神经生物学基础。这些发现表明，由于特定的注意特征，自杀个体更难在环境中发现积极因素（Jollant et al., 2008）。这些发现将注意缺陷与自杀尝试者对特定社会刺激的灵敏度联系起来。这个易感性的概念将在第 8 章自杀行为的计算模型中详细阐述。在注意定向方面的缺陷可能会导致个体很难将注意从即时满足转移到延迟满足上。如本章所述，许多研究都发现了与自杀行为相关的注意控制缺陷及其神经解剖学基础。注意控制与注意偏差呈负相关，注意偏差可能导致个体更倾向于加工负面情绪信息而不是正面情绪信息。

人们只能推测与自杀行为有关的大脑体积的变化。总的来说，灰质和白质体积变化的原因已经被识别出来了，如本书简介所述，这些变化很多都在自杀行为的应激—素质模型中扮演重要角色。灰质和白质减少的原因包括神经炎症（Zhang et al., 2016）、急性和累积性压力（Ansell et al., 2012）、早期生活压力、儿童期受到不良对待和虐待（Coplan et al., 2010; Van Dam et al., 2014;Walsh et al., 2014; Philip et al., 2016）以及遗传因素（Kremen et al., 2010）。NAA（有关自杀行为的光谱学研究发现，请参见前面的讨论）是髓鞘中乙酰基的来源，它的减少导致了白质完整性的变化。与神经系统发育和髓鞘化有关的NTRK1 基因的遗传变异（另见第 4 章），也预测了健康志愿者中的FA（Tkachev et al., 2007）。

据推测，儿童期受虐对神经系统的影响有遗传调节的作用。例如，有一些研究发现了血清素转运体启动子区基因型的多态性（Walsh et al., 2014）。脑容量的遗传力估计值在40%至 80% 以上，相对于较大的全脑性或叶状结构，较小的脑结构通常具有较低的遗传力估计值（尽管对于一个脑结构是否比另一个脑结构具有更高的遗传力估计值需要谨慎解释）（Strike et al., 2015）。与脑源性神经营养因子（BDNF）和儿茶酚-O-甲基转移酶（COMT）编码有关的候选基因受到了广泛关注，这两种基因都与认知和情绪处理有关。神经营养蛋白受体基因，如NTRK3，对白质完整性很重要（Braskie et al., 2013）。值得注意的是，一项尸检研究显示自杀死亡个体丘脑体积增大，特别是在枕核，这与血清素转运体基因的ss基因型有关（Young et al., 2008）。丘脑枕加工与社会威胁相关的信息（例如面部情绪表达），并通过边缘系统将这些信息传递到参与对疼痛的情绪反应和对负面结果注意的前扣带皮质中（Young et al., 2008）。与丘脑枕相关的注意过程在自杀行为的计算模型中起着核心作用，这将会在第 8 章进行讨论。血清素转运体的结合与尾状核和苍白球的大小显著相关（Vang et al., 2010）。这几个例子表明，血清素转运体对与自杀行为相关的脑区大小起着重要作用。到目前为止，全基因组关联研究（见第 3 章）并没有进一步揭示基因对大脑形态的影响（Strike et al., 2015）。

由于白质和灰质体积变化的原因似乎是重叠的，白质和灰质同时出现异常也就不足为奇了：白质高信号程度与舌回和双侧海马中的灰质体积呈负相关。此外，白质高信号程度与左侧壳核、胼胝体下、伏隔核、尾核前部、眶额皮质、前脑岛和额极中的灰质血流量呈负相关（Crane et al., 2015）。因此，许多白质和灰质异常似乎同时存在。

重要的是，长期锂治疗似乎会增加与自杀行为相关的脑区的灰质体积，在自杀者中这些脑区的灰质体积是减小的。这些脑区包括背外侧前额皮质、眶额皮质、前扣带皮质、上颞叶皮质、顶枕叶皮质和基底神经节（Benedetti et al., 2011）。抗抑郁药物似乎能使抑郁症患者的丘脑和白质体积变得正常（Young et al., 2008; Zeng et al., 2012）。

神经通路的变化，尤其是图 6.2 所示的额丘脑网络的变化，在自杀行为易感性方面的意义尚不明确。我们回顾的 DTI 研究主要发现自杀者大脑的左半球，特别是在穿过左侧内囊左前肢（ALIC）的白质束中的连通性增强，这个白质束主要涉及丘脑皮质回路。这种增强的连通性被认为反映了无关刺激的过度突出和（或）注意（Toranzo et al., 2011）。值得注意的是，丘脑前辐射和内侧前脑束通过 ALIC 而非常靠近彼此，但自杀相关的白质变化似乎只涉及丘脑前辐射，而不涉及内侧前脑束。这两个白质束在传递的信息种类上的差异越来越明显：内侧前脑束是奖赏回路的关键结构，而丘脑前辐射则似乎主要传递负面信息，因此会参与对悲伤和精神痛苦的加工（Coenen et al., 2012）。第二种连通性异常被一致地发现与自伤和自杀行为有关，涉及左侧额下回的连接，特别是左侧额下回与前扣带皮质的连接。正如我们将在第 8 章中讨论的那样，这种连接（再次）对负面信息的加工非常重要：左侧额下回的功能失调似乎会增强人们在面对负面信息时调整信念的倾向（Sharot et al., 2012）。

综上所述，与自杀行为相关的脑白质变化似乎是负面信息过度突出的主要原因。负面信息的显著性是自杀行为计算模型的核心组成部分，我们将在第 8 章进行描述。对脑白质变化的治疗，例如使用脑刺激疗法的后果，将在第 10 章讨论。关于脑白质变化的原因，早期生活压力能够预测左侧额丘脑过度的连通性（Philip et al., 2016），这指向了发展性因素的潜在影响，我们将在第 7 章进行详细讨论。

本章总结

- 近 100 项脑成像研究记录了有自杀行为史的人的大脑结构和（或）功能的改变。
- 一般而言，结构性灰质变化包括前额皮质区体积减小和皮质下核团体积增加。

- 结构性白质变化（主要是左侧）意味着皮质和皮质下大脑区域，如前额叶和丘脑的连通性受损。
- 脑功能紊乱包括在认知任务中的改变，如情绪面孔识别和决策所表现出来的脑区连通性和激活的改变。
- 综上所述，自杀行为似乎与前额叶纹状体丘脑网络的变化有关，该网络参与注意加工过程和决策。
- 这些变化的潜在原因涉及遗传和早期生活逆境，它们可能会导致第7章中将要探讨的发展性失调。

拓展阅读

- van Heeringen, K. & Mann, J. J. (2014). The neurobiology of suicide. *The Lancet Psychiatry*, *1*, 63–72.
- van Heeringen, K., Bijttebier, S., Desmyter, S., Vervaet, M. & Baeken, C. (2014). Is there a neuroanatomical basis for the vulnerability to suicidal behavior? A coordinate-based meta-analysis of structural and functional MRI studies. *Frontiers in Human Neuroscience*, *208*, e824.

按神经影像学研究分类的参考文献

• 自杀行为的结构成像研究

Ahearn et al., 2001; Ehrlich et al., 2004; Ehrlich et al., 2005; Monkul et al., 2007; Pompili et al., 2007; Aguilar et al., 2008; Pompili et al., 2008; Rusch et al., 2008; Hwang et al., 2010; Matsuo et al., 2010; Vang et al., 2010; Benedetti et al., 2011; Cyprien et al., 2011; Goodman et al., 2011; Serafini et al., 2011; Spoletini et al., 2011; Wagner et al., 2011; Dombrovski et al., 2012; Mahon et al., 2012; Nery-Fernandes et al., 2012; Soloff et al., 2012; Giakoumatos et al., 2013; Lopez-Larson et al., 2013; Jia et al., 2014; Olvet et al., 2014; Sachs-Ericsson et al., 2014; Bijttebier et al., 2015; Colle et al., 2015; Kim et al., 2015; Besteher et al., 2016; Gosnell et al., 2016; S. J. Lee et al., 2016; Y. J. Lee, 2016.

• 自杀行为的功能成像研究

Audenaert et al., 2001; Meyer et al., 2003; Oquendo et al., 2003; Lindstrom et al., 2004; Cannon et al., 2006; Leyton et al., 2006; Ryding et al., 2006; Soloff et al., 2007; Li et al., 2009; Willeumier et al., 2011; Marchand et al., 2012; Fan et al., 2013; Miller et al., 2013;

Nye et al., 2013; Sublette et al., 2013; Sullivan et al., 2015; Yeh et al., 2015; Oquendo et al., 2016; S. Zhang et al., 2016; Jollant et al., 2017; van Heeringen et al., 2017.

- **自杀风险因素的影像学研究**

Keilp et al., 2001; Meyer et al., 2003; van Heeringen et al., 2003; Lindstrom et al., 2004; Ryding et al., 2006; Jollant et al., 2008; Keilp et al., 2008; Jollant et al., 2010; Reisch et al., 2010; van Heeringen et al., 2010; Dombrovski et al., 2011; Jollant et al., 2011; Pan et al., 2011; Yurgelun-Todd et al., 2011; Dombrovski et al., 2012; Mahon et al., 2012; Dombrovski et al., 2013; Pan et al., 2013a; Pan et al., 2013b; Osuch et al., 2014; Soloff et al., 2014; Olié et al., 2015; Reitz et al., 2015; Richard-Devantoy et al., 2015; Sauder et al., 2015; Groschwitz et al., 2016; Richard-Devantoy et al., 2016a; Vanyukov et al., 2016; Jollant et al., 2017; Olié et al., 2017.

第 7 章

"人生没有终点"*：自杀行为的神经发展观点

学习目标

- 早期的生活经历如何导致多年后的自杀行为？
- 表观遗传学是什么？
- 个体由于经历儿童期受虐而产生的大脑变化可以说是适应性的吗？
- 基因会让人更容易或更不容易受到幼年不良生活经历的影响吗？

引言

远端风险因素是如何增加多年后的自杀风险的？是什么机制使得遗传特质或早期不良的生活经历导致人们在几十年后才决定结束自己的生命？换句话说，那些易感性因素是如何产生的？又是如何在多年以后显现出来的？本章将展示神经科学对寻找这些有趣问题的答案所做的实质性的贡献，而这些问题对于预防自杀非常重要。如果我们能可靠地评估可干预的风险因素，我们就可以在伤害发生之前防止自我毁灭的行为。

如第 3 章所述，遗传流行病学的数据一致指出，家族聚集性自杀的一部分原因是基因变异，并且这些变异基因部分独立于家族聚集性精神疾病的基因（Turecki et al., 2012）。但还有一个远端的风险因素，其对自杀风险的重要性越来越明显，它就是早期生活逆境（ELA）。早期生活逆境是对自杀风险影响最大的远端因素（Brezo et al., 2007; Fergusson et al., 2008）。神经科学研究清楚地表明了早期生活逆境的破坏性后果，在脑中留下能够诱发或增加自杀行为易感性的痕迹。

---

* "人生没有终点"（In my end is my beginning）引用自 T. S. Eliot (1940), "East Coker", *New English Weekly & the New Age: A Review of Public Affairs, Literature and the Arts*, 16, no.22, March 21.

7.1 早期生活逆境：问题的性质和范围

　　早期生活逆境是很常见的，但由于定义不同，对它们发生频率的估计也不同。在西方社会，儿童期受虐发生率在10%—15%之间。世界卫生组织在21个国家进行的《世界心理健康调查》显示，52 000名受访者中有近40%报告了早期生活逆境的经历，其中儿童期身体虐待（CPA）是第二常见的童年逆境（8%），仅次于父母缺失（12.5%）。被忽视（4.4%）和儿童期性虐待（CSA）（1.6%）报告得比较少，但这两种早期生活逆境却是极具破坏性的（Kessler et al., 2010）。然而，由于羞耻感和污名，CSA的发生率可能远远高于报告值。除此之外，定义上的差异也带来了显著的影响：在美国，每个州都有自己的关于儿童虐待和忽视的定义，这些定义是基于联邦法律制定的标准来设立的。然而，大部分州承认四种主要类型的虐待：忽视、身体虐待、心理虐待和性虐待。《儿童虐待预防和治疗法案》（*The Child Abuse Prevention and Treatment Act*）将儿童虐待和忽视的最低程度定义为："父母或看护人最近的任何作为或不作为，导致儿童死亡、受到严重的身体或精神伤害、遭受性虐待或剥削；或者是某种作为或不作为，使儿童即将面临遭受严重伤害的危险。"

　　从对22个国家65项研究的元分析可以看出，虐待，尤其是CSA，已经成为全球层面的一个重要问题（Perada et al., 2009）。元分析的主要结果如专栏7.1所示。

专栏7.1 全球早期生活逆境数据，包括CSA

- 据估计，全球有8%的男性和20%的女性在18岁之前遭受性虐待。
- CSA发生率最高的地方是非洲（34.4%）。
- 欧洲、美国和亚洲CSA的发生率分别为9%、10%和24%。
- 对于女性CSA，有7个国家报告的发生率超过了20%，即澳大利亚38%，哥斯达黎加32%，坦桑尼亚31%，以色列31%，瑞典28%，美国25%和瑞士24%。

　　2015年，美国儿童保护服务机构收到了大约440万份转诊报告，涉及720万名儿童的虐待。3/5虐待和忽视儿童的案件是由专业人员转介的，1/5的儿童最终被确认是受害者。其中，80%的受害者受到父母一方或与他人一起虐待；1/3的受害者遭受了母亲的单独虐待；1/5的受害者遭受了父亲的单独虐待；13%的受害者受到非父母的施暴者的虐待（美国卫生和人类服务部，2017）。

　　在加拿大，32%的成年人在童年时期经历过身体虐待、性虐待或目睹了亲密伴侣间的暴力（Afifi et al., 2014）。

早期生活逆境和消极的心理健康状况之间有很强的联系（Lutz & Turecki, 2014）。早期发展过程中的虐待是精神疾病及其临床病程严重程度的最有力预测因素之一，包括精神疾病的早期发作、治疗效果差、共病增加和长期依赖健康照护。早期生活逆境与肥胖、人格障碍、抑郁、物质使用障碍、攻击性和暴力以及自杀行为密切相关。

7.2 早期生活逆境和自杀行为

7.2.1 流行病学研究

尽管大多数有自杀行为的人没有早期生活逆境，但10%—40%的少数人有过这样的经历（Turecki et al., 2012）。同样地，大部分经历过早期生活逆境的个体不会表现出自杀行为，但他们的自杀风险是显著增加的：遭受CSA的个体自杀的可能性比一般人群高出近20倍。女性受害者的自杀风险相对高于男性受害者，自杀的CSA受害者大多死于30多岁（Cutaja et al., 2010）。进一步的流行病学数据可以从对一般人群、临床人群以及心理解剖的研究中获得（技术细节见第3章）。

在社区、临床和高危样本中，CSA、CPA、情感虐待和忽视均与自杀行为相关。这些负性事件是导致非致命性和致命性自杀行为的主要因素，这一结论已经得到了多个研究和综述的支持，比如，其中有一项研究分析了177个研究中超过65 000名被试在经历了CSA后发生的自杀行为（Maniglio, 2011）。在大多数研究中，当控制潜在的混淆因素如人口统计学变量、心理健康状况、家庭和同伴相关变量后，这些相关仍然显著（参见Miller et al., 2013）。世界卫生组织的《世界心理健康调查》显示，自杀行为的风险随着经历的童年逆境的数量增加而增加（增加比例从1%—6%不等），且二者之间的关系独立于终身精神疾病（Bruffaerts et al., 2010）。

根据由美国疾病控制和预防中心资助的儿童期不良经历（adverse childhood experiences, ACEs）研究，遭受一个或多个与虐待相关的早期生活逆境能够解释自杀尝试的人群归因危险（population attributable risk, PAR）的67%（Dube et al., 2003）。人群归因危险是指在完全没有经历过与虐待相关的早期生活逆境的人群中观察到的自杀尝试发生率的降低。暴露于6个或6个以上早期生活逆境的个体寿命缩短了20年（Brown et al., 2009）。

性别、年龄、虐待的频率、施虐者的身份和早期生活逆境的类型似乎会影响早期生活逆境和自杀行为之间的联系。CSA与自杀尝试之间的联系在男性中比在女性中更强，CPA也是如此，虽然它与自杀尝试之间联系的性别差异要小一些（Miller et al., 2013）。然而，在群体层面上，CSA在女性中的发生率要高得多，因此CSA导致的自杀疾病负担很可能在女性中更高。计算表明，大约20%的女性自杀行为可以归因于她们遭受过CSA，大约10%的男性自杀行为可能可以归因于遭受CSA。在个体层面上，经历过CSA的年轻男性可能需要更多的关注，以避免他们自杀（Devries et al., 2014）。

越来越多的研究表明，经历ELAs与自杀风险增加之间的关系会持续终身（Sachs-Ericsson et al., 2013）。具体来说，布鲁弗茨（Bruffaerts）及其同事（2010）发现，更广泛意义上的早期生活逆境（包括CPA和CSA、父母缺失、经济困难、疾病）与童年时的自杀尝试未遂有极强的联系，这种联系在青少年和青年时期降低，在晚年再次上升。青少年首次遭受早期生活逆境的时间对他们自杀行为的发生没有影响（Gomez et al., 2017）。

虐待频率和施虐者身份是自杀风险的重要调节因素（Turecki et al., 2012）。对受害者来说，相比由大家庭成员或无关者实施的虐待，由直系亲属实施的虐待使他们产生了更高的自杀行为风险。这表明与虐待相关的心理创伤，而不是实际的身体或性经历，导致了终身自杀行为的风险增加。亲密的家庭成员是个体发展过程中的主要支持来源，对个体发展健康的依恋模式、应对环境刺激的适当的情绪调节能力和从压力中恢复的能力至关重要。因此，遭受父母、监护人或其他近亲反复虐待的经历意味着个体生活在一个充满敌意和不可靠的环境中，个体可能会试图通过调整关键反应系统，如参与压力反应的大脑网络来适应这样的环境（参见后面的讨论）。世界卫生组织的《世界心理健康调查》显示，CSA和CPA一直是遭受早期生活逆境后自杀行为出现和持续的最危险因素，特别是在青春期（Bruffaerts et al., 2010）。对不同形式的早期生活逆境影响的研究表明，CSA可能比CPA或忽视更能解释自杀行为。一项对7个纵向研究和2个双生子研究进行的元分析显示，CSA受害者出现自杀行为的风险是非受害者的2.5倍（Devries et al., 2014）。

7.2.2 心理解剖研究

一个可能规模最大的心理解剖研究（技术细节见第3章）涉及200多名自杀者，这项研究显示，生命前10年出现的一些风险因素似乎是所有自杀者的共同风险因素。例如，近40%的自杀者在其生命的前10年里遭受过身体和（或）性虐待（Séguin et al., 2007, 2014）。这项重要研究的数据进一步揭示了自杀轨迹的两种发展模式。第一种发展模式有40%的自杀者经历过：他们在生命的早期（0—4岁）就遭受了逆境，并很快积累了大量的发展性困难，随着时间的推移，这些困难造成了更大的逆境负担。逆境的例子包括父母酗酒、遭受身体或性虐待、忽视和与父母关系紧张。紧随其后的是居住地的改变和导致自杀的精神障碍的发展。显然，并不是所有处于这一轨迹中的自杀者都经历了所有这些逆境，但他们中的大多数人的逆境负担都在迅速增加，而且80%的人在20—24岁期间自杀身亡。第二种发展模式的人占自杀人数的60%，他们在生命的早期（0—4岁）也有类似的逆境负担，但他们一生都基本暴露在低到中等程度的逆境中。他们20—24岁之后的逆境负担急剧增加，但他们的自杀死亡仍然发生在负担中等或较低的时候。值得注意的是，第二种发展模式中有55%的人在第一次尝试自杀时死亡。

通过心理解剖收集到的信息揭示了逆境的顺序，从早期的风险因素（身体和性侵犯、受忽视和遭受压力）到青少年时期出现的风险因素（品行问题、社交问题和学业困难），以及那些在成年早期出现的风险因素（失恋和自杀尝试）。在第一种自杀轨迹中，自杀者生活的几乎每个方面都受到逆境的影响，他们在非常年轻的时候就去世了，这再次表明了对这些高危个体进行早期筛查和识别，以及区分他们需要低强度还是高强度干预的重要性及困难性。

在被调查的自杀案例中，有60%遵循第二种自杀发展轨迹，他们暴露在相同的自杀风险因素中，但他们一生中承受的逆境负担较小。在某些情况下，早期经历的性虐待会转化为长期的婚姻暴力，但生活的其他方面——学业或职业可能不会受到损害。第二种自杀轨迹的特点是自杀风险随着时间的推移缓慢下降，并且会受到精神障碍，如心境障碍的影响。随着生活事件的积累，以及心理健康问题造成越来越多的痛苦和逆境，这些人抵抗绝望情绪的能力会逐渐瓦解。但这些没有很大逆境负担的人可能会在临床医生、同事，或者某些情况中近亲的监护下活下来。或许应对这些人的挑战是帮助他们及时获得心理健康服务（Séguin et al., 2014）。

7.3 将早期生活逆境与自杀行为联系起来的神经生物学机制

越来越多的证据表明，早期生活逆境引起的一系列神经生物学变化可能解释了自杀行为的增加。这些变化可能表现为稳定的认知、情绪和行为特征（所谓的"表型"），例如早期的不良适应性图式和认知歪曲（例如，灾难化思维、过度概括、非黑即白的思考方式和绝望感）、不良适应性的应对策略和情绪调节缺陷。这些表型体现的神经生物学基础包括分子和系统水平的变化。

7.3.1 分子变化

7.3.1.1 炎症标记物

经历过儿童期创伤的成年人表现出HPA轴失调和相关的系统性促炎状态（Tyrka et al., 2013），这种状态伴随着C反应蛋白（C-reactive protein, CRP）、纤维蛋白原和促炎细胞因子水平的升高（Coelho et al., 2014）。这些炎症标志与自杀行为风险的增加有关，如本书第4章所述，它们的关系可能是通过炎症对大脑结构和功能的影响而实现的。在脑结构方面，这种影响可能包括小胶质细胞激活和神经营养因子如脑源性神经营养因子的减少，这会导致神经元修复减少、神经发生减少和谷氨酸能活性增加，这些都会加速细胞凋亡。这些机制对我们理解与自杀行为相关的大脑结构变化（例如灰质体积减小，见第6章）非常重要，它们可能是ELAs和自杀行为之间关系的中介变量（参见后面的讨论）。从功能的角度来看，炎症似乎特别增强了相较正面信息的对负面信息的灵敏度，这是自杀行为计算模型的关键组成部分，该模型将在本书第8章详细阐述（Harrison et al., 2016）。

7.3.1.2 遗传学

自杀行为的相关遗传研究（见第4章）的不同发现可能部分归因于环境特征的差异（Mann & Currier, 2016）。因此，大量文献记录了早期生活逆境作为自杀行为的主要环境风险因素的突出作用，这推动了该领域朝着研究基因—环境相互作用的方向发展（Nmeroff, 2016）。对于是否可以确定某些特定的基因多态性与早期生活逆境的环境风险因素存在着相互作用，并增加对自杀风险这一问题的探索，研究者已经取得了一些显著的结果。

关于自杀和基因—环境的相互作用，一份在物质使用障碍患者中调查了儿童受虐史、5-HT转运体基因型和自杀尝试之间关系的报告显示，那些具有低表达基因型的人在经历了更多的儿童期受虐时有更多的自杀行为（Roy et al., 2007）。然而，后来的一项研究发现自杀行为与基因型或与基因—环境交互作用没有关系（Coventry et al., 2010）。另一项研究发现，在经历过儿童期受虐的抑郁症患者中，童年逆境与5-HT转运体基因的相反变体ll基因型之间的交互作用会增加自杀行为的风险（Shinozaki et al., 2013）。综上所述，这些发现表明，基因—环境的交互作用对自杀行为的影响只出现在个体已患有精神障碍的情况下。涉及其他血清素能基因，如1A和2A受体基因以及TPH1和TPH2基因的基因—环境交互作用研究，也产生了不一致的结果（有关概述，见Mandelli & Serretti, 2016）。

与其他跟自杀行为有关的神经生物系统（如压力反应系统和神经营养因子）相关的基因也很可能与环境存在交互作用。CRHR1基因和早期生活逆境之间的交互作用对自杀影响的研究虽然存在不同结果，但在经历过早期创伤的个体中，其中一种CRHR1基因变体与早期生活逆境的交互作用可能会降低自杀行为的风险（Ben-Efraim et al., 2011）。FKBP5是一种与压力相关的基因，也参与炎症过程，它的变体与ELAs的交互作用会增加自杀行为的风险（Roy et al., 2010, 2012）。重要的是，FKBP5 TT基因型使经历过儿童期受虐的个体容易受到皮质下和皮质情绪加工脑区广泛的结构性大脑变化的影响，这部分将在后面讨论（Grabe et al., 2016）。

关于神经营养因子，NTRK2基因的一个常见变体似乎会增加暴露于早期创伤中的个体的自杀行为风险（Murphy et al., 2011）。

7.3.1.3 表观遗传学

表观遗传过程是早期生活逆境影响长期神经生物功能的重要中介变量（Lutz & Turecki,

2014）。"表观遗传学"这个术语指的是对基因组进行编码的化学和物理过程，这个过程使基因以随时间变化的方式进行表达。正如本书第3章详细描述的那样，表观遗传过程在DNA序列没有改变的情况下传递信息。表观基因组会受到发展、生理和环境信号的影响。因此，表观遗传学解释了环境如何调节基因组，同时，表观遗传机制能很好地解释早期环境因素的影响，而这个影响可能是贯穿整个生命周期的。这一部分将集中于DNA甲基化，因为这是迄今为止在早期生活逆境领域中最受关注的表观遗传学标志（Lutz & Turecki, 2014）。更具体地说，我们的重点将放在应激—反应系统和神经营养因子的表观遗传学上。

早期生活逆境被认为可以对行为产生长期影响，这种影响至少部分是通过改变参与压力调节的神经回路来实现的。早期生活逆境对HPA轴活动的影响受到多种因素的调节，包括但不限于：

- 早期生活逆境的类型和数量，首次经历早期生活逆境的年龄和持续时间。
- 成年时的社会支持和创伤性事件的存在
- 主要精神障碍的家族史
- 遗传和表观遗传因素（Nemeroff, 2016）

一项突破性的研究考察了母鼠对后代照顾的差异所造成的后果。研究发现，母鼠在幼崽出生后第一周舔舐和梳理幼崽毛发（LG）的频率影响了调节压力应对行为和内分泌反应的基因表达（Turecki et al., 2012）。其中最强烈的影响之一涉及海马中糖皮质激素受体（GR）基因的表达。与低LG母亲的后代相比，高LG母亲的后代海马区GR的表达增加，并且对压力的反应更温和（Liu et al., 1997）。因此，母性行为与后代GR基因神经元特异性启动子的表观遗传修饰有关。更具体地说，母亲LG行为增加会导致后代海马重启动子甲基化减少和GR表达增加（Weaver et al., 2004）。因此，母亲对后代照顾质量的变化会直接调节表观遗传状态，从而对基因转录产生持续影响（Turecki et al., 2012）。在啮齿动物模型中观察到的亲子间相互作用的行为和分子变化，与人类经历早期生活逆境有关的行为和神经生物学改变之间有重要的相似之处（Turecki et al., 2012）。由低LG行为母亲抚养的幼崽对轻度压力表现出更强的行为和HPA反应。在人类中，这种影响会涉及HPA功能失调，就像在遭受过儿童期受虐的个体中观察到的那样（Heim et al., 2010）。正如我们在第4章中详细描述的，这种功能失调与自杀易感性的增加密切相关。

早期生活逆境对人类基因组表观遗传状态影响的证据，首先是在对有早期生活逆境史且死于自杀者的尸检研究中通过观察死者海马中GR基因的甲基化状态而获得的（见图4.2；McGowan et al., 2009）。与正常对照组和无早期生活逆境史的自杀者相比，这些个体的总GR和GR外显子变异体的mRNA表达水平降低，该外显子与大鼠海马中的一个外显子同源。

这一发现随后扩展到自杀者大脑中GR的其他转录子上（Labonté et al., 2012b）。与对海马的广泛影响形成鲜明对比的是，在调节HPA轴的另一个重要部位——扣带回皮质中，没有检测到DNA甲基化或GR表达的变化。因此，对早期生活逆境的表观遗传适应似乎只存在于特定脑区中。

进一步研究表明，早期生活逆境的表观遗传效应以GR启动子甲基化的形式存在于经历过不同形式早期生活逆境个体的外周血液样本中（有关概述请参见Nmeroff, 2016；Turecki, 2016）。在大量被诊断为边缘型人格障碍、抑郁症或创伤后应激障碍的个体中，CSA与外周血液中GR启动子DNA甲基化增加相关，而所有这些障碍都与经历过早期生活逆境有关（Perroud et al., 2011）。此外，个体经历的CSA的严重程度与甲基化水平呈正相关。在另一项研究中，特尔卡及其同事（2012）考察了GR基因的DNA甲基化状态，他们发现有早期生活逆境史的被试循环白细胞中GR基因甲基化水平增加。GR甲基化水平的升高还与地塞米松抑制试验中的灵敏度降低有关，地塞米松抑制试验的结果是HPA轴过度敏感的标志（见第4章），这表明外周GR甲基化与HPA轴活动之间存在功能关系。因此，使用外周组织的研究取得的发现与对自杀死亡个体的尸检研究中观察到的结果是一致的。然而，目前还不清楚早期生活逆境如何以及为什么会影响某些组织（海马、血液白细胞），而不是所有组织（扣带回）的GR甲基化状态。

HPA轴的活动也受GR负反馈以外的机制控制。在细胞内水平上，FKBP5是一种伴侣蛋白，可以抑制GR配体结合和GR—配体复合体向细胞核的移位，因此是应激反应系统的重要调节因子（见第4章）。FKBP5基因上存在多个糖皮质激素反应成分，因此FKBP5的表达受糖皮质激素的刺激，并表现为细胞内短的负反馈环路。如前所述，FKBP5基因多态性与早期生活逆境史的交互作用可以预测成年后的自杀尝试（Roy et al., 2010）。随后的研究表明，FKBP5基因的功能多态性通过FKBP5功能性糖皮质激素反应成分中等位基因特异性的、与儿童期创伤相关的DNA去甲基化，增加了成年后发展出应激相关精神障碍的风险。这种去甲基化会导致应激激素系统长期失调，并对免疫细胞和与应激调节相关的脑区功能产生整体性影响，进而导致与应激相关的基因转录增加（Klanel et al., 2013）。这些研究表明人们对长期环境反应性的分子机制的认识越来越清晰。

关于神经营养因子，特别是脑源性神经营养因子（BDNF）基因及原肌球蛋白受体激酶B（TrkB）的表观遗传学研究也得到了重要而有趣的发现。如本书第4章所述，BDNF是一种广泛表达的神经营养因子，它能支持现有神经元的存活，促进新神经元的生长和分化、突触的形成、突触功能的发挥和可塑性的提升。在大鼠中，母亲对后代的虐待降低了后代大鼠成年后前额皮质BDNF的mRNA表达，它与BDNF基因启动子的位点特异性高甲基化有关（见Turecki，2016）。有趣的是，位点特异性高甲基化似乎遵循这样一种发展模式：一个启动子在个体受到虐待后立即发生高甲基化，而另一个启动子的甲基化水平则逐渐增加，且在成年后才达到显著的变化水平。

为了研究表观遗传BDNF变化与自杀行为之间的可能联系，我们可以评估死后脑组织和外周血液白细胞中BDNF的甲基化状态。与对照组相比，自杀者大脑威尔尼克（Wernicke）区的甲基化似乎显著增加（Keller et al.，2010）。对边缘型人格障碍患者白细胞中BDNF基因甲基化状态的研究表明，BDNF启动子的外周DNA甲基化水平随着他们经历早期生活逆境数量的增加而增加（Perroud et al.，2013）。抑郁症患者的自杀行为史也与BDNF启动子更高的甲基化有关（Kang et al.，2013）。值得注意的是，甲基化水平能够预测患者在治疗期间自杀念头改善的程度，甲基化程度越高，改善程度越小。

因此，血液中BDNF的DNA甲基化可能是自杀风险早期筛查的一个很好的生物标志，这部分内容将在第9章中更详细地讨论。

136

但还有更多的原因：应激—反应系统的表观遗传变化可能会受到心理治疗的影响。在边缘型人格障碍患者中，接受4周强化认知行为疗法（辩证行为疗法）的患者BDNF甲基化水平显著降低，甲基化状态的改变与抑郁评分、绝望评分和冲动性的改变显著相关（Perroud et al.，2013）。同样地，FKBP5的DNA甲基化的改变与对认知行为疗法的反应有关。严重程度下降最多的患者在治疗期间DNA甲基化的百分比降低，而严重程度下降很少或没有下降的患者DNA甲基化百分比上升（Roberts et al.，2015）。

正如前面所讨论的，5-HT也在早期不良生活经历和随后的行为之间起中介作用，导致了个体在心理健康或疾病易感性上的差异。由于遗传变异、表观遗传改变或服用抗抑郁药物，5-HT信号的变化设定了不同的发展路径，使一些人在面临逆境时容易屈服，而另一些人则从有利的环境中受益。一些（但不是全部）研究表明，早期生活逆境，特别是CSA，与5-HT转运体基因启动子区的DNA甲基化有关（有关概述，请参见Turecki，2016）。5-HT$_{2A}$受体基因的甲基化似乎在有自杀念头者的白细胞中增加了，但在自杀死亡者的前额皮质中并没有显著减少（De Luca et al.，2009）。因此，5-HT可能通过遗传变异（见前面的讨论）和表观遗传修饰在ELAs和自杀行为之间起中介作用。这意味着在研究经历了早期生活逆境后的个体5-HT系统的表观遗传学特征时，有必要将基因型考虑在内：在携带1型等位基因的人中，转运体启动子区甲基化增加与未解决创伤导致的自杀风险增加相关，而在携带两个短等位基因的人中则相反（Van IJzendoorn et al.，2010）。

早期生活逆境对自杀行为的影响可能并不局限于某些特定基因的表观遗传学变化，而是整个基因组都会受到影响。几项全基因组关联研究（GWAS）已经显示了早期生活逆境的表观遗传调控效应（见 Turecki, 2016）。这些研究显示外周组织中全基因组 DNA 甲基化的变化与早期生活逆境和自杀行为有关。拉邦特（Labonté）及其同事（2012b）首次展示了自杀者死后海马组织中全基因组启动子 DNA 甲基化的变化，这与儿童期受虐史有关：在受虐组中，总共 362 个启动子存在不同程度的甲基化，248 个启动子呈高甲基化，114 个启动子呈低甲基化。值得注意的是，甲基化主要发生在与神经可塑性有关的神经元和基因中。对腹侧前额皮质 DNA 甲基化水平的进一步全基因组关联研究表明，DNA 甲基化在整个生命过程中都会增加，但自杀者的甲基化位点数量是对照组的 8 倍，除了在正常衰老过程中观察到的甲基化增加之外，自杀者 DNA 甲基化的变化更大（HagHighi et al., 2014）。

7.3.2 系统中介变量

超过 180 份原始报告记录了早期生活逆境与大脑结构、功能、连接性或网络结构改变之间的联系。在实验室被试和一般人群中，特定区域（如成人海马或前扣带回皮质）和通路（如胼胝体）的改变都与儿童期受虐有关。因此，研究结果强烈支持将早期生活逆境与大脑变化联系起来。

许多使用结构性 MRI 的研究已经仔细考察了经历过早期生活逆境的个体的灰质和白质体积，这些研究显示早期生活逆境与前扣带回、眶额皮质、海马和尾状核的体积减小有关（Nmeroff, 2016）。最近的一项元分析报告称早期生活逆境受害者在若干脑区的灰质体积普遍减小，包括前额皮质、海马、旁海马、纹状体和眶额皮质（Lim et al., 2014）。值得注意的是，大多数研究都没有发现杏仁核的体积变化。

关于白质，最一致的发现是胼胝体的改变，表现在 DTI 扫描中矢状面中部体积减小或各向异性分数降低（完整性降低）（技术细节见第 3 章）（Teicher & Samson, 2013）。动物数据表明，内囊前肢（ALIC；见图 6.2）在发育过程中受到早期生活应激的影响，导致 ALIC 中各向异性分数显著降低（Coplan et al., 2010）。基于全局的连通性（global-based connectivity, GBC），即每个体素与大脑的每个其他体素的连通性，在大规模网络同步中会受到病理性限制（即 GBC 减少）或增强（即 GBC 增加）。GBC 研究表明，儿童期创伤的严重程度可以预测左侧丘脑的高连通性，因此可以将其视为经历过早期生活逆境的生物标志（Philip et al., 2016）。

功能性神经成像方法有助于我们理解早期生活逆境是如何导致自杀行为的。一个显著的发现是，默认模式网络（default mode network, DMN）中的静息态功能连通性（resting state functional connectivity, RSFC）降低与经历早期生活逆境有关。其他重要发现包括经历过早期生活逆境的被试情绪加工网络异常，例如左侧杏仁核和额叶区域之间的整合减少。执行网络中的 RSFC 改变也与早期生活逆境有关：背外侧前额皮质（DLPFC）的连通性与早期生活逆境的严重程度呈负相关，而早期生活逆境与DLPFC和DMN之间更大的反相关的RSFC有关，这体现了与健康功能相关的内在关系的恶化。早期生活逆境还与杏仁核和DMN之间的负连接减少，以及显著网络区和海马之间的RSFC减少有关（有关综述，见Philips et al., 2016）。

正如我们在上一章中提到的，利用fMRI对个体看到情绪面孔时出现的大脑激活的研究，对我们理解自杀行为的神经基础有很大帮助。fMRI研究表明，在右角回、缘上回、颞中回和外枕叶皮质中，儿童期创伤程度越高，大脑对负性情绪面孔和正性情绪面孔反应的区别就越大。经历过儿童期创伤的被试会将负性情绪面孔解读得更负性，而正性情绪面孔则不那么正性（Aas et al., 2017）。因此，经历早期生活逆境的大脑功能结果似乎与跟自杀行为相关的大脑功能结果相重叠，这可能反映了自杀行为背后的认知变化（见第5章），例如对负面刺激的注意分配改变和负面偏见的增加。

关于影像学发现和早期生活逆境方面，我们最后还需要提到三个问题，即年龄依赖性的诱发、脑结构改变的表现以及早期生活逆境类型的影响。在大脑发育过程中，似乎存在对CSA的潜在敏感期。在3—5岁和11—13岁遭受CSA与海马体积缩小有关，遭受虐待尤其会影响CA3区锥体细胞的树突分支和齿状回的神经发生。在9—10岁遭受CSA与胼胝体体积减小有关，在14—16岁时遭受CSA与额叶皮质体积减小有关。不同的大脑区域显然有独特的易受儿童期受虐影响的窗口期（Andersen et al., 2008; Pechtel et al., 2014）。遭受虐待对大脑功能的影响可能不会在被虐待后立即显现。例如，有研究发现有早期生活逆境史的成年人海马灰质体积减小，但受到虐待的儿童则没有。这一结果模式与转换研究一致，转换研究表明，早期应激对海马的影响首先出现在青春期和成年期之间的过渡时期。遭受早期生活逆境和神经生物学改变之间的延迟可能与自杀行为非常相关，因为遭受早期生活逆境和自杀行为之间也存在一定的时间间隔。

虐待类型的影响非常显著，如图7.1所示。父母言语虐待与听觉区域的改变有关，而目睹家庭暴力则与视觉区域的改变有关。

CSA与参与面部识别的部分视觉皮质灰质减少以及参与加工生殖器触觉的部分躯体感觉皮质变薄有关（Teicher et al., 2016）。这一引人注目的现象表明，已识别的大脑变化不仅可以被视为遭受早期生活逆境后的损害，还可能被视为对环境威胁的适应，稍后我们将更详细地讨论这一点。

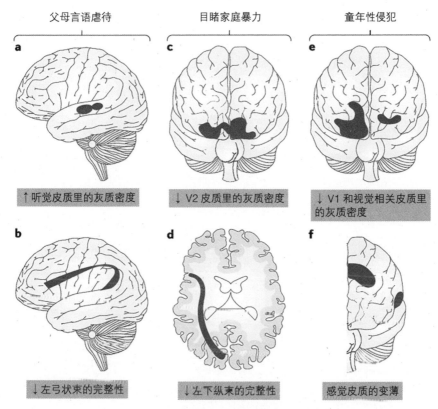

父母言语虐待　　　　　目睹家庭暴力　　　　　童年性侵犯

↑ 听觉皮质里的灰质密度　　↓ V2 皮质里的灰质密度　　↓ V1 和视觉相关皮质里的灰质密度

↓ 左弓状束的完整性　　　↓ 左下纵束的完整性　　　感觉皮质的变薄

图7.1　儿童虐待对大脑结构和连接的影响

来源：*Nature Reviews Neuroscience*, Teicher et al., The effects of childhood maltreatment on brain structure, function and connectivity, copyright 2016，经麦克米伦出版公司许可转载。彩色版本请扫描附录二维码查看。

7.3.3　成像遗传学

除了前面描述的分子和大脑系统的变化外，成像遗传学方法还指出了它们之间可能的关系。换句话说，当个体遭受早期生活逆境时，遗传特征可能使某些个体容易产生特定大脑系统的变化。最近的一项研究确实为FKBP5 基因型的这种交互作用提供了证据。FKBP5基因是HPA轴灵敏度和活性的关键调节因子，如第 4 章和前面所描述的：皮质醇通过激活糖皮质激素反应成分诱发FKBP5 基因的表达，而FKBP5 与GR的结合降低了GR对皮质醇的亲和力，并减少了被激活的GRs转移到细胞核的数量。FKBP5 基因的高表达诱发T等位基因与GR相对抗性相关。如前所述，早期生活逆境导致HPA轴功能失调，特别是在携带TT基因型的遗传易感性被试中。根据动物模型的研究结果，我们可以预期皮质醇的过度反应可能会损害神经可塑性，引发大脑结构性变化。结构性脑成像确实显示，受虐待的TT基因型携带者的双侧脑岛、颞上回和颞中回、双侧海马、右侧杏仁核和双侧前扣带皮质的灰质体积减小。因此，研究结果支持这样一种假设，即FKBP5 TT基因型使经历过儿童期受虐的被试容易出现皮质下和皮质情绪加工脑区广泛的结构性变化（Grabe et al., 2016）。

死后身体组织也可以用来研究童年逆境的表观遗传效应，这些研究表明童年逆境与少突胶质细胞基因特定细胞类型的DNA甲基化变化，以及前扣带回皮质髓鞘相关转录程序的整体受损有关。这些影响在没有儿童期受虐史的抑郁自杀者中不存在。对于有儿童期受虐史的成人自杀者，他们前扣带回皮质小直径轴突周围的髓鞘厚度有选择性地显著减少。这些发现表明，儿童期受虐会部分通过少突胶质细胞的表观遗传学重新编码，持续破坏皮质髓鞘形成，而皮质髓鞘是大脑连接的一个基本特征（Lutz et al., 2017）。

7.4 "人生没有终点"：早期生活逆境导致的延迟和致命后果

本章所述的大量资料反映了早期生活逆境，例如性虐待和身体虐待的破坏性及潜在的致命后果。流行病学研究清楚地表明，经历过早期生活逆境的个体，自杀行为的风险显著增加，并且我们现在也开始探究这一致命联系的中介机制。在有自杀行为的人中，高达40%有早期生活逆境史。与早期生活逆境相关的分子和大脑系统因素与自杀行为相关的因素有很大程度上的重叠，因此，对早期生活逆境的神经生物学后果的研究有助于我们理解自杀风险的发展。分子变化上的重叠表现在应激反应系统和血清素神经传递系统上。

大脑系统变化上的重叠包括脑结构和功能特征，例如胼胝体体积缩小、前额皮质灰质体积减小，以及丘脑皮质过度连接等。然而，很多研究发现的遭遇CSA后海马体积的减小与自杀行为的关联并不普遍。这种分歧可能是源于年龄的调节效应：海马体积的减小主要是在很小的时候遭遇性虐待之后发现的，而自杀行为很可能与更大年纪遭遇性虐待有关，例如在9—10岁胼胝体改变时。关于重叠的大脑功能变化，研究者发现经历了早期生活逆境的个体对愤怒面部表情的反应增强了，这种反应增强也与自杀行为有关。这种反应性是否解释了早期生活逆境和自杀行为之间的联系还有待证明，尤其是在那些早期生活逆境与愤怒和攻击有关的个体中。

这种重叠的基因表现型表达还需要进一步研究，但可能包括由神经生物改变和神经认知改变相互作用而形成的对特定压力的灵敏度。早期生活逆境对心理应激下下丘脑—垂体—肾上腺反应的影响已经在一系列使用特里尔社会压力测试的研究中被评估过（见Teicher & Samson, 2013）。虽然最初有研究声称有CSA或CPA史的女性在面对压力时皮质醇分泌增加，但随后的研究越来越多地显示经历过早期生活逆境的成年人皮质醇分泌减少。因此，一些个体可能表现出增强反应，与增强的战斗或逃跑反应相一致，而其他个体可能表现出迟钝反应，与僵化反应相一致。这种不同的反应模式可能受到早期生活逆境类型和发生时间的影响，但也受到遗传特征的影响。例如，重新评价的能力（成功运用重新评价来降低负面情绪）受到BDNF Val66Met基因型 × 早期生活逆境相互作用的影响，在经历过早期生活逆境的个体中，Met基因携带者重新评价的能力最低，在没有经历过早期生活逆境的个体中，Met基因携带者重新评价的能力最高。因此，BDNF Val66Met多态性调节了早期生活逆境与情绪调节能力之间的关系（Miu et al., 2017）。

关于早期生活逆境的类型，范·奥登（Van Orden）及其同事（2010）假设，与身体痛苦或身体伤害有关的早期生活逆境可能与疼痛的习惯化有关，这样的早期生活逆境使个体习得了实施致命性自杀行为的能力（见第2章有关自杀的人际关系理论的描述，在这个理论中，习得性自杀能力起到了重要作用）。事实上，遭受过更多侵犯性性虐待（包括性接触或性交）的青少年比那些有被虐待经历但没有性接触的青少年以及那些没有遭受过性虐待的青少年更有可能有自杀尝试史。此外，研究发现，遭受过性虐待的男孩可能比女孩更容易体验到严重的疼痛和伤害，这可以帮助我们解释男孩CSA经历和自杀行为的关联比女孩更强（Miller et al., 2013）。

早期生活逆境和自杀行为之间的联系已经在使用了不同研究设计和多样性人群的大量研究中得到了证实，这表明了早期生活逆境与自杀行为之间的因果关系。不过，也有人提出了其他解释（有关概述，见Teicher et al., 2016）。例如，大脑结构或功能的改变可能同时增加了遭受性虐待和出现自杀行为的风险。许多受过虐待的儿童有脑损伤，即使他们没有明显的头部受伤经历，且这些儿童也由于神经缺陷，更容易受到家庭成员的性侵犯。由此推理，同时考虑到已经被证实的与自杀行为有关的神经解剖学上的改变，这样的神经损伤也可能导致日后的自杀行为。这样的解释可能适用于个别案例，但是在绝大多数案例中，它并不能解释早期生活逆境和自杀行为之间的联系。

起中介作用的分子和脑系统的改变在多大程度上是由早期生活逆境引起的损伤，或者是适应性的机制，我们更不清楚。压力对大脑有害，尤其对发展中的大脑有害。由压力引发的糖皮质激素应激反应系统和由压力诱发的神经递质释放，在遗传易感个体的敏感时期影响神经发生，突触过度生成、削减以及髓鞘化等基本过程。这些效应作用的是对压力敏感的大脑区域，包括海马、杏仁核、新皮质、小脑和白质束。特别容易受到早期生活逆境影响的大脑结构可能具有以下一种或多种特征：（1）长期的产后发育；（2）高密度的糖皮质激素受体；（3）一定程度的产后神经发生（Teicher & Samson, 2016）。

另一种观点认为，早期压力可能以一种适应性的方式改变大脑。在这里，"适应性"意味着这种改变是对环境的经验—依赖反应，而不仅仅是非特异性的由压力导致的损伤。许多与早期生活逆境相关的研究发现解释了具有神经可塑性的适应性反应。这些适应性反应

143

包括遭受言语虐待的儿童的听觉皮质和弓形束的改变、目击家庭暴力儿童的视觉皮质和视觉边缘通路的改变以及遭受性虐待的女性躯体感觉皮质中的生殖器表征区变薄。同时，杏仁核对情绪面孔的反应增强，纹状体对预期奖励的反应减弱，也可以作为适应性的表现，因为这些改变使在接近—回避情境下的平衡向回避状态倾斜。在这种情况下，精神疾病的出现可能源于早期导致大脑为了生存而发生改变的世界与大脑在之后的发展中发现它真正身处的世界之间的不匹配（Teicher & Samson, 2016）。这两种假设并不互斥。某些类型的早期生活逆境可能会引发适应性反应，而另一些经历则可能非常可怕以至于会以非适应性的方式损害大脑。此外，影响神经传递、应激反应或大脑发育的分子表达多态性可能会使一些个体更容易同时受到早期经历的积极和消极影响（Teicher & Samson, 2016）。

144

发展预测了未来世界的前景。早期生活经历有助于在大脑中形成一幅关于世界的蓝图，对于青少年或成年人来说，这幅蓝图可能适应也可能不适应他们所生活的"现实世界"。例如，与等位基因 5-HT 转运体变异直接相关，或由早期不良经历引起的血清素功能改变，都可能放大对关怀性环境的积极反应，同时也会提高对不良信息的灵敏度。重要的是，5-HT 信号的发育变化似乎尤其影响丘脑皮质轴突通路（Brummelte et al., 2017）。值得注意的是，这种对负面信息的灵敏度和丘脑皮质交流在自杀行为的计算模型中扮演着重要的角色，这将在下一章进行详述。

本章总结

- 流行病学研究清楚地表明，经历早期生活逆境（ELAs）会增加产生自杀行为的风险。
- 年龄、性别、遭受早期生活逆境的时间和频率、施虐者的身份和个体的遗传特征会对这种破坏性影响起调节作用。
- 应激—反应系统、炎症和神经营养因子的分子变化在早期生活逆境与自杀行为之间起中介作用。
- 早期生活逆境可以通过表观遗传机制改变基因的表达，而不改变DNA。
- 通过改变影响情绪调节和决策的大脑结构和功能，早期生活逆境可能会增加产生自杀行为的风险。

回顾思考

1. 从流行病学研究中，我们可以了解到哪些关于ELAs与自杀风险之间关系的信息？
2. 目前还没有关于自杀行为的动物模型，但是从已有的动物模型中我们可以了解到早期环境是如何影响应激反应的方式，从而促使人产生自杀行为的？

3. 哪些表观遗传机制可以解释经历ELAs后的自杀风险增加？　　　　　　　　

4. 由ELAs所导致的大脑结构和功能的变化如何发挥适应性作用？

拓展阅读

- Nemeroff, C. B. (2016). Paradise lost: The neurobiological and clinical consequences of child abuse and neglect. *Neuron*, *89*, 892–909.

- Teicher, M. H. & Samson, J. A. (2013). Childhood maltreatment and psychopathology: A case for ecophenotypic variants as clinically and neurobiologically distinct subtypes. *American Journal of Psychiatry*, *170*, 1114–33.

- Turecki, G. (2016). Epigenetics of suicidal behaviour. In W. P. Kashka & D. Rujescu (Eds.), *Biological aspects of suicidal behaviour*. Basel, Karger.

- Turecki, G., Ernst, C., Jollant, F., Labonté, B. & Mechawar, N. (2012). The neurodevelopmental origins of suicidal behavior. *Trends in Neurosciences*, *35*, 14–23.

第8章

我有悲观的预期，故我无法活着：自杀行为的预测编码理论

学习目标

- 哪些大脑神经过程造成了健康人群中的乐观偏差？
- 什么是"信念更新"？信念的确定性如何影响信念更新？
- 古老而无所不在的神经递质——血清素，是怎样与自杀这样一种相对现代且独特的人类现象相关的呢？
- 在自杀行为的预测编码理论中，丘脑的中心作用是什么？
- 神经刺激会如何改变我们对未来的信念？

引言

近几十年来，我们对大脑工作机制的理解有了极大的拓展。尽管如此，神经科学仍然在寻找一种脑功能模型，能够整合在前面章节中描述的关于自杀行为的不同研究方法（比如认知、发展和系统研究方法）。预测编码假设很可能提供了这样一种模型。错误信念的产生及其行为后果是这个模型的核心问题。由于绝望感是这种错误信念的一个例子，并极大地增加了自杀行为的风险，因此自杀行为的预测编码模型可能提供了新的见解，以及如今迫切需要的预防和治疗的新途径。

本章将描述一个自杀行为的计算预测编码模型，在这个模型中，前面章节中来自认知、神经影像、神经生物、发育和神经心理方面的研究发现都可以被整合起来。这个模型将引导我们对自杀产生全新的理解，从而发展出预防自杀的新方法。

与前几章不同，本章提出了一个纯粹理论性和假设性的观点，这个观点建立在对预测编码的最新理解上，将自杀行为理解为个人在其社会环境中的一种选择。预测编码是一种对大脑信息传递的比喻，它解释了精神问题的一个核心特征，即错误信念的产生和维持（Friston et al., 2014）。对自我、对世界和对未来的错误信念是自杀想法和行为的核心特征，

因此改变这些信念对预防自杀至关重要。预测编码研究的最新发现让我们了解了这些信念如何发展、它们是如何与大脑结构和功能紊乱联系在一起的以及它们可以如何被改变。

8.1 预测编码和自杀行为

正如我们在前面的章节中所看到的，人们已经搭建了许多理论框架来理解自杀行为，并指导自杀风险的识别和干预。这些理论框架是坚实的，是以证据为基础的，且主要是在神经生物学或心理学的背景下发展起来的。然而，目前没有一个统一的自杀行为模型，可以将神经生物学和心理学特征整合起来。例如，我们在第4章中看到，自杀行为和血清素神经传递变化之间的关系是生物精神病学中被重复最多的发现之一。作为一种神经递质，血清素也存在于植物和其他动物中，而且据估计，这种神经递质至少有7亿年的历史。那么，我们应该如何理解这样一种无所不在的、进化意义上古老的神经递质对人类特有的、相对现代的现象（如自杀行为）的影响呢？

人们对自己、对未来、对世界都有自己的看法。在认知心理学中，这些看法被称为图式（schema）或思维模式，而在预测编码模型中，这些看法被称为预测或（先前的）信念。在日常生活中，人们会根据自己的感知来更新他们对世界、对未来和对自己的看法：自下而上（bottom-up）的感觉输入与自上而下（top-down）的信念会被比较，若不匹配就会被视为预测错误。皮质活动（如在第6章关于自杀行为的功能性神经影像学研究中所描述的）反映了预测错误的产生是由于现有信念和新的知觉信息不匹配。这些错误可以通过两种方式最小化：更新信念，或者弱化感官输入，例如，遁入自我世界或逃离外在世界。信念更新的神经生物学基础日益得到证实。如果在信念更新的过程中出了什么差错，错误信念就会产生并持续下去，尽管感知输入的证据是相反的。

本章的中心假设是，自杀可以用一个看似简单的反常现象来解释，那就是信念的确定性和情境感觉输入的确定性之间的不平衡。更具体地说，我们假设自杀风险与特定预测的确定性增加（以至于这些预测无法得到更新）以及特定感觉输入的确定性的相对增加（可能是补偿性的）有关。这种相关性可以解释为什么自杀的人对积极的信息无动于衷，但对挫败的信号知极度敏感，而且他们也不能通过考虑到积极的结果来改变他们对未来的消极预测，因而变得绝望。预测编码理论可能非常适合于解释与错误预测相关的自杀行为；"predict"（预测）的意思来源于拉丁语pre（表时间，在……之前或表方位，在……的前面）以及拉丁语dicere（说），换句话说，预测的意思是"宣布未来将要发生的事情"（Friston，2012）。错误的推断很容易导致以绝望信念的形式出现的错误预测，而绝望信念是自杀行为的一个重要风险因素。最近，自闭症（Lawson et al., 2014）、精神分裂症（Horga et al., 2014）

和功能性躯体症状（Edwards et al., 2012）等障碍的预测编码模型也被发展出来了。因为预测编码方法对解释自杀行为的发展提供了新的见解，我们预期它将对自杀风险的预测和治疗做出重大贡献。

预测编码认为大脑持续地产生关于世界的模型来预测感觉输入。从大脑处理信息的方式来说，关于世界的预测模型是在较高级的皮质区域建立的，并通过反馈连接与较低层次的感觉区域进行信息沟通。而当预测的信息和实际的感觉输入不匹配时，前馈连接就会传递感觉输入的信息并发送错误信号。预测错误很重要，因为它们表明当前的"内部"世界模型不能胜任解释"外部"世界的任务。一旦出现了一个预测错误，系统必须决定如何处理这个错误信号：一些错误可能是虚假的，也不能提供有用的信息，例如，在一个不确定的环境中出现的错误信号，而其他预测错误必须被非常认真地对待，并据此对关于世界的模型进行更新。预测错误可以通过改变感觉输入（行动）或改变预测（知觉）来处理。行动通过对输入信号进行选择来确保它符合我们的预测，例如，退缩到自我的世界中，从而使预测误差最小化。知觉则通过更新先验信念（prior beliefs）来做出更好的自上而下的预测，从而最小化预测错误。

知觉的过程受到两个特征的影响，一是感觉信息的效价，二是先验信念与感觉信息的相对准确性。新信息是积极的还是消极的，对于它会在多大程度上改变人们的信念非常重要。一般而言，健康人群更倾向于在获得有利信息而非不利信息时改变信念，这反映了情绪和权衡信息在决策中的重要作用（Sharot et al., 2011; Sharot & Garrett, 2016）。相对于自下而上的感觉证据，先验信念的影响受该信念和该感觉信息的准确性控制。准确性对应于对某个信念或自下而上的信息的信心或确定性。较高的感觉准确性会增加对感觉信息的信心，提高感觉通道的"量"，从而增强预测错误的影响。反之，高的先验信念准确性会使人们对这些信念产生偏见，阻碍对它们的更新。自下而上的信息的准确性和先验信念的准确性之间的平衡，决定了先验信念能够或需要被更新的程度。对自我、对世界或对未来的消极信念，可能不会受到积极情境的影响。例如，关于时间和治疗的有益影响的积极信息可能会改变人们对未来的消极信念或预测，但有严重自杀倾向的人可能无法做到这一点，因此他们表现出强烈的绝望感。预测编码假设认为，这是由于有严重自杀倾向的人对准确性（或确定性）的估计不平衡造成的：他们对消极信念的准确性估计较高，而对积极信息的准确性估计较低。因此，对准确性的估计在这一过程中尤为重要，不恰当的估计很容易导致并维持错误推断（Adams et al., 2014）。皮质异常可能会降低较高层级信念的准确性，从而导致更偏向于感觉输入，因此先验信念更可能会被更新。相似地，大脑异常可能会降低感觉输入的准确性，并限制由感知到的信息所导致的信念更新。

准确性是一种关于信念的信念，一种关于我们对自己、对世界、对未来的想法的有效性的信念，对准确性的更新与对预测的更新同样重要。注意可以被理解为大脑优化准确性估计的过程：通过提高准确性，注意使先验信念或感觉输入的权重增加了。这可以理解为能够传递准确或突出信息，并能利用信息加工流的预期准确性来优化知觉推断的注意选择通道（Feldman & Friston, 2010）。我们在本章讨论潜在的神经调节机制时，会再回到这个问题。

对信念更新中的神经、神经元和神经生物学机制，包括信念的准确性更新的理解，正在迅速增加。信念更新被认为是通过对预测错误的神经编码来实现的，这些预测错误是对左侧额下回（inferior frontal gyrus, IFG）和双侧额上回（superior frontal gyrus, SFG）的积极信息和对右额下回和右下顶叶（inferior parietal lobule, IPL）的消极信息做出的反应。完整的心理健康与右下顶叶中对负面信息相对弱化的神经编码有关（Garrett et al., 2014）。因而效价，即信念或感觉输入内在的积极性或消极性，会影响信念更新。这就假定了参与复杂认知功能的大脑区域（如前额皮质）与参与情绪加工的关键结构（如纹状体）之间存在密切的相互作用和连接。这一假设得到了神经影像学发现的明确支持：在健康个体中，左侧IFG与左侧情绪调节区域的白质连接性较强，对有利信息的信念变化较大，而对不利信息的信念变化较小（Moutsiana et al., 2015）。

健康个体低估了不良信息（Sharot & Garrett, 2016），表明他们对这类信息的准确性或确定性的编码程度降低。关于信念的准确性，腹内侧前额皮质和额极皮质的活动及它们之间连接性的强度似乎与对信念准确性的估计有关（De Martino et al., 2013; McGuire et al., 2014）。进一步的研究表明，皮质丘脑环参与了"准确性工程"，特别是涉及了丘脑枕，丘脑枕是丘脑中的一个核团，它调节皮质区域之间的关系，并与注意控制有关（Kanai et al., 2015）。因此，有实证性的证据支持准确性控制中的复制原理（replication principle）：对于两个皮质区域之间的每一个直接连接，都存在一个平行的、间接的皮质丘脑通路，该通路经过包含中继神经元的丘脑核（见图 8.1）。

中继神经元是丘脑的功能单元，这些神经元接收两种普通类型的输入：驱动器输入和调节器输入。驱动器输入被认为是信息的主要管道。而调节器输入则会调整驱动输入的处理方式：它们对丘脑细胞传递的信息进行细微的调整，并通过调节细胞和突触机制来控制其传递的概率（也就是所谓的信息门控）。一级中继通路接收皮质下的驱动输入（例如，传递到丘脑核团的视觉输入），而高阶中继通路（枕核和后内侧或背内侧核团）接收皮质（第5层）的驱动输入，从而参与皮质—丘脑—皮质（或经丘脑）回路。根据复制原理，直接的皮质—皮质连接与经丘脑连接是平行的，通过经丘脑连接，信息可以被丘脑回路调节或门控，而直接的皮质—皮质通路则无法实现这种调节（Sherman, 2016）。因此，高阶中继神经元的精确编码可以通过丘脑皮质投射调节皮质通信的增益来实现。枕叶神经元表现出选择

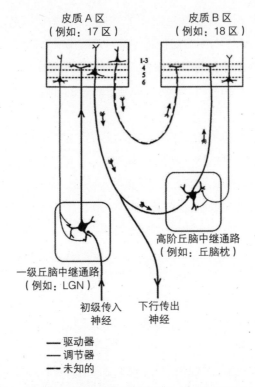

图8.1　皮质和丘脑通路示意图（Sherman & Guillery, 1998）

图中展示了两个丘脑神经核团：左侧为一级（first-order, FO）中继通路，右侧为高阶（higher order, HO）中继通路。一级中继通路通过上行路径接收从皮质下信息源传递到其近端树突的驱动输入，而高阶中继通路从皮质第5层的细胞接收其驱动输入。一级中继通路将驱动输入发送到皮质A区的第4层（粗线），该皮质区域将带有小终端的调节器输入（细线）从第6层发送到丘脑中继通路细胞的远端树突并返回到FO丘脑神经核团。皮质A区反过来从第5层向高阶丘脑中继通路发送驱动输入。这个高阶中继通路把它的丘脑皮质轴突（显示为驱动器）发送到皮质B区，然后从皮质B区的第6层接收调节器的输入。请注意，皮质A区域影响B区域可以通过两条路径。一条是经丘脑的路径，带箭头的粗线所示的便是这条通路。另一条是直接的皮质通路（一种"前馈"通路），在图上用短箭头表示。美国国家科学院版权所有（1998）。

性注意的特征，并且对行为相关刺激的反应比对非注意刺激的反应更强烈。所以，在平行的皮质丘脑通路中，精度估计的概念似乎整合了注意和精度的完全不同的方面（Kanai et al., 2015）。换句话说，丘脑放大的功能性皮质连接可能会维持注意控制（Schmitt et al., 2017）。

　　目前对精确估计的神经药理学的理解正在加强（Adams et al., 2014）。突触后增益控制了突触前输入对突触后输出的影响，并且是由包括NMDA受体和传统的神经调节受体，如血清素（5-HT）的激活所决定的。感觉输入的精度似乎是通过皮质神经元的NMDA兴奋性的影响来调节的，而对丘脑细胞的抑制作用主要是通过GABA能突触来实现的（Crandall et al., 2016）。NMDA受体拮抗剂氯胺酮，似乎具有强烈的抑制自杀的作用（详见后面的讨论和第10章），这种作用可能通过影响丘脑皮质交流的兴奋—抑制平衡来实现。

除了单一的感觉事件，适应性的感知和行动依赖于对可能的环境事件的精度波动的准确估计。因此，经典的神经调节剂（如血清素）可能会随着时间的推移追踪环境的波动，而这些信息全面评估了人们应该给予自下而上的证据及先验信念的权重（Lawson et al., 2015）。如先前所述，来自不确定环境的这种自下而上的信息所产生的预测误差，相对来说不太会导致由估计精度的降低引发的信念更新。

鉴于有充足的证据支持血清素紊乱与自杀行为之间的关系（见第4章），本章很有必要仔细检视血清素在精度估计中的作用，但不幸的是，这一作用迄今仍不完全清楚。与早期关于血清素功能的理论（Deakin & Graeff, 1991）相一致，当代对于血清素功能的解释关注行为抑制。根据这种解释，思维过程可被视为是导致从一个信念状态到下一个信念状态的行为，在这个过程中，血清素直接以及反射性地抑制了可能导致消极结果的思维链（Dayan & Huys, 2008）。因此，导致消极结果的想法可能会产生（血清素中介的巴甫洛夫反射式的）退缩反应，从而导致这些想法的终止。这种抑制想法的自然倾向会导致消极状态，可能会保护人们免受精神疾病的影响［"血清素拐杖"（the serotonergic crutch; Montague et al., 2012）］，而未能表现出这种类型的抑制可能会导致消极想法的增强（Crocket & cooling, 2015）。因此，血清素可能会从负性的方向抑制信念更新，而降低的血清素水平可能会因为对消极信息的关注多于对积极信息的关注而诱发消极的认知偏差（Dayan & Huys, 2008）。因此，负性预测误差的注意加权可能与血清素的功能有关，而一些研究也确实支持了血清素在注意控制中的作用。血清素活性的降低和斯特鲁普干扰的减少是相关的，这种相关性可能是通过增强的注意控制来实现的（Scholes et al., 2007）。被认为会减少大脑中血清素的急性色氨酸耗竭（Hitsman et al., 2007），可能通过抑制控制缺陷来增加负面信息的显著性。减少抑制和增强信息的强张性皮质门控可能是这种联系的潜在机制。相反，血清素能致幻剂会影响皮质丘脑环路的门控，并导致在维持原状的、也可能是增强的自上而下加工过程中产生不精确的自下而上信号（Corlett et al., 2009）。降低的血清素功能因此可能通过提高负性信息相对于自上而下控制的精度和门控，来增加负性信息对行为的动机影响。

巴甫洛夫式行为抑制失调可能通过巴甫洛夫式工具转移（Pavlovian-instrumental transfer, PIT）产生更有害的影响，因此，这不仅会加重消极思维，还会影响选择和行为的后果。通常情况下，厌恶性的巴甫洛夫信号会激发对厌恶结果的目标导向性退缩。越来越多的证据表明，这种PIT效应与人们头脑中决策树的修剪有关。选择目标导向的行动要通过探索未来可能情况的分支集来完成，这也被称为"树状搜索"（Daw et al., 2005）。这些树可以通过将糟糕的子决策树剔除出考虑范围来进行效价依赖式的修剪，而且越来越清楚的是，在健

153

154

康个体面临负面结果时，修剪的倾向会增加（Huys et al., 2012）。因此，行为抑制可能与修剪树的消极部分有关，这一特征反映在健康个体的乐观偏差中。另一方面，行为抑制受损可能导致非适应性修剪，没有将厌恶型分支全部剪断（Dayan & Huys, 2008）。

虽然效价因此影响内在的考虑和选择，但是最近的发现表明，在这个过程中精确性或确定性也起到一定的作用，特别是涉及对未来信念（或预测）的精确性时。对未来可能情况的探索，也就是树状搜索，基于对长期结果的预测，而这种预测是通过将每个行动的直接后果的短期预测按序列连接在一起而产生的。人们探索的策略可能是每种选项预期价值相对不确定性的函数（Badre et al., 2012）。负面预测（信念）的确定性（精确性）可能会妨碍对替代策略的探索。这可能解释了自杀尝试者在神经心理任务中表现出的持续性回答和缺乏替代策略（即缺乏信念更新），这个问题将在后面讨论。额极皮质（frontopolar cortex, FPC）跟踪相对不确定性的变化，从而指导分支的认知过程（Badre et al., 2012; Hyafin & Koechlin, 2016）。大脑确实会利用既有信念的确定性（或精确性）来调整新观察对信念更新的影响，因此，既有信念的相对精确性与FPC及后顶叶皮质中的神经活动呈正相关（McGuire et al., 2014）。这种功能性连通模式与顶叶皮质对精确估计的贡献是一致的。对现有信念的相对不确定性与vmPFC和内侧颞叶的神经活动呈负相关，这与之前报告的主观信心对这些区域的影响一致（De Martino et al., 2013; McGuire et al., 2014）。

血清素水平降低会选择性地增强厌恶性PIT，即厌恶性刺激在目标导向行为中的动机影响（Hebart & Glätscher, 2015）。厌恶性巴甫洛夫信号会调节vmPFC和尾状核之间的连接：对目标导向性接近反应的厌恶性巴甫洛夫式抑制的增强，与在面对厌恶刺激时vmPFC和尾状核之间的连接性减少有关（Geurts et al., 2013）。受损的血清素神经传递可能通过增强vmPFC和尾状核之间的连接，来增加厌恶信息对目标导向行为的动机影响。

8.2　精确度，效价和自杀风险

本章的目的是从估计先验信念和环境输入效价的准确性缺陷方面，来解释自杀行为的易感性。首先，我们假设关于自我、世界和未来的负面（先验）信念如果具有较高精度，则这些信念不容易受积极信息的影响。这些积极的信息可能涉及诸如希望以及时间和治疗的潜在有益影响。其次，相对高精确度的负面感觉输入可以解释对厌恶性社会刺激的灵敏度，正如神经生物学（见第4章和第6章）和认知心理学（见第5章）模型中描述的自杀行为的易感性。如果不能降低感觉精度，就可能导致人们无法抑制消极的社会输入（例如失败的信号）有关的预测错误，也无法将这些预测错误置于情境中考虑。

如果我们未能更新互动和生存所必需的世界模型，同时如果我们未能在厌恶性社会输入之后最小化预测错误，我们可能会考虑回避这个世界（的输入），并退到"一个黑暗而安静的房间"（Friston et al., 2012）。因此，信念的更新和随之而来的预测误差的最小化依赖于信念和社会输入的相对精度。对自杀行为易感性的异常精确的解释需要与许多支持现有自杀行为的心理和神经生物学理论的实验结果相容。下面的部分将介绍这些发现和理论。

8.3 将自杀相关的系统、分子和认知变化整合进自杀行为的预测编码模型

8.3.1 大脑系统发生的变化

第 6 章对神经影像学研究的回顾发现了与自杀行为相关的额丘脑网络的变化。脑结构的改变涉及皮质（下）区域之间，包括丘脑皮质通路的灰质体积和白质连接。

如前所述，考虑到左侧 IFG 连通性与在面对积极信息时的信念更新之间的联系，在自杀尝试者中发现的左侧 IFG 连通性降低很可能与面对积极信息时的信念更新减少有关（Bijttebier et al., 2015）。值得注意的是，在抑郁个体中，使用神经刺激增加左侧 IFG 连通性与他们绝望感的降低相关，关于这一点我们将在第 10 章进行更详细的探讨（Baeken et al., 2017）。如前所述，利用结构性神经成像识别出的丘脑皮质网络缺陷，与平行的皮质丘脑通路在注意和精度估计中的作用是一致的。大量研究表明，受损的皮质丘脑回路确实与自杀行为相关（见第 6 章）。值得注意的是，尸检研究发现自杀者的丘脑体积增大（因其他原因死亡的抑郁个体则没有），特别是在血清素转运基因为 ss 基因型的个体中。这些 ss 基因型的个体丘脑神经元的数量和体积增加了 20%（关于这种表现型和自杀行为之间的联系可见本书第 4 章；Young et al., 2007, 2008）。

皮质反应通常被认为是精确加权预测误差的一个指标（Friston, 2005）。功能成像研究已经考察了这种与自杀行为相关的皮质对（厌恶性）社会刺激的反应。如前所述，我们预期不能降低厌恶信息的精度与右侧眶额皮质活动的增加有关，这在对暴露于厌恶性面部情绪后的自杀尝试者的 fMRI 研究中确实得到了证实（例如，参见 Jollant et al., 2008）。值得注意的是，在一项猜测任务中，有自杀行为者的孩子与在人口统计学和临床上相匹配的无自杀行为者的孩子相比，在面对失去（而非获得）时 EEG 测量的额叶神经反应增强。因此，对负面信息的神经反应增强可能是自杀风险家系传播的潜在途径之一（Tsypes et al., 2017）。

8.3.2 分子变化

8.3.2.1 血清素

血清素（5-羟色胺，5-HT）神经传递系统的变化与自杀行为之间的关系可能是生物精神病学中被重复最多的发现之一（详细阐述见第 4 章）。研究结果包括血清素合成能力增强的

指数，包括中缝核中更多的血清素和血清素能神经元，这可能是对血清素能张力降低的反应，以及腹内侧前额皮质和前扣带回区的血清素转运体结合缺陷，这可能是对张力下降的稳态适应。对 5-HIAA（5-HT 代谢物）水平的研究表明，与自杀行为相关的血清素能损伤涉及神经传递而非合成（Oquendo et al., 2014b）。对研究结果的解释是有争议的。与以往研究发现血清素 -1A（5-HT$_{1A}$）受体在大脑血清素活动的调节中的核心作用（Popova & Naumenko, 2013）一致，最近有尸检和神经成像研究表明，5-HT$_{1A}$（自动）受体的上调在解释与自杀行为相关的血清素系统变化方面发挥了核心作用（Menon & Kattimani, 2015）。这些受体的上调很可能与旨在提高中枢血清素生物利用度的稳态上调机制有关，从而解释了血清素能活动的代偿性增加，比如说血清素能神经元增加和转运蛋白结合减少（Menon & Kattimani, 2015）。最近的一项前瞻性研究支持了这一假设，该研究显示，在对抑郁个体进行的 2 年随访中，更高的中缝核 5-HT$_{1A}$ 受体结合指数与随后更多的自杀想法和更高的自杀行为致死性之间存在关联性（Oquendo et al., 2016）。5-HT$_{1A}$ 系统参与了前额皮质功能，特别是注意功能。

8.3.2.2　神经生物学应激反应

自杀行为与神经生物应激反应系统［下丘脑—垂体—肾上腺（HPA）轴，详细讨论见第 4 章］的异常有关。关于皮质醇对实验室压力源的反应的研究产生了相互矛盾的结果，结果显示皮质醇既有增加又有减少，但皮质醇对压力的反应减弱似乎是自杀行为中的一种（可能是遗传的）先天素质因素（McGirr et al., 2011; O'Connor et al., 2017）。这一现象可以通过皮质激素受体灵敏度的改变来解释，包括糖皮质激素受体灵敏度的降低（Oquendo et al., 2014b）。许多研究表明，脑组织中的表观遗传糖皮质激素受体基因甲基化与创伤经历和精神病理有关（关于这个关系的综述，请参见第 4 章和第 7 章，以及图 4.2）。

8.3.2.3　γ - 氨基丁酸（GABA）和谷氨酸

有几项研究指出自杀者额极皮质中 GABA A 受体基因表达的表观遗传降低（Poulter et al., 2008; Yin et al., 2016）。关于谷氨酸，有一部分但不是所有的研究发现自杀者前额皮质 NMDA 受体结合降低，而谷氨酸水平在自杀者和对照组被试之间没有明显差异（Oquendo et al., 2014b）。谷氨酸拮抗剂—氯胺酮的潜在抗自杀特性支持了谷氨酸能功能失调在自杀行为中的作用，但谷氨酸能改变在自杀行为中的具体作用尚不清楚，这迫切需要进一步的研究。

8.3.3　认知变化

实证研究、系统回顾和元分析表明神经心理功能失调和自杀行为之间存在关联（概述请见第 5 章）。尤其是未来思维、注意控制和决策方面的缺陷与自杀行为史有关。

8.3.3.1　未来思维

绝望感的特征是积极的未来思维程度较低，消极的未来思维占主导（MacLeod et al.,

1993; O'Connor et al., 2008; O'Connor & Nock, 2014）。对模糊情境的较低水平的积极解释通过影响绝望感（Beevers & Miller, 2004）预测自杀想法（Beard et al., 2017）。绝望感能够独立预测自杀行为，并且在解释自杀想法方面似乎比抑郁更重要（Beck et al., 1993; O'Connor & Nock, 2014）。

　　除了对未来预期的与效价相关的内容在预测自杀行为中扮演的重要角色之外，这些预期的精确度——或者说某个特定结果出现的可能性——同样也会产生影响。在绝望感的早期定义中已经强调了"必然性"的决定性作用（Andersen et al., 1992）。十多年前，麦克劳德（MacLeod）及其团队（2005）发现，自杀尝试者认为他们的负面预测在多大程度上会实现与他们的绝望程度呈正相关。悲观确定性也解释了为什么有自杀尝试史增加了未来自杀行为的风险（Krajniak et al., 2013）。这些研究发现意味着对积极未来预测的准确性在与效价相关的特征之外，仍然对自杀风险的发展有独特的贡献。萨格拉斯卡（Sargalska）和他的同事（2011）在非临床样本中更详细地考察了未来预期的认知内容与自杀想法的关系。他们发现对不会出现积极结果的确定性能够超越对积极或消极结果单纯的悲观而预测自杀想法。这样看来，负面预测的确定性（或精确性）尤其决定了绝望的程度。

8.3.3.2　注意控制

　　二十多年前，威廉姆斯（2001）研究了对诸如失败信号等感官输入的灵敏度在自杀行为易感性中的作用。他在自杀尝试者中使用情绪斯特鲁普测验（EST）证明了刺激的"知觉凸显"是失败状态的信号。如第5章所述（参见图5.1），在这个任务中，参与者会看到一系列用不同颜色呈现的单词。他们的任务是要以尽可能快的速度、尽可能少的错误来说出单词的颜色。如果单词的意思是突出的，就会对颜色的命名产生干扰。EST是基于这样的假设：使用自杀图式的个体会对自杀相关刺激表现出延迟反应，因为这些刺激的显著性增加了。最近的横断和前瞻性研究以及对使用情绪斯特鲁普测验研究的元分析显示，对与自杀相关的词，特别是"自杀"这个词，存在干扰效应，也就是注意偏向。自杀斯特鲁普测验对临床和非临床人群的自杀行为具有良好的预测效度（Cha et al., 2010; Chung & Jeglic, 2016）。

8.3.3.3　决策

　　实证研究、综述和元分析一致表明，自杀尝试者在诸如爱荷华博弈任务（IGT）等决策任务上的表现明显不如抑郁或健康对照组被试（关于此内容的综述及元分析，见Richard-Devantoy et al., 2014）。IGT涉及现实生活中复杂决策的各个方面，包括即时奖励和延迟惩罚、风险和结果的不确定性。自杀尝试者显然没能在任务中学习，他们在任务的第一部分和最后一部分中挑选出的不利牌组的比例大致相同。对这一重复性发现的解释尚不明确。自杀尝试者可能无法整合他们过去受到强化的历史，即过去的经验，他们在很大程度上只根据当下的状态做出决定。如前所述，根据另一种解释，自杀尝试者在IGT任务中表现出的持续性回答和缺乏替代策略（即缺乏信念更新）可能是由于对负面预测的确定性（精确性）。因此，他们对替代策略的探索可能会减少。

8.4　自杀行为的预测编码模型

以上概述的计算框架描述了先验信念和感觉证据的最佳整合对于个体在动态和不确定环境中生存的重要性（Adams et al., 2013）。由于精确性是每个信息源的相对确定性，因此准确的表征对于这个整合来说至关重要。我们假设的自杀行为的预测编码模型说明了这种异常精确的编码可能影响生存，甚至造成过早的和自我选择的死亡。由此，自杀可以概念化为先验信念和感觉输入的相对精确性不平衡的结果。更具体地说，具有自杀易感性的个体持有与自杀相关的关于自我、世界和未来的过度精确的负面信念，因而不受积极信息的影响。自杀易感性与无法将积极信息纳入对未来的信念中有关，这反映了这些信息的权重与先验信念的权重之间的不平衡，以至于之前的信念无法得到更新。自杀状态可能因此被负性生活事件触发，这些事件增加了诸如失败的信号等感觉输入的精确度（或降低衰减）。这种感觉输入精度的提高可能是一种补偿，因为它确保了相关的感觉信息得到足够的重视，而非受制于更高的认知控制机制。因此，自杀风险可以表述为对先验信念和情境输入编码中效价依赖（valence-dependent）的不平衡。

自杀行为的异常精确性假说（aberrant precision hypothesis）是基于预测性大脑的错误推断。然而，我们也提出了巴甫洛夫式工具转移，乐观偏差和树状搜索修剪等概念。在接下来的几年里，这些启发式的概念可能会被整合到错误推断框架中。例如，效价可以被表述为在主动推理背景下的先验偏好，这种先验偏好也使得在调和关于世界隐藏状态的信念和人们应该追求的政策时，乐观偏差会被"授权执行"。此外，修剪和探索的概念也可以在预测模型选择和主动推理模型的背景下来理解（Friston et al., 2015）。目前被引入计算精神病学的正式模型因此可能被有效地应用于解释有自杀风险的人的选择行为，以验证上述假设。

8.4.1　对理解自杀行为的启示

以上我们提出的自杀行为的预测编码理论是假设性的，因为它还没有被直接验证过。但是，从自杀行为的神经心理学、神经生物学和神经影像学研究中得出的实验结果，大体上都支持这个理论，这个理论也为整合和理解这些发现提供了一个非常好的机会。比如，我们提出的理论框架提供了一种有趣的方式来理解自杀与血清素功能变化之间的联系，自杀是相对现代的和人类独有的现象，而血清素则是有着数百万年的历史并广泛存在于植物、动物中的神经递质。血清素在将对厌恶性结果的预测与行为抑制（巴甫洛夫式地）联系起来的过程中发挥了关键作用。我们的基本观点是，进化甚至赋予了简单的生物强大的、预先指定的行为程序，这些程序会在生物预测到厌恶性结果时诱发它们产生先天的、准备性的回避反应。这种巴甫洛夫式的反应是有用的，它使有机体能够通过诸如回避的方式与环境进行最佳的交互作用。因此，5-HT功能的降低可能通过增强相对于自上而下控制精度来说的对厌恶性信息的门控，来增加厌恶性信息对行为的动机性影响。功能失调性抑制可能会通过对决策树的非适应性修剪来影响选择行为。我们提出的理论因此解释了神经生物学的（比如血清素能）功能失调是如何通过增加厌恶性信息的动机性影响以及从结束这种影响的角度来重新定义目标导向的行为，最终影响自杀行为动机和意志成分的。因此，自杀个体的"反应空间"（Spence, 2009）被扩大到包括消极的和自我毁灭的反应，就好像自杀的个体居住在这个空间里黑暗和消极的地方，而非自杀的个体不会去到那里（由于行为抑制的作用）。在这一章中，我们描述了可能会决定自杀个体反应空间限制的神经解剖学、神经生物学和认知方面的特征。然而，这些限制不是一成不变的，它们可以通过心理和药物干预来改变。

8.4.2　对治疗和预防的启示

考虑到精确度和效价在我们假设的自杀行为计算模型中的中心作用，针对它们的干预措施可能在自杀预防中发挥重要作用。后面我们将分别从神经生物学、神经心理学和功能神经解剖学的角度讨论三种可能的方法。

氯胺酮对缓解紧急自杀风险的作用可能归功于它能够阻断NMDA受体（推测该受体参与自上而下的预测）和增强AMPA受体（参与自下而上的信号传导）（Den Ouden et al., 2012; Whalley, 2016）。因此，氯胺酮的作用可能是它修复了感官证据和自上而下信念的相对精确性这两者的不平衡（Vinckier et al., 2016）。

考虑到精确度是由注意决定的，注意偏向的改变或注意缺陷的改善可能对减少自杀行为易感性相当重要。一种旨在改变自杀特异性注意偏向的干预似乎对这种偏向或者自杀想法没有影响，但初步数据表明，基于正念的认知疗法在降低自杀危险因素上的效果与斯特鲁普干扰的减少相关（Cha et al., 2016; Chesin et al., 2016）。

经颅磁刺激（transcranial magnetic stimulation, TMS）有可能通过影响精度估计改变信念更新。对右侧额下回（IFG）的神经活动进行TMS干扰会导致健康的人更乐观，而这也显然是通过增加积极信息的精度实现的：相比没有TMS，被试在有TMS时判断未来会发生好事情的概率更高（Sharot, 2012）。当TMS被应用于左侧IFG时，乐观偏差会消失，此时的估计会类似于过度悲观的想法（Sharot et al., 2012）。TMS还可以改变较低层次的感觉精度，在执行视觉任务时，当TMS应用于视觉皮质时会导致精度的变化（Rahnev et al., 2012）。与假

163 刺激相比，背外侧重复性经颅磁刺激（rTMS）显然无法影响自杀想法的严重程度（Desmyter et al., 2016），但与绝望程度的降低相关，且明显地与左侧 IFG 连接性增加相一致（Baeken et al., 2017）。考虑到灰质和白质的变化可能会干扰不同层级之间的连通性，TMS 在多大程度上会影响自杀个体感觉输入和先验信念的精确度仍有待证实。

8.4.3　对未来研究的启示

这个关于自杀行为者持有异常精确信念的模型可以产生可证伪的假设，这些假设可以使用临床、行为、药理、神经心理学、神经影像学和计算模型等方法进行检验（Lawson et al., 2014）。神经刺激可能因此发挥重要的作用。例如，考虑到额极皮质在精度估计中的作用，我们可以预期额极刺激可能会影响选择行为，以至于更多的不确定选项会被选择。对右额极皮质进行经颅直流刺激（transcranial direct current stimulation, tDCS）确实可以通过上调神经元兴奋性，使个体做出更多的探索性选择，从而提高编码精度（Beharelle et al., 2015）。因此，基于价值的选择的精确性似乎依赖于额极和顶叶皮质之间的同步交流。使用经颅交流刺激（transcranial alternating current stimulation, tACS）进行振荡去同步化（oscillatory desynchronization）会特别影响基于价值选择的精确性（Beharelle et al., 2015）。这种局部神经刺激干预对自杀个体精确估计和选择行为的影响显然值得研究。此类研究可以将振荡同步化在丘脑皮质网络中参与注意控制的机制以及它的缺陷，如涉及抑郁和疼痛的丘脑皮质节律障碍作为研究目标。

本章总结

- 生命的起伏和在逆境中生存需要更新信念，这些信念是基于基因准备，在成长的过程中获得的，能够帮助我们应对不断变化的环境。
- 信念更新受到信念的效价和它们的相对精确度（或确定性）以及在这些情况下所获得的信息的影响：健康的人往往更容易在获取正面信息而非负面信息时更新他们的信念，这反映了效价对精确度估计的影响。
- 自杀行为可以被解释为是基于效价的精度估计缺陷的结果。首先，关于自我、世界和未来的消极先验信念如果过分精确，将导致这些信念不受积极信息的影响。其次，提高的估计精度阻碍了特定负面感觉信息（例如，失败信号）的衰减。
- 我们假设（如血清素能的）神经调节和对精度进行内隐编码的相对简单的缺陷，可能导致个体无法获得与世界互动所必需的内部模型。
- 该假设的核心是行为抑制的缺陷，这有利于信念向消极方向更新，从而对行为选择产生不适当的影响。

164

- 我们概述的这个概念化模型提供了一个难得的能够在一个自杀行为模型中整合认知、神经成像和神经生物学研究发现的机会，这个模型也为预防自杀风险和治疗提供了迫切需要的潜在新途径。

拓展阅读

- Dayan, P. & Huys, Q. J. M. (2008). Serotonin, inhibition, and negative mood. *PLoS Computational Biology*, *4*(2): e4.

- Dayan, P. & Seymour, B. (2009). Values and actions in aversion. *Neuroeconomics*, 175–91.

- Friston, K. J., Stephan, K. E., Montague, R. & Dolan, R. J. (2014). Computational psychiatry: The brain as a phantastic organ. *The Lancet Psychiatry*, *1*, 148–58.

- Spence, S. A. (2009). *The actor's brain: Exploring the cognitive neuroscience of free will.* Oxford: Oxford University Press.

第 **9** 章

预测不可预测的：神经科学对自杀预测的贡献

学习目标

- 了解在个人层面预测自杀行为的问题和可能性。
- 了解什么是生物标志，为什么它们对自杀预测特别重要，以及哪些神经生物学特征可以作为自杀行为的生物标志。
- 确定开发准确的生物标志的适当研究方法。
- 从社交媒体等渠道了解使用大数据统计方法的机遇和局限性。

引言

有时抑郁症患者会去看医生，因为他们害怕会伤害自己或自杀。随后的对话表明，他们很害怕，因为他们无法预测自己的自杀想法和愿望是否真的会导致他们自杀。在医学督导会议上，精神病科的实习生经常说，当他们在急诊科工作时，他们认为对自杀风险的估计是最困难的任务之一，因为许多自杀者不愿谈论他们的自杀愿望，因为他们不想要帮助，他们想死。估算自杀风险的困难程度与可用的预测工具的非常有限的价值以及预测错误的后果形成了鲜明的对比。从预测工具和问卷的性能研究中得出的总体情况是，预测可能只比随机判断稍好一点。换句话说，人们也可以抛硬币来决定是否有自杀风险。

本章的"预测"主题在逻辑上延续了上一章，上一章关注的是自杀者在更新他们对自己、世界和未来的信念（预测）时可能（不）使用的信息，以及可能激励他们结束自己生命的信息。本章介绍了健康服务人员为了更新他们对病人自杀风险的信念或预测可能需要考虑的信息。本章将回顾自杀行为预测中的问题，但也会从神经科学的角度提出可能性和机会。

9.1 自杀行为的预测

其实自杀行为难以预测不足为奇。自杀基础发生率低。很多人可能觉得活着没什么意思，但是很少有人想过结束自己的生命。采取自残或自杀行为的人更是少得多，而且他们中只有极少数人意图死亡。另外，有自杀倾向的人因为羞耻和禁忌而不愿谈论自己的想法和感受，同时他们也特别不希望得到帮助，他们想死。世界卫生组织建议，所有 10 岁以上患有精神障碍或有其他风险因素的人都应该被问及过去一个月内自我伤害的想法或计划。然而，即使被问及，自杀者也可能否认自杀想法和愿望的存在。一项研究发现，几乎 80% 最终死于自杀的人在最后一次口头交流中否认了他们有自杀想法（Busch et al., 2003）。健康服务人员通常不愿意询问抑郁症患者关于自杀的想法，因为他们害怕谈论自杀会降低自杀行为的门槛。然而，没有科学证据表明谈论自杀会导致自杀行为（Dazzi et al., 2014）。相反，询问自杀的想法和感受可能会减少伴随自杀想法的社会隔绝和恐惧。谈论这样的想法能够确定自杀威胁的严重程度，并收集预测自杀行为发生所必需的信息。

这里重要的问题是，需要哪些信息来可靠地预测自杀行为？自杀的最佳预测模型要有高灵敏度以最小化所谓的假阴性，即未检测到的自杀，同时虽然不太关键但最好是有高特异性以减少假阳性的数量，假阳性可能会使有限的资源负担过重（Mann et al., 2006）。相关术语的定义见图 9.1。

条件存在与否		
	条件存在	条件不存在
阳性	真阳性（A）	假阳性（B）
测试结果		
阴性	假阴性（C）	真阴性（D）

灵敏度 = A /（A+C） 阳性预测值（PPV）= A /（A+B）
特异性 = D /（B+D） 阴性预测值（NPV）= D /（C+D）

图9.1 灵敏度—特异性图

在自杀预防的背景下，最大限度地提高灵敏度以遗漏尽可能少的病例是很重要的。然而，除非特异性非常高，否则这种方法有筛查出大量无自杀者的风险。预测自杀的一个主要问题是，大多数自杀风险因素在筛查测试中特异性较低，因此假阳性的数量很大。低特异性结合低自杀基础发生率使得单个危险因素的阳性预测值较低。自杀风险指标要具有临床效用，就必须具有高灵敏度（＞90%）和高特异性（＞90%）。这些指标还应该显示出很强的预测价值。

图 9.2 展示了所谓的受试者操作特征曲线，该曲线反映了检测和筛查极限的统计关系。

图上的曲线显示了灵敏度和特异性之间的内在权衡。图 9.2 中的曲线 A 反映了一项非常敏感且无假阳性（100% 特异性）的测验。

确定曲线下面积（area under the curve, AUC）可以使我们比较不同的测验。曲线下面积越大（最大 1.0），测验越准确（灵敏度和特异性都更好）。AUC 值的范围可以从 0.5（图 9.2 中的曲线 C，没有区分能力）到 0.9—1（曲线 A，出色的准确性）。

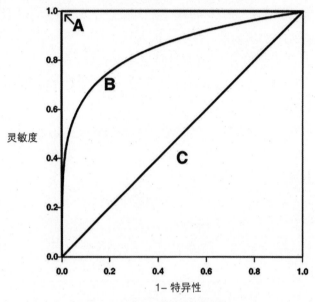

图9.2　受试者操作特征曲线

一项对 37 项纵向队列研究（定义见第 1 章）的元分析，揭示了高风险群体和自杀死亡之间的统计上的强相关，这 37 项研究基于临床上与自杀相关的变量对自杀风险进行评估，涉及 30 多万人，其中 3000 多人死于自杀。然而，自杀风险分类灵敏度的元分析表明，约一半的自杀可能发生在低风险群体中，阳性预测值（PPV）的元分析表明，95% 的高风险患者不会自杀（Large et al., 2016）。对使用风险因素和风险量表来预测在非致命性自杀行为后出现自杀的研究进行的系统综述得出结论，这种自杀风险评估方法可能是错误的，因此不能作为治疗决策的基础（Chan et al., 2016）。

接下来的章节将讨论神经科学的风险预测方法是否有助于通过识别生物标志，对自杀预防有所贡献。

9.2　生物标志

术语"生物标志"指的是特定状态的客观指标，这些指标可以被精确和重复地测量。理论上，生物标志可以帮助健康服务人员预测自杀行为。正如前几章深入讨论的那样，相当多的神经生物学特征被认为是自杀行为的风险因素。图 9.3 概述了已识别的生物标志，并展示了它们如何与大脑系统的结构和功能变化相关联。

然而，绝大多数研究都是横向性的，因此这些识别的特征只能被定义为自杀的神经生物学相关因素，而不是（因果）风险因素。此外，相当多的纵向研究结果是矛盾的。对考察了神经生物学因素是否能预测自杀行为的纵向研究进行元分析，可以用来解决这些矛盾。

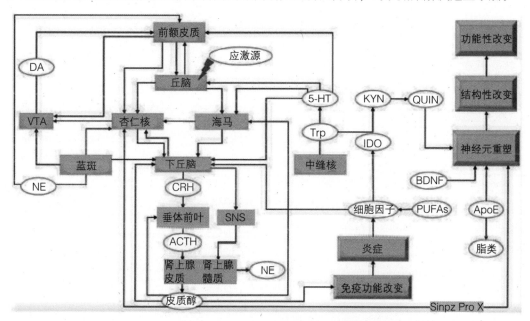

图9.3　与自杀行为相关的生物标志之间的连接模型

5-HT：血清素；ACTH：促肾上腺皮质激素；ApoE：载脂蛋白E；BDNF：脑源性神经营养因子；CRH：促肾上腺皮质激素释放激素；DA：多巴胺；IDO：吲哚胺 2，3- 双加氧酶；KYN：犬尿氨酸；NE：去甲肾上腺素；PUFAs：多不饱和脂肪酸；QUIN：喹啉酸；SNS：交感神经系统；Trp：色氨酸；VTA：腹侧被盖区。来源：*Current Psychiatry Reports*, Biomarkers of suicide attempt behavior: towards a biological model of risk, 19（6），2017, Sudol K & Mann JJ，经施普林格许可转载。

以下部分将尽可能多地总结有关自杀风险生物标志的纵向与元分析研究的发现。

9.2.1　单一生物标志

9.2.1.1　认知生物标志

如第 5 章所述，内隐联想测验（IAT）是一种成熟的心理测验，可以测量个体对某一对象的无意识信念或者对某一特定行为的无意识动机。在这个测验中，电脑呈现一幅图像（在本例中是有关自杀行为的图像）或一幅中性图像，被试按键来表明他们是否认为这幅图像与自己有关。此任务的反应时将作为衡量被试自杀行为倾向的指标。针对精神病急诊科病人的队列研究表明，一项特定的死亡/生命IAT可以预测患者未来3到6个月的自杀行为，其预测效果独立于个体声明的自杀意图和临床医生对其未来自杀行为的信念［灵敏度为50%，特异性为81%，阳性预测值（PPV）为32%，阴性预测值（NPV）为90%］。值得注意的是，当与其他变量（如自杀行为史、是否患有包含精神病性症状的抑郁症和受教育程度）一起使用时，IAT的准确性还会更高（Nock et al., 2010; Randall et al., 2013）。

9.2.1.2　神经生物学生物标志

首个基于自杀行为的应激—素质模型（参见第2章）的元分析包括了关于血清素功能失调（先天素质存在的标志）和HPA轴功能失调（急性应激反应的标志）的纵向研究。针对心境障碍患者（基础自杀率高于一般人群）的25项纵向研究的元分析结果显示，脑脊液中5-羟基吲哚乙酸（CSF 5-HIAA；参见第4章）和地塞米松抑制试验（DST；参见第4章）预测自杀的优势比例分别为4.5/10和4.7/10。因此，低CSF 5-HIAA组和DST抑制者的自杀风险是高CSF 5-HIAA组和非抑制者的4倍以上。一个需要DST或CSF 5-HIAA测试为阳性的预测模型，其灵敏度为88%，特异性为28%，阳性预测值为10%（Mann et al., 2006）。88%的灵敏度意味着，在自杀基础率为5%的包含1000名被试的样本中，20名自杀者中约有18名可被检测到，这是非常好的结果。然而，成功的"代价"是，由于特异性为28%，将有705个人被错误地识别为潜在自杀者，他们将接受不必要的强化预防性治疗（Mann et al., 2006）。正如我们将在后面阐述的那样，两种神经生物学测量的组合会产生完全不同的预测值。

如表9.1所示，一项更新的元分析总结了关于大量神经生物学因素纵向研究的结果。分析表明，这些神经生物学因素与随后的自杀尝试或自杀死亡只有弱相关，甚至在大多数情况下没有显著的相关。仅有两个特定的神经生物学因素，即细胞因子和低水平的鱼油营养素，与自杀的相关是显著的，但是只有一项检验了这两个因素的研究可以被纳入元分析中。应注意的是，针对CSF血清素代谢物和DST的元分析得出的显著优势比分别是2.15和1.75，但发表偏差分析表明缺少低于均值的研究结果，并且矫正后的优势比不显著。元分析结果显示，没有证据表明这些经过检验的神经生物学因素具有保护作用（Chang et al., 2016）。

这一发现表明，当被单独研究时，神经生物学因素不会实质性地增加或减少未来出现自杀行为的风险。例如，CSF血清素代谢物预测自杀死亡的加权优势比为2.15（在考虑发表偏差之前）。就特定个体在1年内自杀死亡的绝对风险而言，低CSF血清素代谢物会将风险从0.013/100增至0.028/100，这对临床预测的帮助十分有限。然而，在解释这些发现时最重要的是要注意，几乎所有这些研究都包括了较长的纵向追踪间隔，测量的都是特质类

表9.1　元分析中研究的神经生物学因素

- 血液相关因素：葡萄糖，胆固醇，血清色氨酸比率，血浆催产素
- 脑脊液代谢物：血清素，多巴胺，催产素，去甲肾上腺素，皮质醇释放激素，脱氢表雄酮
- 细胞因子：单核细胞趋化蛋白-1，肿瘤坏死因子-α，血管内皮生长因子，白细胞介素-10
- 基因：血清素合成（色氨酸羟化酶基因），血清素转运蛋白和受体多态性
- 激素激发/测试：DST非抑制（或抑制降低），芬氟拉明激发
- 分子结合：血小板、血清素[3H]、帕罗西汀的结合
- 营养物质：血清胆固醇水平，ω-3和ω-6单不饱和脂肪酸，饱和脂肪酸摄入量和血清水平
- 外周生理学：收缩压，肺功能检查

因素，并且都是对假设的风险因素进行单独测量。而可能的情况是，在其他一些风险因素（如其他神经生物学因素、压力性生活事件、低社会支持、先前的自伤史和绝望感）存在的情况下，某些神经生物学因素的突然变化可能会在几小时、几天或几周内极大地增加自杀风险。这些发现强调了在短时间内结合其他潜在风险因素，以状态的方式研究潜在的神经生物学风险因素的必要性（Chang et al., 2016）。稍后我们将看到一些研究的例子，它们侧重于研究在有或无临床风险因素的情况下，神经生物学特征组合对自杀的预测价值。

在自杀预防中，直接接触活人的目标器官——大脑，是非常不切实际的，甚至其液体代替物——脑脊液，在常规使用中也比血液更难获取。尽管血液当然不是大脑，但也可以通过聚合的方法在组织中识别出常见的神经生物学机制、环境和药物的作用。为达到预防和治疗的精确性和个性化，识别疾病风险的血液生物标志已成为医学转化研究的重要领域，特别是在癌症和心血管研究中（Niculescu et al., 2015a）。

在第4章，我们已经看到自杀行为的遗传学研究识别出了不少与自杀行为有关的基因。因此，基因检测，如评估等位基因分布的基因检测（例如血清素转运蛋白的ss，sl或ll基因型；参见第4章）可能是有用的，如果在个体生命早期就进行这些检测，那么自杀风险就可以很早地被估计出来。然而，考虑到应激—素质模型，我们可以预测基因表达生物标志比遗传特征更能反映导致自杀风险的基因—环境交互作用。勒-尼古列斯库（Le-Niculescu）和同事（2013）通过观察以下人群血液中的基因表达，研究了自杀倾向的生物标志：

1. 在世的有自杀想法和没有自杀想法的男性双相障碍患者，可以生成一个差异化表达的基因列表，在这个列表中，可以使用趋同功能基因组学方法识别相关基因；

2. 自杀者，可以对在世的双相障碍患者队列研究中发现血液生物标志的表达水平是否在同龄自杀者的血液中真的发生了改变；

3. 在世的双相障碍和精神病患者队列，可以研究首要生物标志SAT1（亚精胺/精胺N1-

172

乙酰转移酶 1）在血液中的水平是否可以区分未来和过去住院者的自杀倾向。

其他三个基因（PTEN、MARCKS 和 MAP3K3）的表达也表现出类似但较弱的效应。综合来看，回顾性和前瞻性的住院数据表明，SAT1（以及显著性较低的 PTEN、MARCKS 和 MAP3K3）是自杀倾向的生物标志。在第 4 章中，我们在多胺应激反应系统的背景下讨论了 SAT1。在一项针对女性的类似研究中，BCL2、PIK3C3 和 GSK3B 基因表达的下降可以准确预测未来因自杀倾向住院的可能性（Levey et al., 2016）。这些基因具有抗凋亡和神经营养作用，并且是抗自杀情绪稳定剂——锂的已知靶标，锂可以增加它们的表达和（或）活性。此外，生物钟基因在重要标志中的比例过高。值得注意的是，PER1（在有自杀倾向者中的表达增加）和 CSNK1A1（表达减少）可以准确预测未来的住院治疗。生物钟异常与心境障碍有关，而睡眠异常也与自杀有关。ω-3 脂肪酸二十二碳六烯酸的信号传递是有效生物标志中最重要的生物通路之一。鉴于 ω-3 脂肪酸对自杀潜在的预防和治疗益处，此通路值得关注。这项研究中，女性重要生物标志的表达变化（增加与减少）与之前在男性研究中发现的变化类似，而另一些生物标志的变化则相反，这可能是两性间生物学背景和自杀倾向差异的基础。

随后对 SAT1、PTEN、MAP3K3 和 MARCKS 基因在血液中的表达水平以及在为期 12 周的抗抑郁治疗期间自杀想法的变化的研究表明，在研究过程中，尽管自杀想法有所增加或开始了抗抑郁治疗，这四个基因的表达并没有显著变化（Mullins et al., 2014）。两组之间的比较表明，基因表达在有或没有与治疗相关的自杀的患者之间没有区别。这项独立研究显然不支持勒-尼古列斯库及其同事提出的生物标志的有效性（2013；参见前面的讨论）。用于比较同一人在治疗过程中不同时刻的基因表达的被试内分析，是一项很有效的设计，因为它消除了遗传因素和其他患者特定因素的可能影响。但是，两项研究中使用的样本在性别和精神疾病方面有所不同，这至少可以部分解释研究结论的差异。吉恩蒂瓦诺（Guintivano）及其同事（2014）分别对三组死后大脑的神经元和神经胶质细胞的细胞核进行了全基因组 DNA 甲基化分析，以确定其与自杀的关系。随后，研究者将结果在死后大脑的前额皮质组织和三组在世者的外周血液中进行验证。他们对基因表达、压力和焦虑以及唾液皮质醇的功能性关联进行了测量。DNA 甲基化扫描在死后大脑组中独立地识别出了 SKA2 基因的某个区域与自杀的表观遗传和遗传的叠加关联。这一发现在有自杀想法的三组在世人群的血液中也得到了重复。SKA2 基因表达在自杀者中明显较低，并且与遗传和表观遗传变异有关。关于唾液皮质醇的分析表明，SKA2 表观遗传和遗传变异可能会调节皮质醇抑制，这与其在糖皮质激素受体反式激活中的潜在作用一致。在第 4 章中，SKA2 被描述为一种伴侣蛋白，与糖皮质激素受体的转运有关。在当前的研究中，SKA2 与焦虑和压力有显著的交互作用，这可解释约 80% 的自杀行为以及从自杀想法到自杀尝试的发展。

这些关于基因表达的结果证实了SKA2是遗传和表观遗传的靶点，并支持了其在致命性和非致命性自杀行为病因学中的地位。关于遗传和表观遗传对自杀行为和基因表达的影响的分析分别表明，DNA甲基化本身可能是导致自杀风险的主要因素（Guintivano et al., 2014）。

一项后续研究的结果支持了这种假设性的解释，该研究表明，即使在模型中纳入已确定的自杀的精神疾病风险因素后，先前涉及的SKA2位点的DNA甲基化水平也能预测更高的当前自杀想法和行为的发生率。甲基化相关SNP的遗传变异与所研究的任何自杀表型均无关。因此，该研究证实了SKA2甲基化水平可以解释临床症状访谈未能捕捉到的自杀风险的独特变异，从而进一步证明了其作为自杀风险生物标志的潜在效用（Sadeh et al., 2016）。

进一步的研究提出了仅使用SKA2 DNA甲基化来预测自杀行为的自杀预测模型（Clive et al., 2016）。尽管对结果的解释受到一些方法论问题（例如，一个有偏差的小样本）的限制，但作者们利用几个队列的大脑、唾液和全血液DNA甲基化数据生成了应激状态的表观遗传生物特征。一种以统计学为导向的方法通过分析皮质醇的跨组织表观遗传再调控和与先前捕到的SKA2自杀生物标志的交互作用，揭示了一种生物标志可以在多个高度差异化的人群中一致性地预测自杀。这种生物标志是跨组织的，因为它的血液和唾液样本都可以预测自杀行为，同时这种生物标志基于与自杀相关的前额神经元中的探测点。该结果与这样的模型相吻合：与自杀有关的HPA轴失调导致循环皮质醇过度分泌，从而导致各种组织中的DNA甲基化变化，进而通过大脑中DNA甲基化的作用致使行为产生变化，同时在外周组织中留下可测量的标记，使得基于生物标志对自杀想法和行为进行预测成为可能。

与健康对照组相比，有自杀想法的抑郁症患者的外周血液单个核细胞中显示出DNA超甲基化和应激相关基因（BDNF、FKBP5和NR3C1）的表达降低，而没有自杀想法的抑郁症患者则与健康对照组没有差异。这些发现强调了压力相关基因的表观遗传改变在抑郁症，同时也可能在自杀行为中的重要性（Roy et al., 2017）。

9.2.2 组合生物标志

正如在第1章中明确阐述的那样，自杀从来没有一个单一的解释或原因。导致自杀的原因总是相互作用，从而增加自杀行为风险的。因此，用单一风险因素预测自杀行为会导致低特异性也就不足为奇了。如果可以使用风险因素的组合，从而使每个额外风险因素引入重要的新风险信息并更新风险估计值（先验信念或预测的持续更新；参见第8章），则可以解决单个风险因素预测自杀缺乏特异性的问题。为此，我们所选择的风险因素必须在某种程度上彼此独立。应激—素质模型（参见第2章）是一个基于证据的模型，用于解释与状态相关和与素质相关的特征之间的相互作用所导致的自杀行为，并且该模型与状态和素质结合的方法是相匹配的。此模型认为，应激风险因素在人群中的分布在很大程度上独立于素质风险因素，因此，总体风险可以（在很大程度上）被划分为独立的风险类别。

9.2.2.1 组合神经生物标志

研究者们已针对这些不同类别提出了候选的生物标志，血清素能功能失调是易感素质存在的标志，HPA轴功能失调是急性应激反应的标志（Mann et al., 2006）。虽然使用CSF 5-HIAA或DST的预测模型对自杀行为临床预测力的提高作用有限（见前面的讨论），但同时使用CSF 5-HIAA和DST的预测模型则明显增加了预测的特异性。当生物测验同时或连续实施时，特异性从55%（仅使用DST）提高到88%（同时使用DST和CSF 5-HIAA）。然而，虽然该模型达到了更高的特异性，从而减少了假阳性的数量（从38/100减少到10/100），但这样做的严重代价是灵敏度下降到了38%，这意味着在8名自杀者中，该模型无法识别其中的5名。

随后的一项使用临床可获得的测量指标针对应激反应系统和血清素系统、DST和空腹血清胆固醇水平紊乱的前瞻性研究，发现DST结果异常的个体在追踪期间更可能死于自杀。当年龄作为协变量被纳入时，低胆固醇与随后的自杀有关。这些结果表明，使用与年龄相适应的阈值，可将血清胆固醇浓度与DST结果相组合，以提供具有临床效用的自杀风险评估（Coryell & Schlesser, 2007）。

9.2.2.2 联合临床和神经生物标志

除了前面讨论过的基因表达研究外，勒-尼古列斯库和同事（2013）还使用了多维度的方法来预测双相障碍患者的自杀行为。他们使用两个简单的视觉模拟量表将有关情绪和焦虑的数据依次添加到生物标志的表达水平上。由此，他们研究了越来越复杂的模型（SAT1，SAT1+焦虑，SAT1+焦虑+心境）来预测未来因自杀行为而住院治疗的准确性。通过这种方式，他们发现未来因自杀而住院治疗的预测准确性从差（仅SAT1）逐渐增加到好（SAT1+焦虑+心境）。换句话说，他们通过结合遗传和临床因素，极大地提高了对因自杀而住院的预测效力。

在进一步的研究中，尼古列斯库和同事（2015b）使用了血液样本中的RNA生物标志和新开发的以应用程序形式呈现的问卷，这使得他们能够在有各种精神疾病的病人中以92%的准确率预测哪些个体将经历严重的自杀想法。在双相障碍患者中，其准确率高达98%。生物标志和应用程序的结合也准确地预测了哪些患者在测试后的一年内会因自杀而住院（对于全部患者，准确率为71%，对于双相障碍患者，准确率为94%）。其中一个应用程序评估心境和焦虑水平，而另一个应用程序询问与生活议题有关的问题，包括身心健康、成瘾、文化因素和环境压力。两款应用都没有询问个体是否有自杀的想法。问卷本身以平板电脑应用程序的形式呈现，预测严重自杀想法发生的准确率超过80%。这项研究有一些局限性，需要进一步的研究。首先，这项研究的所有被试均为男性；此外，这项研究是基于已确诊的精神疾病患者的。这些生物标志在没有确诊为精神疾病患者的人群中的预测效果如何尚不清楚。

关于SKA2基因的一项研究进一步证明了（表观）遗传和临床数据相结合对提高自杀行为预测准确性的效果（Kaminsky et al., 2015）。研究者发现唾液和血液样本中的SKA2甲基化与儿童期创伤问卷（child trauma questionnaire, CTQ）得分的交互作用在预测终身自杀尝试上的准确率可以达到70%—80%。此外，这种交互作用在DST和皮质醇抑制间起中介作用（参见第3章）。综上所述，这些研究结果表明，SKA2的表观遗传变异通过应对压力时HPA轴的失调在自杀易感性与自杀行为的关系中起中介作用。

9.3　预测不可预测的？

自杀风险评估的概念在自杀研究中有很大的争议。国家自杀预防指南为风险评估提供了建议，但不幸的是，目前尚无被广泛接受的标准。风险评估的组成部分也是一个重要的问题。虽然风险评估通常是风险评估工具或量表的代名词，但从最基本的角度来说，它是指个体被问及有关自杀的想法和计划（Bolton et al., 2015）。在进行评估时，临床医生与患者之间的合作性治疗同盟非常重要。甚至在急诊科进行单一的一次心理健康评估也可以降低重复自杀行为的风险，短期内下降率可高达40%（Kapur et al., 2013）。

尽管如前几节所述的复杂的研究得到了有趣的发现，但自杀风险评估仍是一个重大挑战。一项早期的纵向研究表明，96%的高风险预测是假阳性，超过一半的自杀发生在低风险组，即假阴性（Pokorny, 1983）。珀科尼（Pokorny）认为，假阳性的数量过多使自杀风险评估变得不可行，这种说法在今天可能不那么正确，但在随后的纵向流行病学研究中也报告了类似的发现。这对精神卫生服务提出了巨大挑战，因为精神卫生服务是围绕风险识别和管理的模型而设计开发的。因此，有人建议或许应该放弃基于风险分层来设计干预措施，转而致力于建立一种适用于所有患者的适当的治疗标准：每个人都应该获得及时、个性化、高质量的精神疾病治疗（Nielsen et al., 2017）。

预测问题不仅限于自杀行为或精神病学，这是医学上的普遍问题。自杀学领域以外的研究得出了一些有前景的结论。例如，弗雷明汉风险分数（Framingham risk score）是评估心血管疾病风险的一种广泛使用的工具。我们可以借鉴与本书主题更接近的关于双相障碍预测的研究。与自杀行为一样，阳性家族史是双相障碍的有力预测因素。因此，双相障碍患者的后代患双相障碍的风险有所增加，但是双相障碍患者的家庭和他们的临床医生希望了解个体风险的具体估计值，以便调整监控频率和实施干预的时间。利用来自双相障碍患者后代的纵向队列数据，研究者开发了一个"风险计算器"，在个体层面得出有家族性风险的年轻人发展出双相谱系障碍的AUC值为0.76，该数值与其他医学领域中临床上使用的风险计算器得出的数值相似（Hafeman et al., 2017），具有良好的辨别力（参见9.1节和图9.2）。

本章所回顾的研究结果表明，与双相障碍风险计算器一样，使用多种信息来源可提高自杀行为的预测准确性。在这方面更进一步的是大数据的使用，可以提供精确的预测模型（Passos et al., 2016）。大数据是一个广义术语，用于表示大量大型而复杂的测量数据。除了基因组学和其他"组学"领域，大数据还包括临床、社会人口学、行政管理、分子学、环境甚至社交媒体的信息。机器学习，也称模式识别，是通过识别变量间的交互模式来分析大数据的一系列技术。与主要提供小组水平平均值的传统统计方法相比，机器学习算法通过将多个风险因素整合到一个预测工具中，实现在单被试水平上对临床结果的预测和分层。例如，基因表达生物标志和临床信息可以被整合在一起，开发能够在个体水平上对不同精神疾病患者的自杀风险进行评估的工具。如本章前面所述，勒-尼古列斯库及其同事（2013）进行的研究报告了使用生物标志和临床信息得出的极佳的预测准确性（AUC为0.92）。更进一步的机器学习研究还使用了诸如口头和非语言交流等动态特征，称为"想法标记物"。机器学习和自然语言处理从而可以成功地识别回溯性的自杀笔记、讨论组和社交媒体信息（如社交软件、短信、论坛和博客）中的差异（有关研究结果的概述请参阅Pestian et al., 2017）。研究者们还通过对自杀组和对照组被试的访谈来进行关于自杀想法标记物的前瞻性研究，这些标记物包括声学（语音和韵律）和语言学（单词和单词对的识别）的标记特征。机器学习算法经过训练后可在有自杀倾向的被试以及精神疾病组和健康对照组被试中自动识别出有自杀倾向的被试。在对自杀被试和精神疾病对照组被试进行分类时，声学特征似乎最有帮助，与评估自杀风险最相关（Pestian et al., 2017）。这些研究中的AUC在0.85至0.90的范围内，表明其准确性很高。

近年来，机器学习在分析神经影像数据中的应用改变了方向，例如，现在越来越多地将机器学习用于预测个体疾病的进程和结果。与自杀预测相关的是在抑郁症研究中的发现，这些发现表明，可以使用fMRI特征，例如对情绪面孔的神经反应，来预测个体抑郁症发展的轨迹（与自杀行为相关的发现，请参见第6章），其准确率达到73%（Schmaal et al., 2015）。无论是否与机器学习相结合，计算神经成像方法在单个患者的结果预测中都具有巨大潜力（Stephan et al., 2017）。鉴于巨大的需求缺口，我们迫切需要用这样的方法来提高我们在个体层面准确预测自杀行为的能力。

不言而喻，机器学习也有其局限性：数据通常是出于其他原因而收集的，因此可能不包括与自杀预测相关的特征，比如关系特征和社会特征。然而，本章明确指出，自杀预测的准确性有很大的提升空间并且需要迫切提升。人工智能可能比人类从业者"更智能"（Chen & Asch, 2017）。但是，没有机器能够预防自杀。只有真正使我们成为人类的因素能帮助我们阻止人们自杀。

本章总结

180

- 自杀行为预测是自杀预测的一个重要组成部分，同时也是健康护理人员最困难的任务之一。
- 即使使用专门开发的量表和工具，自杀预测效果可能也只比碰运气好一点点。
- 生物标志在预测自杀行为方面有很大的前景，因为它们可以检测到潜在的易感性。
- 内隐联想测验作为一种认知生物标志，在纵向研究中表现出良好的预测准确性。
- 一些单一的遗传生物标志，特别是SAT1和SKA2基因，在自杀预测方面展示出良好的前景。
- 生物标志和临床特征的结合大大提高了自杀行为预测的准确性。
- 自杀预测的未来已经开始，大数据和利用多种信息源的机器学习的使用表现出了极佳的准确性。

回顾思考

1. 为什么自杀行为的预测如此困难？请给出三个原因。
2. 解释为什么自杀风险评估的准确性随着信息来源的增加而增加。
3. 解释什么是认知生物标志，并举例说明自杀风险的认知生物标志。
4. 什么是风险计算器？需要什么样的研究数据来开发这样一个可以在个体层面预测自杀风险的工具？
5. 使用机器预测自杀的可能性和局限性是什么？

拓展阅读

- Bolton, J. M., Gunnell, D. & Turecki, G. (2016). Suicide risk assessment and intervention in people with mental illness. *British Medical Journal, 351*, h4978.
- Chen, J. H. & Asch, S. M. (2017). Machine learning and prediction in medicine – beyond the peak of inflated expectations. *New England Journal of Medicine, 376*, 2507–9.
- Mann, J. J., Currier, D., Stanley, B., Oquendo, M. A., Amsel, L. V. & Ellis, S. P. (2006). Can biological tests assist prediction of suicide in mood disorders? *International Journal of Neuropsychopharmacology, 9*, 465–74.
- Niculescu, A. B., Levey, D., Le-Niculescu, H., Niculescu, E., Kurian, S. M. & Salomon, D. (2015). Psychiatric blood biomarkers: Avoiding jumping to premature negative or positive conclusions. *Molecular Psychiatry, 20*, 286–8.

181

第10章

自杀风险的应对：神经科学方面

学习目标

- 了解抗抑郁药对降低自杀风险的利与弊。
- 是什么使锂成为一种强大的抗自杀药物？
- 为什么氯胺酮对预防自杀很重要？
- 描述神经刺激技术及其在自杀预防中的作用。
- 心理治疗有效果的神经科学基础是什么？
- 为什么生物疗法和心理疗法之间的区别过时了？

引言

没有任何药物可以阻止所有有自杀倾向的人结束自己的生命。相反，药物可能会增加自杀风险，人们可能会使用过量的处方药来自杀。同样，没有任何言语或心理干预措施可以防止自我毁灭行为。像药物治疗一样，心理治疗甚至也可能增加自杀风险。由于采取了不自杀协议之类的干预措施，心理健康专业人员可能会感到安全，但这种措施不能阻止一个人在被自杀想法淹没的情况下实施自杀。本章将从神经科学的角度回顾自杀风险治疗中的问题、可能性和机会。重点将放在神经生物学治疗上，强调诸如神经刺激等有意思的创新技术。此外，我们也将使读者认识到生物治疗和心理治疗之间的区别已经明显过时了：学习和自上而下的过程，如信念和目标的更新（请参阅第8章），对于心理治疗的成功至关重要，因为它们是大脑神经功能和突触可塑性的主要驱动因素。

183

10.1 药物治疗

英国《全国精神疾病患者自杀和凶杀案的国家机密调查》(*The National Confidential*

Inquiry into Suicide and Homicide by People with Mental Illness）发现，在个体自杀前的 12 个月中，医生给几乎一半的自杀者开过精神类药物。最常开的药是抗抑郁药（选择性血清素抗抑郁药占 25%，三环类抗抑郁药占 12%，其他抗抑郁药占 12%）。苯二氮䓬类药物（19%）和其他催眠药物和抗焦虑药物（14%）也很常见。在英国，20% 的服毒自杀与抗抑郁药物有关。因此，精神类药物和自杀预防之间的关系并不那么直接。

10.1.1　抗抑郁药

我们在第 1 章已经看到，至少有 50% 的自杀发生在抑郁发作的情况下，因此人们预期对抑郁症进行恰当的治疗能自动降低自杀风险。然而事实并非总是如此，数十年来抗抑郁药物对自杀行为的影响一直饱受争论。许多关于抗抑郁药物对自杀行为影响的流行病学和临床研究已经发表，它们报告的结果往往是相互矛盾的。这些研究包括流行病学和临床研究以及随机对照试验（有关这些流行病学和临床研究的详细概述，请参见 Brent, 2016; Tondo & Baldessarini, 2016）。

流行病学研究发现，在美国和欧洲国家，抗抑郁药的大量销售或医生开大量的抗抑郁药与较低的自杀率之间存在关联，但在其他参与研究的国家和地区中，并非如此。例如，像盐酸氟西汀（百忧解）和艾司西酞普兰（来士普）这样的选择性血清素重吸收抑制剂（SSRIs）的销售与自杀之间就存在反比关系，而且这种反比关系在 25 岁以下的年轻人中最为明显（Ludwig & Marcotte, 2005）。在美国的逐县分析中，SSRI 类药物的处方数量与自杀人数之间也存在反比关系（Gibbons et al., 2005）。但这种反比关系只存在于 SSRI 类药物中；在医生开的全部抗抑郁药中，历史较长、选择性较低的三环类抗抑郁药的处方占比越高，自杀率越高。在 1990—2000 年期间，每增加 1% 的抗抑郁药处方，自杀率就会下降 0.23/10 万（Olfson et al., 2003）。包括大量抑郁症患者和病例对照比较的研究得出不一致和不确定的发现。对一系列临床患者研究的非系统性综述显示，服用抗抑郁药的抑郁症患者实施非致命性和致命性自杀行为的风险降低了 40%—81%（Rihmer & Gonda, 2013）。芬兰的一项观察性研究表明，与未使用抗抑郁药时相比，目前使用抗抑郁药的患者自杀风险增加了 39%，但自杀死亡率却降低了 32%（Tiihonen et al., 2006）。服用抗抑郁药前一个月的自杀风险明显比服用期间高 2.5 倍（Simon, 2006）。

流行病学研究中的差异可以部分由年龄来解释。一项对近 25 000 名抑郁青少年进行的倾向匹配研究（意味着已考虑到所有预测接受治疗的特征）显示，那些开始服用抗抑郁药的青少年自杀尝试的风险并没有增加，并且更长时间的治疗（>180 天）相对于更短的治疗（<55 天）对防止自杀尝试的效果更好（Valuck et al., 2004）。对芬兰 15 000 多名住院的自杀尝试者进行的前瞻性随访研究表明，在青少年和成年人中，SSRI 的使用与较高的自杀尝试

率，较低的自杀死亡率有关（Tiihonen et al., 2006）。

在观察性研究中，自杀想法或行为通常被记录为偶然事件或不良的次级影响，因此，这些研究应该能向我们展示一些抗抑郁药对自杀想法和行为的影响。然而，对这些发现进行解释是困难的：这些研究没有随机对照组，所以很可能医生给开抗抑郁药的群体本身就是更严重的、有更高自杀风险的病患。随机对照试验能够提供有关抗抑郁药对自杀风险影响的最佳信息，但个别试验的次数和暴露时间有限，而结果事件相对很少。此外，对此类风险的识别是基于偶然的、被动获得的、不明确的自杀结果评估，并且通常是在努力排除了潜在的自杀对象之后（Tondo & Baldessarini, 2016）。对在美国食品药品监督管理局（Food and Drug Administratior, FDA）注册的关于抗抑郁药物的随机安慰剂对照试验进行元分析发现，抗抑郁药物增加了年龄小于 25 岁的参与者的自杀念头和非致命性自杀行为的风险，但对年龄较大的参与者起到了保护作用（Stone et al., 2009）。一项对 27 个被试为年轻人的抗抑郁药物随机对照试验的元分析显示，服用抗抑郁药物后，自杀事件发生率增加，风险差为 0.7%（这意味着药物治疗组的自杀事件发生率比安慰剂组高 0.7%），因此药物治疗组发生的自杀事件是原先的 1.7 倍（Bridge et al., 2007）。此外，就抗抑郁药物的效果而言，报告抑郁症状减轻的青少年是报告自杀风险降低的青少年的 11 倍，患有强迫症或焦虑症的青少年受益风险比甚至更高。国际循证医学组织考克兰（Cochrane）的一项对青少年抑郁症随机对照试验的报告发现，使用新一代抗抑郁药同样增加了自杀事件的风险（增长比 1.58），获得临床缓解的青少年人数大约是经历自杀事件的 4.5 倍（Hetrick et al., 2012）。

鉴于有报道称服用抗抑郁药物的青少年非致命性自杀行为增加了，FDA 在 2004 年向所有抗抑郁药发布了所谓的黑框警告，告知与抗抑郁药物相关的青少年自杀事件的风险性（见图 10.1）。有趣的是，这个警告的发出可以被视为一种自然实验（Brent, 2016）。美国、荷兰、加拿大和英国在警告发出后，青少年服用抗抑郁处方药物的数量都有所下降，伴随而来的是，在除英国以外所有先前提到的国家中，抑郁症的诊断率下降，接受抑郁症治疗的人数减少，同时自杀率上升（有关研究的概述，请参阅 Brent, 2016）。流行病学数据还显示，在 1999—2010 年之间，年龄在 10~34 岁的人群自杀率逐渐增加，而在 FDA 发出警告前后未发生任何突然变化，这说明并没有证据表明在提出警告之后实际的自杀率发生了变化（MMWR, 2013）。然而，FDA 显然意识到需要平衡服用抗抑郁药物的小风险和已证实的益处。2007 年发布的一份扩展的黑框警告指出，抑郁症本身与自杀风险的增加有关。这个带着良好目的的警告是否已完成其任务，即在不阻碍有效治疗抑郁症的情况下对临床医生进行风险知识教育呢（Friedman, 2014）？总体数据表明，就发病率和死亡率而言，未经治疗的抑郁症造成的风险远远大于抗抑郁药物治疗带来的小风险。扩展的黑框警告发出十年后，似乎有足够的证据支持完全取消该警告。

警告：自杀与抗抑郁药物

对于抑郁症和其他精神障碍的短程研究发现，相对于安慰剂，抗抑郁药物增加了儿童、青少年和年轻成人出现自杀想法和行为的风险。任何人在考虑使用（药物名称）或者其他抗抑郁药物对儿童、青少年或年轻成人进行治疗时必须平衡这种风险和临床需要。短程研究没有发现抗抑郁药物相对于安慰剂增加了24岁以上成年人的自杀风险；在65岁以上的成年人中，抗抑郁药物相比安慰剂降低了自杀风险。抑郁症和其他一些精神障碍本身与自杀风险增加有关。开始进行抗抑郁药物治疗的所有年龄段的患者都应被适当监测并密切观察是否有临床恶化、自杀或行为异常变化。家庭成员和照顾者应被告知需要对患者进行密切观察并与医生沟通。

图 10.1 黑框警告

我们尚不清楚抗抑郁药如何增加（非致命性）自杀行为的风险。潜在抑郁症的恶化反映出药物治疗无效可能是一个初步的考虑因素。但是，在证明了抗抑郁药物效果的临床试验中，这些药物与（非致命性）自杀行为发生率的增加有关。因此，药物无效不足以解释抗抑郁药物相比安慰剂与自杀风险的关联。研究者还提出了其他几种抗抑郁药物增加自杀行为风险的机制（见表 10.1；Reeves & Ladner, 2010）。

表 10.1 抗抑郁药物治疗导致自杀行为风险增加的可能机制

- 症状解决不均（行为受到了激励，但抑郁情绪一直持续）
- 存在双相障碍的情况下无法识别出混合发作
- 神经过敏和静坐不能
- 抑郁反常恶化
- 刺激性抗抑郁药物引起的失眠
- SSRI 诱发的脑电 θ 和 α 波左右不对称
- 与伴有冲动的边缘型人格障碍发生共病
- BDNF/ TrkB 通路功能失调急性减少（见第 4 章）
- 遗传因素：血清素转运体基因多态性
- 抗抑郁药物半衰期长

根据上一章中描述的预测编码模型，我们可以提出另外一种机制。患者的预测或期望会大大影响临床试验的结果，管理这些因素是临床护理的重要组成部分。预期是一组心理和神经生物学过程，可能是（精神药物）治疗带来症状改善的其中一部分原因（见图 10.2；Rutherford et al., 2010）。

图 10.2 显示了抑郁症治疗的预期效应模型（Rutherford et al., 2010）。在抑郁症患者中，

可以观察到前额皮质功能的病理性降低、边缘系统活动的增加以及这些区域之间连接的紊乱。现有证据表明，抗抑郁药物可以使这些病理性改变恢复正常，并增加前额皮质和皮质下区域之间的功能连通性。例如，经过有效的抗抑郁药物治疗后可观察到杏仁核激活的降低，这种激活的降低还可以预测进行认知重评后负面情绪的减轻程度。该模型预测，更高的预期与这些大脑区域更大程度的改善相关，通过扭转抑郁患者对消极环境线索的过度敏感和对积极线索的反应减少，导致抑郁症状的改善（Rutherford et al., 2010）。

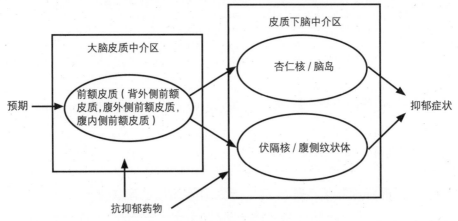

图10.2　抗抑郁药物和预期：脑的中介区

来源：Rutherford et al., 2010，经本瑟姆科学出版社许可转载。

　　抗抑郁药物试验的元分析显示，安慰剂的应答率很高（通常约为30%），并且通常大于药物与安慰剂之间的应答率差异（通常约为10%）。相比随机对照试验（接受药物的机会为50%），在开放试验（人们知道自己在服用药物）中，同一种抗抑郁药物的效果更为明显（Rutherford et al., 2017）。安慰剂治疗的大部分效果似乎与跟预期相关的神经生物学过程的激活有关，对治疗效果抱有更高期望会导致精神疾病症状，尤其是抑郁症，有更大程度的改善。一些抑郁症患者似乎比其他患者更容易产生期望效应，例如，安慰剂应答率随基线抑郁严重程度的增加而降低。那些在治疗早期，症状得到了明显改善（大概是知道有效治疗开始了而产生的积极预期）的抑郁症患者，当他们的期望降低时，可能会经历严重的恶化。

　　可以假设，自杀和非自杀的抑郁症患者在期望效应方面有所不同。期望是对未来的信念，基于期望的安慰剂效应依赖于完整的认知（Rutherford et al., 2014）。在第8章，我们注意到自杀的个体通常对积极信息不敏感，而且我们假设自杀与不能改变关于自我的信念、关于世界的信念和关于未来的信念有关。绝望感，这种无能的临床表现，也是一种期望，而绝望程度增加被认为是抑郁症患者自杀最有力的临床预测因素。相反，希望是安慰剂效应的核心，反映了积极的预期。因此，有自杀倾向的抑郁症患者不太容易受到积极预期的影响。因此，在临床治疗抑郁症和自杀患者时，引发期望应该作为一种有效的治疗技术（Rutherford et al., 2014）。

比较研究考察了抗抑郁药物在消极和积极影响上的差异，得到了一些有趣的发现。一项使用了 20 多万名患者（20—64 岁）的抗抑郁药物处方数据库信息的大型观察性研究显示，在服用 SSRI、三环类药物及相关抗抑郁药治疗期间，患者的自杀死亡率、自杀尝试率或自残率相似，但是服用米氮平、曲唑酮和文拉法辛会带来恶化（Coupland et al., 2014）。值得注意的是，观察性研究中不可避免地存在选择偏差和（或）因果关系逆转的可能性。一项针对自杀患者的随机临床试验发现，选择性血清素再摄取抑制剂比去甲肾上腺素—多巴胺能药物具有更好的抗抑郁效果，并能够更加有效地减少自杀想法，并且这种治疗优势在自杀想法最严重的患者中最为显著（Grunebaum et al., 2012）。

10.1.2 心境稳定剂

189

在他们最新的系统综述和元分析中，西普里亚尼（Cipriani）及其同事（2013）发现，锂可以有效降低单相和双相心境障碍患者的自杀风险。它可能通过减少心境障碍的复发来发挥其抗自杀作用，但也可能有其他的机制。神经生物学的研究集中在锂对神经递质，如血清素、去甲肾上腺素、GABA 和多巴胺的影响上，以及锂对皮质醇应激激素系统，对肌醇代谢、糖原合成酶激酶 3 等第二信使系统的影响上。最常见的假设是，锂通过对神经细胞内部的几种影响，导致冲动性和攻击性减少。这可能是因为锂通过其对抗血清素的特性，在神经递质水平上抵消了血清素缺乏的影响（Lewitzka et al., 2015）。最近的研究指出锂具有抗凋亡作用（antiapoptotic effect），从而能够刺激神经发生（neurogenesis）。锂在长期治疗中的使用，确实与一些脑区灰质体积的增加相关，而这些脑区在有自杀行为者中体积减小。因此，锂的这种效果可能会降低自杀风险（Benedetti et al., 2011）。

尽管有大量的研究证明了锂的抗自杀效应，但这些研究也有一些值得注意的不足之处。一些研究考察的是一组经过选择的患者，因为良好的依从性是锂治疗的先决条件。这些经选择的患者可能具有某些保护性因素，比如能够更好地应对长期治疗或者在特殊设置下的治疗，而其他（依从性较差的）患者则可能没有这些保护性因素。然而，有观察性研究表明，停止锂药物治疗会显著增加自杀的风险，即使是在长时间的治疗之后也是一样。这种现象不太可能是戒断效应（Lewitzka et al., 2015）。

正如第 1 章所述，在世界许多地区，饮用水中的锂含量与自杀率呈负相关，这一发现充分支持了锂的抗自杀效果。研究综述中报道的饮用水中锂的平均浓度在每升 0.01 毫克的范围内；这需要数千升的水才能达到一个300毫克的碳酸锂片剂中的锂含量。对于饮用水中即使含有极低含量的锂也可能降低自杀风险的解释，目前还只是推测性的。即使是非常低浓度的锂，但长期暴露也可能增强神经营养机制、促进神经保护因子和（或）神经发生，这些可能最终导致自杀风险的降低（Vita et al., 2015）。研究一般人群和具有特殊素质的个体饮用水中的锂含量与大脑的关系将会很有趣。

其他情绪稳定剂，如抗惊厥药对自杀行为产生的影响我们尚不清楚。2008年，FDA发布了一个有争议的警告，提醒健康服务人员警惕服用抗癫痫药物（antiepileptic drugs, AEDs）患者的自杀想法和行为风险的增加。FDA的这个安全警告是基于一项对自杀行为数据的分析的，这些数据来自对服用11种AEDs的被试所做的199个随机的安慰剂对照实验。之后，人们发现了该分析的主要方法问题。例如，该分析是对于自杀想法和行为的自发性报告的回顾性分析，而不是基于系统性收集的数据。另外，只有少数患者患有癫痫，而这些药物通常也用于治疗其他问题，如疼痛、偏头痛和伴随自杀风险增加的抑郁症。因此，AEDs对于自杀风险的负面影响可能被高估了（van Heeringen & Mann, 2014）。

10.1.3 安眠药和抗焦虑药物

回顾性和前瞻性流行病学研究表明，安眠药（包括苯二氮䓬类药物和所谓的Z类药物，如唑吡坦）与自杀风险的增加有关。然而，这些研究都没有对可能与失眠有关的抑郁症或其他精神疾病进行充分的控制。最近的一项流行病学和毒理学研究综述表明，安眠药与自杀想法有关（McCall et al., 2017）。另一项研究综述（包括对照实验和自然观察研究）表明，苯二氮䓬类药物与致命性和非致命性自杀行为风险的增加有关（Dodds, 2017）。如第5章所述，认知损害以及更具体的决策和执行功能问题，在自杀者中很常见。这种认知损害的增加可能源于安眠药的作用，因此服用这些药物可能会增加出现自杀行为的风险。当药物与酒精一起服用时，或者如果服用剂量高于推荐剂量，或者患者在服药后没有很快上床并进入睡眠，又或者在服药后几个小时内醒来，那么出现自杀行为的风险似乎会更高。但是，审慎地开安眠药，恰当地服用药物，还是存在降低（而不是增加）自杀风险的可能性的（McCall et al., 2017）。同样的推理似乎也适用于抗焦虑药物。阿普唑仑被核准为一种苯二氮䓬类抗焦虑药，一项对阿普唑仑临床试验的元分析显示，阿普唑仑并不比安慰剂更有可能与自杀想法的恶化有关。相反，阿普唑仑还比安慰剂更有可能改变先前存在的自杀想法（Jonas et al., 1996）。

10.1.4 抗精神病药物

2003年，抗精神病药物氯氮平被批准上市，这是美国第一个被FDA批准用于减少精神病患者自杀行为的抗精神病药物。其监管批准主要基于一项国际自杀预防试验（International Suicidal Prevention Trail, InterSePT），该试验是一个随机分组试验，其结果表明，自杀行为（通过自杀尝试、住院和救援干预来衡量）在接受氯氮平治疗的患者中显著减少（Meltzer et al., 2003）。最近，对精神分裂症患者进行的大样本观察研究（如Tiihonen et al., 2011）证实了这一发现并表明，抗精神病药物的剂量越高，抗自杀的效果越好，这表明该药（对抗自杀）具有因果性的有益效应。如前所述，在观察性研究中，总是可能存在选择偏差和（或）反向因果关系。例如，一些患者产生了自杀倾向——不管出于什么原因——他们停止了服用抗精神病药，但他们并不是因为停止服用药物而产生了自杀倾向。此外，氯氮平的独特性，如安全性限制以及与使用相关的密集随访，可能影响了结果。最近的一项对抗精神病药物抗自杀效果的全面综述得出的结论是：（1）除了氯氮平，没有任何抗精神病治疗能降低自杀风险；（2）最近的数据表明，这种抗自杀效果可以拓展到其他第二代抗精神病药物上（Iglesias et al., 2016）。

10.1.5 止痛药

鉴于心理或情绪痛苦在自杀风险发展过程中所起的重要作用（见第2章），并且，考虑到大脑无法区分身体和情绪痛苦（Eisenberger, 2012），止痛药对自杀风险的影响是值得研究的。心理上的痛苦能像身体上的痛苦一样被治疗吗？精神痛苦的降低会导致自杀想法的减少吗？

对乙酰氨基酚（或扑热息痛）是一种通过中枢（而非外周）神经机制发挥作用的生理疼痛抑制剂，它对社会排斥所带来的行为和神经反应的影响最近得到了研究。在两个实验中，参与者连续三周每天服用对乙酰氨基酚或安慰剂。研究发现，对乙酰氨基酚可以减少参与者日常报告的社会性疼痛（social pain），也可以减少特定脑区对社会排斥的神经反应，这些脑区（背侧前扣带回皮质，前脑岛）与社会性疼痛和生理性疼痛的情感成分有关。因此，对乙酰氨基酚减少了与社交排斥所带来的痛苦相关的行为和神经反应，显示了社会疼痛和身体疼痛之间相当大的重叠（DeWall et al., 2010）。最近的一项安慰剂对照试验在有严重抑郁和自杀倾向的个体（其中近二分之二的人至少有过一次自杀尝试）中考察了这样一种有趣的可能性，即身体疼痛抑制剂可以降低自杀风险。在2周和4周后，服用超低剂量阿片类丁丙诺啡的个体，比服用安慰剂的个体，自杀想法下降得更多。类似的，由一项简单的精神痛苦量表来评估的精神痛苦的减轻程度，在两组之间也表现出显著的差异。值得注意的是，自杀想法的大幅减少在治疗的第1周就已经很明显了，但在第2周结束时达到了显著水平。同样值得注意的是，抑郁症状的减轻程度小于自杀想法的减轻程度。在两个研究小组中，服用抗抑郁药或抗精神病药物或患有边缘型人格障碍（对社会排斥有特别明显的敏感）的人

192

数比例均相当。在试验结束时患者停止治疗，其后未出现戒断症状（Yovell et al., 2016）。因此，正如在第 2 章中提到的，该研究的药理学发现支持这样的观点：自杀想法和抑郁虽然相关，但它们可能是不同的。

10.1.6 氯胺酮

越来越多的证据支持将氯胺酮用于治疗抑郁症状，特别是自杀想法。自 20 世纪 70 年代以来，氯胺酮被非法用作聚会毒品，或者在临床上被用作麻醉剂。附加的非盲研究（即在无对照组条件下，在给予抗抑郁药的同时额外给予氯胺酮）表明，静脉注射氯胺酮可使自杀念头迅速减少，即使在抗抑郁作用有限的情况下，氯胺酮也可以作为一种抗自杀的药物。早期的研究集中在即时效果上，表明自杀想法在 24 小时内减少。而随后的研究则表明，在几个月的随访中，坚持服用药物可能会有持续的抗自杀效果（Ionescu et al., 2016）。

相较来看，氯胺酮对减少自杀想法的益处可能超过与之相关的风险。不过，尽管我们确实有理由感到乐观，但同时也有必要保持高度的谨慎。不幸的是，支持将氯胺酮用于在临床上治疗自杀想法的科学证据仍被认为是初步的：总的来说，对研究的解释受到了一些方法学问题的阻碍，如样本量小以及样本有偏。关于研究样本量的大小，我们可以去看看氯胺酮对自杀想法影响的元分析。一些此类临床试验的元分析已经完成并且总体上支持了单个研究的结果。例如，一项对包括 99 名被试的 5 项研究的元分析显示，自杀想法有大幅且持续的下降，这证实了氯胺酮在不同时间点的有效性。但是总的来看，相关的、新出现的证据的水平仍然被认为是"非常低"的（Bartoli et al., 2017）。很明显，我们需要随机分组的、严格控制的和有足够效力的试验。

认识到氯胺酮可能有益于一些患有心境障碍的个体，现有数据的局限性和与该药物相关的潜在风险导致美国精神病学协会发表了一份共识声明，以促进临床决策和使用该药物（Sanacora et al., 2017）。

氯胺酮通过阻断 NMDA 受体减少神经兴奋，导致 AMPA 介导的谷氨酰胺信号增强，进而导致细胞内突触生成路径的激活。除了对 NMDA 的拮抗作用，氯胺酮还会影响许多与自杀行为有关的分子，这些分子在第 4 章中已有详细描述（有关概述，见 Li & Vlisides, 2016）。这些影响包括抑制钙通道和血清素的再摄取，可能通过表观遗传机制增加（海马）BDNF，增加额叶前部乙酰胆碱，以及刺激内侧前额皮质去甲肾上腺素能神经元。氯胺酮潜在的抗自杀作用机制与犬尿氨酸通路的中断以及调节性促炎细胞因子的恶化有关。

从系统观的角度来看（见第 6 章），特别是考虑到预测编码模型（见第 8 章），很重要的是要注意，氯胺酮能调节皮质—皮质以及丘脑—皮质的连通性。使用氯胺酮会抑制皮质—皮质信息的传递，但同时也会增加丘脑—皮质的连通性（Hoflich et al., 2015）。额顶叶网络的破坏和在使用低于麻醉作用剂量氯胺酮的条件下顶锥体增长量的减少与自我报告的幸福状态相关。因此，氯胺酮的效果可能取决于它改变额顶叶连接模式平衡的能力（Muthukumaraswamy et al., 2015）。

从认知的角度来看，氯胺酮似乎在策略性地将注意从外周刺激上转移出来发挥了积极的作用（Fuchs et al., 2015）。使用氯胺酮和麻醉剂咪达唑仑作为对照组的随机对照研究表明，氯胺酮降低了外显自杀想法和由内隐联想测验（见第 5 章和第 9 章）测量的内隐自杀想法，但咪达唑仑没有此效果（Price et al., 2014）。在健康个体中，单次给予低于麻醉作用剂量的氯胺酮会导致前扣带回皮质中谷氨酸的活动增加，与此同时，也导致了这些被试在斯特鲁普测验中的表现略微下降（斯特鲁普表现以及自杀行为见第 5 章）（Rowland et al., 2005）。

虽然在有紧迫自杀风险的患者的巨大需求得不到满足的情况下，氯胺酮是一种有前景的治疗方法，但毫无疑问，目前还需要额外的随机试验来证实已发现的积极结果，特别是在高自杀风险人群中，比如那些有个人或家族自杀行为史的人。为了给使用氯胺酮来治疗急性自杀个体提供更坚实的科学依据，该领域的未来方向还包括研究对氯胺酮反应的潜在机制或生物标志，相关临床变量，以及氯胺酮与自杀行为，如自杀尝试和自杀死亡的关系。其他作用于 NMDA 受体的药物，如 D-环丝氨酸（D-cycloserine），也很可能具有抗自杀效应。D-环丝氨酸还可以增强心理治疗的效果（见后面的讨论）。

10.1.7　其他药物

对自杀风险有影响的药物并不局限于以上所描述的精神类药物和止痛类药物。美国食品药品监督管理局已经发出警告，伐尼克兰（varenicline）会增加自杀风险。伐尼克兰曾是一种用于帮助人们戒烟的药物。其上市后的报告显示，使用该药物的患者出现了严重的心理健康问题，包括有自杀想法、自杀尝试和自杀死亡。治疗前列腺肥大的药物（5-α-还原酶抑制剂）可能会增加产生自我伤害行为的风险（Welk et al., 2017）。对于多发性硬化症等症状的干扰素治疗可能与自杀行为风险的增加有关（Fragoso et al., 2010）。最初人们担心异维 A 酸（isotretinoine）会引发自杀，但支持这一观点的证据并不令人信服。

神经肽催产素（neuropeptide oxytocin）一直被认为是一种促进爱、社会联结和幸福感的激素，因此它可能可以预防自杀行为。在自杀尝试者和童年受到虐待的女性的脑脊液中，以及在具有较高自杀行为风险的人，即那些患有边缘型人格障碍的人的血浆中，催产素水平都确实较低（Heim et al., 2009; Lee et al., 2009; Bertsch et al., 2013）。大量证据表明，催产素参与了对社会认知，包括在本书第 2、5、8 章中讨论的消极情绪加工的神经活动调节，消极情绪加工也是自杀行为素质的一个重要组成部分。一项安慰剂对照研究表明，安慰剂组被试对消极的社会反馈比对积极的社会反馈反应更强，并激活了广泛参与疼痛加工和识别社会知觉中重要的情绪视觉线索的脑区，而在催产素组被试中这些激活则减弱了（Gozzi et al., 2017）。因此，催产素似乎减弱了接受负面社会反馈时的神经反应，进而使得这些神经反应不会比接受积极社会反馈时的神经反应强。综上所述，研究催产素对自杀风险的影响是很有必要的。

10.2 神经刺激

10.2.1 电休克疗法

自 20 世纪 40 年代以来，电休克疗法（ECT）一直被认为是治疗严重情绪障碍最有效的手段，几项长期追踪研究表明，接受 ECT 治疗的患者与未接受 ECT 治疗的对照组患者相比，各种原因的死亡率都有所降低（Sackeim, 2017）。与最新的神经刺激技术相比（见后面的讨论），ECT 未进行假性（不活跃状态）对照研究，但非盲研究显示了它能够快速处理自杀风险（研究综述见 Fink et al., 2014）。然而，人们对电的恐惧、不合理的偏见、立法限制以及缺乏训练有素的专业人员和设施的缺乏等因素限制了 ECT 的使用。另外，对记忆丧失的恐惧也是原因之一，因为 ECT 最严重和持久的对认知的不良影响是可能导致人们对过去事件的遗忘（逆行性遗忘）。随着 ECT 技术的进步，（治疗后所需的）恢复时间缩短，同时长期的逆行性遗忘的严重程度也降低了。最近的研究没有发现高剂量、超短脉冲右单侧 ECT 在其疗程结束后的几天内对记忆或其他认知功能有任何不良影响。一项针对老年抑郁症患者的大型多地点研究（multisite study）发现，这种形式的 ECT 对老年抑郁症的治疗有效率达到了 62%（研究综述见 Sackheim, 2017）。目前，对于提倡将 ECT 作为专科治疗方法的最后手段的做法，似乎将患抑郁的自杀者置于极大的不必要风险之中。与药物治疗相似，（ECT 所导致的）症状改善的神经生物学机制尚不清楚。分子学研究的结果指向 BDNF 的增加、一元胺代谢的增加以及 HPA 轴的正常化。从系统论的角度来看，一项使用神经成像方法的对照研究发现，ECT 引起了新皮质、边缘系统和旁边缘系统广泛的神经可塑性，这种改变与其抗抑郁反应的程度有关。前扣带回皮质厚度的变化可以区分不同的治疗反应者，并在 ECT 治疗过程的早期预测治疗后的反应，因此可能是 ECT 治疗整体临床结果的生物标志。与 ECT 相关的厚度增加可能是由于神经再生过程影响了神经元和神经胶质细胞及其连接的大小和（或）密度（Pirnia et al., 2016）。磁共振波谱（技术细节见第 3 章）表明了前扣带回皮质谷氨酸/谷氨酰胺水平的正常化在临床疗效中的作用（Njau et al., 2017）。

考虑到单次注射氯胺酮对降低自杀风险具有明显的效果，在对急性自杀个体进行干预时使用氯胺酮作为 ECT 的麻醉药物似乎是符合逻辑的。然而在一项大型随机对照试验中，

ECT—氯胺酮组合没有表现出对改善不良认知影响的效果，不幸的是，这项研究并没有将自杀风险作为结果变量（Anderson et al., 2017）。

10.2.2　经颅磁刺激

重复性经颅磁刺激（rTMS）已被证实对抑郁症有积极的干预效果，并且无重大副作用。相关文献综述表明，rTMS改善了与自杀风险相关的认知功能，包括记忆、注意、执行功能以及诸如选择即时奖励而非更大的延迟奖励等选择行为。此外，rTMS被认为具有类似于ECT的分子效应（见此前的讨论）。因此，初步的无对照研究发现rTMS对自杀想法有快速的治疗效果并不奇怪（更多细节，见 Desmyter et al., 2016）。最早使用假性对照组实验设计的rTMS研究发现自杀风险显著降低了，但rTMS组和假性实验组之间自杀风险的改变没有显著差异（George et al., 2014）。短阵快速脉冲刺激（intermittent theta burst stimulation, iTBS，rTMS的一种变式）使用重复间隔的高频脉冲刺激，这种技术被认为比传统的rTMS能更彻底地影响大脑功能。在一项针对难治性单相抑郁症患者的假性对照实验中，在患者左背外侧前额皮质施加加速iTBS后，他们的自杀风险降低了，然而，治疗组和假性对照组的治疗效果在统计学上没有显著的差异。iTBS的抗自杀疗效在实施后可以持续1个月，该效果独立于抗抑郁效果（Desmyter et al., 2016）。假性治疗对自杀想法的降低有显著的效果，因为它让无望的自杀个体对治疗产生积极的期望。有趣的是，静息态功能神经成像显示，抑郁症患者对iTBS的反应与左侧内侧眶额皮质和前扣带回皮质之间的功能连通性增加有关。功能连通性的增强与绝望感的减少有关（Baeken et al., 2017）。这一重要的观察结果符合我们在第8章中提出的自杀行为的预测编码模型：左侧额下回与参与情绪调节的左侧区域的连接性越强，健康个体对有利信息的信念变化越大，而对不利信息的信念变化越小。第8章清楚地描述了将正面信息更好地融入信念中如何能预防自杀行为。

10.2.3　磁休克疗法

作为ECT的潜在替代疗法，磁休克疗法（magnetic seizure therapy, MST）对于难治性抑郁症患者具有临床疗效，且其带来的认知不良反应更为温和。在MST中，电流通过波动的磁场在脑组织中被直接诱发出来，不像ECT中的电流会被头骨所分流。因此，与ECT相比，MST刺激的皮质区域要小得多，它通过较弱的感应电场诱发休克，这也可以解释为什么MST会导致较少的认知不良影响。一项非盲研究显示，难治性抑郁症患者在接受MST后自杀想法显著减少。因此，大脑皮质抑制可以由TMS结合左侧DLPFC（N100和LICI）的脑电图（TMS-EEG）来评估。这些测量是GABA能中间神经元功能的可靠指标，允许我们根据患者对MST的反应来预测其自杀想法的缓解，AUC达到0.90，反映了极佳的准确性（关于AUC的讨论见第9章）。因此，大脑皮质抑制可用于鉴别难治性抑郁症患者，这些患者的自杀想法在MST疗程后最有可能得到缓解。基线时较强的抑制性神经传递可能反映了跨突触网络的完整性，该网络是MST达到最佳疗效的靶点（Sun et al., 2016）。

10.2.4　其他神经刺激技术

考虑到与自杀行为有关的灰质和白质脑区的变化（这些变化在第6章中有详细的描述），对这些区域进行神经刺激在理论上可能有助于预防自杀行为。在抑郁症患者中，使用深部脑刺激（deep brain stimulation, DBS）已经获得了令人鼓舞的抗抑郁效果，刺激位点包括胼胝体扣带回，内囊前肢（ALIC，详见第6章），以及奖励系统（伏隔核和内侧前脑束）。DBS对降低自杀风险的效果尚不清楚，但在抑郁症治疗中，自杀和自杀尝试似乎是DBS的副作用。因此，对这些脑区进行DBS似乎并不是预防自杀的未来方向，在难治性抑郁症患者中也是如此。

经颅直流刺激（tDCS）是一种影响神经元放电和突触功能的无创神经刺激技术。它被军队和运动员用来提升在严苛要求情况下的认知能力。传统的tDCS波形片段在大脑中产生扩散电流，这使得我们很难确定对某一特定脑区的刺激与导致的行为改变之间的因果关系。最近，高清tDCS（HD-tDCS）方法被发展出来，与传统tDCS相比，其聚焦特定脑区的功能得到增强。tDCS对抑郁症影响的研究尚处于起步阶段（Szymkowicz et al., 2016），但是越来越多的研究发现了tDCS对相关认知特征，包括反应抑制和基于效价的选择行为的效果（更多细节见第5章）。现有的小型非盲研究和患者个案报告（见专栏10.1）表明，tDCS对抑郁症状（包括自杀想法）有良好的疗效。

专栏10.1　引自网络

我没有什么好说的，除了几个小时前我还在想着自杀，然而现在我给设备插上电源，我感觉好多了。

我当时抑郁得离不开床，连使用这个设备的动力都没有了。我叫我妈给我泡了一杯咖啡，这给了我一点动力，我马上用这点动力打开了经颅磁刺激设备，现在我可以在这里发帖了。

我只希望人们能积极地研究它和其他能让我的生活改善的设备，因为药物并不能真正地帮到我。

经颅交流刺激（tACS）类似于tDCS，但它不是施加直流电，而是以选定的频率振荡正弦电流，与大脑皮质的自然振荡相互作用。在第8章中介绍的自杀行为的计算模型中，信

念的精确性和基于价值的选择起到重要的作用。因此，以价值为基础的选择的精确性似乎依赖于额叶和顶叶皮质之间的同步交流。使用 tACS 进行振荡去同步会特定性地影响基于价值的选择的精确度（Beharelle et al., 2015）。这种局部神经刺激干预对自杀个体精确度估计和选择行为的影响显然需要被进一步研究。此类研究可以考察作为丘脑皮质网络中注意控制机制的振荡同步，也可以研究在抑郁和疼痛中的振荡同步缺陷，如丘脑—皮质节律障碍。

10.3　心理治疗：神经科学方面

与药物和神经刺激一样，心理治疗也可能有助于预防自杀，但我们对此需要谨慎。认为心理治疗不像抗抑郁药物和神经刺激，心理治疗没有副作用的观点是不正确的，这样的观点具有很强的误导性。自杀想法和（甚至是致命性的）自杀行为被发现是心理治疗的副作用（Stone, 1971; Bridge et al., 2005）。一般来说，在急诊科对自杀尝试者进行简短心理治疗对防止其再次出现自杀行为是没有效果的。相反，有证据表明，对那些没有重复自我伤害史的人进行心理治疗会产生有害影响（O'Connor et al., 2017）。心理干预有可能会通过提醒个体自伤事件之前或在住院治疗期间的消极经历，增加个体的反刍思维和消极情绪（Witt, 2017）。

尽管如此，越来越多的证据表明心理治疗对自杀风险有预防作用，但显然只有当心理治疗聚焦于具体的自杀问题时才会如此。这一观察符合"精准医疗"的概念，强调为单个患者量身定制治疗方案的重要性，在这种情况下，就是为患者的自杀风险量身定制治疗方案。这种模式得到了系统综述和元分析结果的支持，这些研究表明，针对抑郁症的心理治疗对自杀想法和自杀风险的影响很小，在统计上并不显著。因此，没有足够的证据可以证明针对抑郁症的心理治疗可以降低抑郁症患者的自杀风险（Cuijpers et al., 2013）。

针对有自杀行为风险的个体，量身定制的治疗方法似乎更有效。一项元分析显示，认知疗法显著减少了自杀尝试者随后的致命性和非致命性自杀行为（Hawton et al., 2016）。包括超过 65 000 人的丹麦登记数据表明，与那些接受标准治疗的患者相比，在专门的自杀预防诊所接受心理治疗（8—10 次，主要是来访者中心疗法）的故意自我伤害患者（术语的讨论详见第 1 章）因自杀（以及其他疾病和医疗状况）而死亡的概率明显降低（Birkbak et al., 2016）。

在抑郁症患者中，一项随机对照试验研究比较了基于精神痛苦理论的认知疗法和常规心理护理的作用。结果显示，在干预后和治疗 4 周后的随访中，两组患者的抑郁程度、自杀想法、精神痛苦和自动化思维都有所下降。然而，在随访中，治疗组的自杀想法明显弱于常规心理护理组。因此，基于精神痛苦理论的认识疗法能有效降低抑郁症患者的自杀风险（Zou et al., 2017）。

201   有一种以神经科学为基础的心理治疗方法，这种方法针对与自杀风险有关的神经认知偏差（见第5章）。认知偏差矫正的一种形式是注意偏差矫正（attention bias modification, ABM），这是一种专门为减少障碍特异性的注意偏差而设计的，它可以减少抑郁个体对负面刺激的注意。就像前一章所描述的那样，这种方法从本质上打破了人们关注消极线索的循环，而关注消极线索可能是预测编码缺陷的基础。ABM对抑郁症的积极影响已经在不同的关于注意偏差的行为和神经生物学测量中被证实。虽然自杀特异性的注意偏差已经在使用自杀斯特鲁普测验的研究中被发现（见第5章；Cha et al., 2010），但针对此注意偏差的ABM对降低自杀风险的效果还没有被证实。在有自杀想法的社群和有自杀倾向的住院病人中使用计算机化ABM干预的实验发现，计算机化ABM干预对自杀特异性的注意偏差和自杀想法的严重程度没有影响，这可能是由于该干预的训练次数（太）少或应用的训练方法不当（Cha et al., 2017）。

       心理过程的变化与大脑功能或结构的变化是同时发生的。药物治疗和心理治疗之间的区别是不正确和过时的，因为这两种治疗都针对的是神经功能失调。它们的区别仅仅在于它们导致具有治疗效果的神经生物学变化的方法不同。一方面，药物疗法通过化学制剂进行广泛的神经化学调节，旨在促进大脑重组，使病人从病理性的神经过程中解脱出来。另一方面，心理疗法，尤其是认知行为疗法（cognitive behavioral therapy, CBT），通过建立患者与治疗师的关系进行定制化的神经化学调节，以抵消（例如，习得的情绪或行为反应）、消除（例如，反刍想法）和（或）重塑（例如，抑郁相关图式）驱动病理性神经过程的力量。心理治疗本质上是一种神经生物学治疗，关于这一论点的证据来自神经成像研究。这些研究表明，在主要精神疾病中，心理治疗使神经功能正常化和（或）重组，并且这些神经变化与症状改善有关（Prosser et al., 2016）。超过20项研究记录了对抑郁和焦虑障碍患者进行心理治疗（尤其是认知疗法）之后，这些患者出现的包括神经重组在内的适应性的大脑变化。

202   此外，心理治疗和药物治疗对大脑的影响方式有相似之处，也有不同之处，这意味着两者发挥治疗作用的神经机制并不是完全相同的，这就可以解释为什么使用整合疗法要优于使用单一疗法。例如，增强参与认知控制的前额叶的功能，以及它与皮质下区域的连通性很可能是认知疗法对抑郁症患者有效的机制，而抗抑郁药物则对参与负面情绪产生的杏仁核的作用更为直接。在分子水平上，心理治疗通过改变神经细胞间突触连接的强度和诱导神经元形态的改变，从而导致基因表达的改变。值得注意的是，（心理动力）心理治疗，而不是SSRI抗抑郁剂盐酸氟西汀，增加了$5-HT1_A$受体密度（Karlsson et al., 2010）。$5-HT1_A$受体在自杀行为中的重要作用在第4章和第8章中已经强调了，但其对自杀风险干预的意义尚不清楚。能说明整合疗法潜在好处的另一个例子是在认知行为治疗中加入D-环丝氨酸。D-环丝氨酸是一种部分NMDA受体刺激物，在治疗焦虑障碍中，它与认知行为疗法相结合对治疗效果有轻微的增强作用，这表明该物质能够促进学习（Mataix-Cols et al., 2017）。不言而喻的是，心理治疗和神经生物学治疗的叠加效应迫切需要在自杀预防的背景下进行研究。

有迹象表明，可能导致自杀的个人特征会影响治疗效果。在本书中，儿童期受虐是一个重要的例子，因为它能够确切地预测不良的治疗效果。认知疗法对受过虐待的抑郁症患者比没受过虐待的效果更好，抗抑郁药物则对没受过虐待的抑郁症患者效果更好（Teicher & Samson, 2013）。

神经生物学机制可能会影响心理治疗的成功。例如，压力会破坏学习过程中从先前知识中获益的能力，而糖皮质激素的激活足以产生这种效果。换句话说，如第 8 章所述，自杀预防的核心，信念更新会受到糖皮质激素应激反应系统激活的阻碍（Kluen et al., 2016）。早期生活逆境导致的 BDNF 基因甲基化增加（见第 4 章）与对行为治疗没有反应有关，但在对行为治疗有反应的患者中，BDNF 基因甲基化减少，同时伴随着抑郁和绝望严重程度的减轻（Perroud et al., 2013）。

203

10.4　自杀风险干预：治疗无法治疗的人？

有自杀倾向的人抗拒治疗是一个流行且持久的谬论，正如我们在第 1 章所提到的（见专栏 1.1）：无论他们是否得到治疗，那些想要结束自己生命的人都会自杀。这一章描述的许多研究得出了相反的结论：自杀是可以预防的，而且确实存在有效的治疗方法。抗抑郁药、锂、氯氮平和针对自杀的心理治疗都是有效的干预措施。除了我们需要注意药物和心理治疗（在一开始）会降低个体的自杀阈值外，对于自杀风险的干预是迫在眉睫的。大多数药物在发挥作用之前需要（通常太多）时间。例如，抗抑郁药可能需要服用 3 周或更长时间才能发挥其对自杀风险的防范效果。使用 ECT 进行神经刺激可能在几天内产生效果，这是可以挽救生命的。然而，把 ECT 作为治疗抑郁和自杀患者的最后手段是不正确的，甚至是危险的。

使用更新的、更精确的神经刺激方法得到的研究结果展现出自杀预防的新希望，但安慰剂效应妨碍了我们评估这些方法对自杀风险的具体影响。例如，经 rTMS 治疗后自杀风险的快速降低在实施活跃治疗和假性治疗的个体中是相似的。自杀者表现出安慰剂效应这个事实本身就令人惊讶。安慰剂产生的效果似乎大部分源于与积极期望相关的活跃的神经生物学过程。虽然这种期望是安慰剂效应的一个重要组成部分，但对未来的负面看法是自杀想法和愿望的主要驱动因素，而这种负面看法是不受积极信息影响的。我们已经明确了与这种期望有关的脑区，研究神经刺激对这些脑区的影响对预防自杀非常重要。在这种情况下，值得注意的是，对内囊前肢（ALIC；见第 6 章）的深部脑刺激在难治性抑郁症个体中显示出抗抑郁效果，并且这种效果与安慰剂效应无关（Bergfeld et al., 2016）。

我们会生活在一个没有自杀的社会吗？没有人知道，但这是极不可能的。自杀是一个非常复杂的现象，有众多不同的影响因素。这些因素涉及从基因和表观遗传变异，到导致羞愧和妨碍个体寻求帮助的与社会禁忌相关的特征。因此，了解自杀行为的神经科学基础虽然不是有效预防自杀的充分条件，但却是必要条件。将神经科学知识转化为自杀风险的有效治疗，可能有助于消除关于自杀最持久和最危险的谬论之一：我们无法干预自杀风险、无法预防自杀。这本书的观点正好相反。现在有许多有效的自杀风险干预方法，而且令人振奋的新发现也为未来带来了无限希望。

在任何情况下，都不应该有更多像前言中的瓦莱丽那样的故事。抑郁和家庭负担的致命结合应该能够提醒从业者和专家、学校教师、家长和自杀者的同伴。现在已经有了自杀风险筛查工具，甚至还有针对自杀风险者同伴和家长的工具。现在每个人都应该知道，青少年是存在抑郁和自杀风险的，但他们可以得到有效的治疗。

顺便说一句，瓦莱丽现在没事了。

本章总结

- 几十年来，抗抑郁药物对自杀行为的影响一直是一个争论不休的话题，但它的效果现在已经被清楚地证明了，尤其是在老年人群中。
- 氯氮平和锂具有很强的抗自杀特性。
- 以NMDA受体为靶点的精神类药物似乎具有快速的抗自杀作用。
- 电休克疗法对干预自杀风险具有强而快速的效果，但将电休克疗法作为自杀风险的最终治疗手段并不正确。
- 更精准的神经刺激疗法已经出现，但对其自杀预防效果的评估受到安慰剂效应的影响。
- 安慰剂效应反映了人们的积极期望，这种期望发生在自杀人群中是令人惊讶的，因为这些人的特点是对未来有明显的负面看法。
- 当使用药物、心理疗法或神经刺激治疗有自杀倾向的个体时需要谨慎，因为这些治疗可能会（在一开始）降低自杀行为的阈值。
- 神经科学对自杀预防的一个基本贡献在于消除了自杀风险不能被干预和自杀不能被预防这一持久而危险的谬论。这本书通过描述那些有效的干预措施，以及能够有效防止人们自杀的神经生物学或心理干预作用于大脑的机制，展示了相反的观点。

回顾思考

1. 关于对自杀风险进行干预的可能性的流行谬论是什么？神经科学如何帮助消除它们？

2. 为什么医生不愿意给有自杀倾向的抑郁症患者开抗抑郁药？

3. 锂具有抗自杀效应的可能机制是什么？

4. 为什么心理治疗和神经生物学治疗之间的区别已经过时了？

5. 与ECT相比，使用新型神经刺激技术的优势和问题是什么？

6. 会有一个没有自杀的社会吗？

附　录
（扫描下方二维码查看彩色插图）

术语表

等位基因（allele）：位于特定染色体上特定位置的基因的另一种替代形式。

关联研究（association study）：基因关联研究通过测试行为与基因变异之间的相关性，来找到促生自杀行为的候选基因或基因组区域。

自闭症（autism）：一种复杂的神经发育障碍，具有多种认知和行为症状，通常为谱系障碍。

自身免疫（autoimmune）：生物体对其自身健康细胞和组织的免疫反应系统。

碱基对（base pairs）：由腺嘌呤（A）、鸟嘌呤（G）、胞嘧啶（C）和胸腺嘧啶（T）配对形成的组件，它们把两条 DNA 链像梯子上的梯级一样链接起来。据估计，人类 DNA 中有 30 亿个碱基对。

脑源性神经营养因子（BDNF）：一种与学习以及神经元健康和发育的若干方面有关的蛋白质。

布罗德曼脑区（Brodmann areas）：一种通过解剖位置来定义大脑区域并以数字进行标记的系统，最初是从神经元结构相关的尸检研究中提出的。

染色体（chromosome）：在基因中携带 dna 链的螺旋结构。人类有 23 对染色体。

队列研究（cohort study）：对一组具有明确特征的个体的观察性研究，通过追踪随访这些个体，来确定某些特定疾病、所有死因或其他后果（如自杀行为）的发生率或影响范围。

皮质醇（cortisol）：糖（肾上腺）皮质激素类激素中的一种类固醇激素，它产生于肾上腺，并在压力下释放。

横断研究（cross-sectional study）：一种对不同被试在不同时间点收集信息以建立趋势的研究设计（另见纵向研究）。

CT 扫描（CT scan）：计算机断层扫描是一种使用 X 射线对身体组织和结构进行成像的程序。这种图像不能提供关于组织功能的信息。

细胞因子（cytokines）：由免疫细胞（如淋巴细胞）产生的小分子蛋白（包括干扰素和白细胞介素），在免疫系统中有特别重要的作用。

决策（decision making）：导致个体在几种备选可能性中选择一种想法或一种行动方案的

认知过程。

深部脑刺激（deep brain stimulation, DBS）：一种神经外科操作程序，需要植入神经刺激器，向目标大脑区域施加可控的温和电击。

默认网络（default network）：当一个人不进行任何心理活动时，仍处于活跃状态的脑区网络。

素质（diathesis）：使人们容易出现某一特定状态或状况的先天性倾向。

弥散张量成像（DTI）：一种利用水扩散模式对白质纤维进行成像的磁共振成像技术。

远端风险因素（distal risk factor）：意味着对特定条件、事件、疾病或行为具有潜在易感性的风险因素。

异卵双生子（DZTs）：在一次受孕过程中产生的由两个不同的卵子发育而成的双胞胎。

脱氧核糖核酸（DNA）：脱氧核糖核酸是一种可自我复制的物质，几乎存在于所有生物体内，是染色体的主要组成部分。它是遗传信息的载体。

脑电图（EEG）：脑电图是一种利用头皮上的电极测量大脑电活动的技术。

内表型（endophenotype）：一种与某种疾病有关但不是该疾病的直接症状的遗传特征。

表观遗传学（epigenetics）：研究基因表达如何受外部因素影响的研究领域。

假阳性（false positive）：错误地表明某事为真的测试结果。

各向异性分数（FA）：一种由核磁共振成像（MRI）获得的水扩散测量方法，用于白质纤维成像并评估其完整性。

额丘脑回路（frontothalamic loop）：大脑中连接前额皮质和丘脑的回路。

功能性磁共振成像（fMRI）：一种使用磁共振成像的神经成像方法，通过检测血流量来测量区域大脑活动。

γ-氨基丁酸（GABA）：γ-氨基丁酸是大脑中主要的抑制性神经递质。

基因（gene）：由染色体上特定位置的 DNA 序列组成的遗传单位。

基因表达（gene expression）：基因指令开始或停止产生蛋白质的过程。

基因组（genome）：全套的 DNA 碱基对；有机体的全部遗传物质。

全基因组关联研究（GWAS）：一种在基因组中搜索小变异[参见单核苷酸多态性（SNP）]的方法，这种变异在患有某种疾病或特征的人群中更常见。每项研究可以同时观察数百或数千个 SNP[参见微阵列（Microarray）]。

谷氨酸（glutamate）：一种氨基酸神经递质，在神经激活中起主要作用。

单倍型（haplotype）：由单亲遗传而来的一组基因。

遗传率（heritability）：对群体中行为变化有多少是由遗传影响造成的统计估计。

下丘脑—垂体—肾上腺轴（HPA axis）：下丘脑—垂体—肾上腺轴是一个相互作用的神经内分泌单元，由下丘脑、垂体和肾上腺组成。下丘脑位于脑中，垂体位于脑的底部，而肾上腺则位于肾脏的顶部。HPA 轴在应激反应中起着关键作用。HPA 轴的主要通路会分泌皮质醇。

习得性无助（learned helplessness）：当实验对象反复忍受其无法逃避或避免的厌恶性刺激时可能会出现的情况。在这样的经历后，受试者往往不能学习或接受在新的情况下"逃避"或"回避"，即使逃避可能是有效的。因此，实验对象了解到在有厌恶性刺激存在的情况下自己是无助的，接受了自己已经失去了对环境的控制这一事实，从而放弃了尝试。

配体(ligand)：一个与受体结合的分子。在神经影像学中，配体通常用一种放射性物质标记，以便可以测量它与受体的结合。

连锁研究（linkage study）：一种基于家系的研究方法，通过证明一种疾病与已知染色体定位的遗传标记的同源性，将一种特征映射到基因组位置上。

纵向研究（longitudinal study）：对每一个个体进行长期追踪，研究其变化（与横断研究相反）。

淋巴细胞（lymphocyte）：免疫系统中白细胞的一种亚型。

元分析（meta-analysis）：一种定量统计分析，将多个独立但相似的单个研究的结果结合起来，以检验汇总数据的统计意义。

甲基化(methylation)：一种可以改变DNA的化学过程；在表观遗传学研究中具有特殊意义。

微阵列（microarray）：一种用于确定来自特定个体的 DNA 是否含有基因突变（SNPs）的工具。可以同时研究数以千计的 SNPs。

同卵双生子（MZTs）：基因完全相同的双胞胎。

磁共振成像（MRI）：磁共振成像是一种医学成像技术，可以利用强大的磁场形成人体内结构和功能的图像。

信使核糖核酸（mRNA）：信使核糖核酸将 DNA 的一部分带到细胞的其他部分进行处理。

神经认知（neurocognition）：一种认知形式，与大脑的一个或多个特定区域的功能有关。

神经心理学（neuropsychology）：研究行为、情绪和认知与大脑功能之间关系的学科。

神经质（neuroticism）： 一种稳定的人格特征，反映了体验焦虑、担心和恐惧等感觉的可能性。

神经传递（neurotransmission）： 信号分子（神经递质）由一个神经细胞（突触前的神经元）释放，并与另一个神经元（突触后神经元）的受体结合和激活的过程。

非共享环境（nonshared environment）： 有助于环境对遗传力产生影响的独特经验。

少突胶质细胞（oligodendrocytes）： 神经系统中的细胞，通过产生髓鞘层为神经细胞（神经元）的突起（轴突）提供支持和绝缘。

表型（phenotype）： 由遗传密码（基因型）的表达和环境因素的影响以及两者之间的相互作用产生的可观察特征的组合。

人群归因危险（population-attributable risk）： 与实际暴露模式相比，如果人群完全不暴露于某一风险因素，则可观察到发病率的降低。

正电子发射体层摄影（PET）： 基于检测低水平放射性标记的积累，对身体组织功能进行成像的一种技术。

倾向性（predisposition）： 在环境条件的影响下，影响表型发展的一种遗传特征。

蛋白质组学（proteomics）： 对蛋白质及其工作方式的研究。

近端风险因素（proximal risk factor）： 在因果链中实际诱发疾病的风险因素，有别于易感或远端风险因素。

心理痛楚（psychache）： 心理上非常强烈的痛苦，可以成为自杀的一个风险因素。

感兴趣区域（ROI）： 为神经影像分析而定义的大脑区域。

核糖核酸（RNA）： 核糖核酸在将信息从 DNA 传递到细胞中的蛋白质形成系统方面发挥着重要作用。

反刍（rumination）： 强迫性地把注意力集中在痛苦的症状、原因以及可能的后果上，而不是解决办法上。

血清素（serotonin）： 一种由色氨酸合成的神经递质。

共享环境（shared environment）： 有助于环境对遗传力影响的共同经验。

单核苷酸多态性（SNP）： 碱基对的改变或变化，用一个碱基替换另一个碱基。单核苷酸多态性可能与特质或疾病有关，可以作为识别相关基因的提示。

光谱学，或磁共振光谱成像（MRSI）： 一种非侵入性成像方法，除了由 MRI 单独生成的图像外，还能提供细胞或代谢活动的光谱信息。光谱学可以分析氢离子或更常见的质子。

结构磁共振成像（sMRI）：一种磁共振成像技术，可以显示组织的组成，但不包含功能信息。

经颅交流刺激（tACS）：一种非侵入性技术，使用微弱的交流电流透过颅骨来刺激脑区。

经颅直流刺激（tDCS）：一种非侵入性技术，使用微弱的恒定电流透过颅骨来刺激脑区。

经颅磁刺激（TMS）：一种利用放置在头皮上的磁场来刺激或抑制脑活动的技术方法。

Val66Met：一种与脑源性神经因子相关的基因。

效价（valence）：刺激或情境的"好"（正）或"坏"（负）。

意志（volition）：有意识地做出决定或选择的行为。

体素（voxel）：神经影像中最小的单位，一个三维像素。

基于体素的形态学分析（VBM）：一种在单个体素水平上测量脑特征的技术。

参考文献

Aas, M., Kauppi, K., Brandt, C. L., Kaufmann, T., Steen, N. E., Agartz, I., Westlye, L. T., Andreassen, O. A. & Melle, I. (2017). Childhood trauma is associated with increased brain responses to emotionally negative as compared to positive faces in patients with psychotic disorders. *Psychological Medicine, 417*, 669–79.

Ackerman, J. P., McBee-Strayer, S. M., Mendoza, K., Stevens, J., Sheftall, A. H., Campo, J. V. & Bridge, J. A. (2015). Risk-sensitive decision-making deficit in adolescent suicide attempters. *Journal of Child and Adolescent Psychopharmacology, 25*,109–13.

Adams, R. A., Brown, H. R. & Friston, K. J. (2014). Bayesian inference, predictive coding and delusions. *AVANT, V*, 51–88.

Adams, R. A., Stephan, K. E., Brown, H. R., Frith, C. D. & Friston, K. J. (2013). The computational anatomy of psychosis. *Frontiers in Psychiatry, 4*, 47.

Afifi, T. O., Enns, M., Cox, B., Asmundson, G., Stein, M. & Sareen, J. (2008). Population attributable fractions of psychiatric disorders and suicide ideation and attempts associated with adverse childhood experiences. *American Journal of Public Health, 98*, 946–52.

Afifi, T. O., MacMillan, H. L., Boyle, M., Taillieu, T., Cheung, K. & Sareen, J. (2014). Child abuse and mental disorders in Canada. *Canadian Medical Association Journal, 186*, E324–E332.

Aguilar, E. J., Garcia-Marti, G., Marti-Bonmati, L., Lull, J. J., Moratal, D., Escarti, M. J., Robles, M , Gonzales, J. C., Guillamon, M. I. & Sanjuan, J. (2008). Left orbitofrontal and superior temporal gyrus changes associated to suicidal behavior in patients with schizophrenia. *Progress in Neuropsychopharmacology and Biological Psychiatry, 32*, 1673–6.

Ahearn, E. P., Jamison, K. R., Steffens, D. C., Cassidy, F., Provenzale, J. M., Lehman, A., Weisler, R. H., Carroll, B. J. & Krishnan, K. R. (2001). MRI correlates of suicide attempt history in unipolar depression. *Biological Psychiatry, 50*, 266–70.

Almeida, D. & Turecki, G. (2016). A slice of the suicidal brain: What have post-mortem molecular studies taught us? *Current Psychiatry Reports, 18*, 98.

Amen, D. G., Prunella, J. R., Fallon, J. H., Amen, B. & Hanks, C. (2009). A comparative analysis of completed suicide using high resolution brain SPECT imaging. *Journal of Psychiatry and Clinical Neuroscience, 21*, 430–9.

Andersen, S. L., Tomada, A., Vincow, E. S., Valente, E., Polcari, A. & Teicher, M. H. (2008). Preliminary evidence for sensitive periods in the effect of childhood sexual abuse on regional brain development. *Journal of Neuropsychiatry and Clinical Neuroscience, 20, 292–301.*

Andersen, S. M., Spielman, L. A. & Bargh, J. A. (1992). Future-event schemas and certainty about the future: Automaticity in depressives' future-event predictions. *Journal of Personality and Social Psychology, 63*, 711–23.

Anderson, I. M., Blamire, A., Branton, T., Clark, R., Downey, D., Dunn, G., Easton, A., Elliott, R., Elwell, C., Hayden, K., Holland, F., Karim, S., Loo, C., Lowe, J., Nair, R., Oakley, T., Prakash, A., Sharma, P. K., Williams, S. R., McAllister-Williams, R. H. & Ketamine-ECT Study team. (2017). Ketamine augmentation of electroconvulsive therapy to improve neuropsychological and clinical outcomes in depression (Ketamine-ECT): a multicentre, double-blind, randomised, parallel-group, superiority trial. *Lancet Psychiatry, 4*, 365–77.

Andersson, L., Allebeck, P., Gustafsson, J. E. & Gunnell, D. (2008). Association of IQ scores and school achievement with suicide in a 40-year follow-up of a Swedish cohort. *Acta Psychiatrica Scandinavica*, *118*, 99–105.

Andriessen, K., Rahman, B., Draper, B., Dudley, M. & Mitchell, P. B. (2017). Prevalence of exposure to suicide: A meta-analysis of population-based studies. *Journal of Psychiatric Research*, *88*, 113–20.

Anestis, M. D. & Houtsma, C. (2017). The association between gun ownership and statewide overall suicide rates. *Suicide and Life-Threatening Behavior.* Epub ahead of print.

Anguelova, M., Benkelfat, C. & Turecki, G. (2003). A systematic review of association studies investigating genes for serotonin receptors and the serotonin receptor: II. Suicidal behavior. *Molecular Psychiatry*, *8*, 646–53.

Ansell, E. B., Rando, K., Tuit, K., Guarnaccia, J. & Sinha, R. (2012). Cumulative adversity and smaller gray matter volume in medial prefrontal, anterior cingulate, and insula regions. *Biological Psychiatry*, *72*, 57–64.

Antypa, N., Serretti, A. & Rujescu, D. (2013). Serotonergic genes and suicide: A systematic review. *European Neuropsychopharmacology*, *23*, 1125–42.

Arie, M., Apter, A., Orbach, I., Yefet, Y. & Zalsman, G. (2008). Autobiographical memory, interpersonal problem solving, and suicidal behaviour in adolescent inpatients. *Comprehensive Psychiatry*, *49*, 22–9.

Arsenault-Lapierre, G., Kim, C. & Turecki, G. (2004). Psychiatric diagnoses in 3275 suicides: A meta-analysis. *BMC Psychiatry*, *4*, 37.

Asarnow, J. R., Porta, G., Spirito, A., Emslie, G., Clarke, G., Wagner, K. D., Vitiello, B., Keller, M., Birmaher, B., McCraken, J., Mayes, T., Berk, M. & Brent, D. A. (2011). Suicide attempts and nonsuicidal self-injury in the Treatment of Resistant Depression in Adolescents: Findings from the TORDIA study. *Journal of the American Academy of Child and Adolescent Psychiatry*, *50*, 772–81.

Åsberg, M., Träskman, L. & Thoren, P. (1976). 5-HIAA in the cerebrospinal fluid: A biochemical suicide predictor? *Archives of General Psychiatry*, *33*, 1193–7.

Audenaert, K., Goethals, I., Van Laere, K., Lahorte, P., Brnas, B., Versijpt, J., Vervaet, M., Beelaert, L., van Heeringen, K. & Dierckx, R. (2002). SPECT neuropsychological activation procedure with the Verbal Fluency Test in attempted suicide patients. *Nuclear Medicine Communications*, *23*, 907–16.

Audenaert, K., Van Laere, K., Dumont, F., Slegers, G., Mertens, J., vanHeeringen, K. & Dierckx, R. (2001). Decreased frontal serotonin 5-HT$_{2a}$ receptor binding index in deliberate self-harm patients. *European Journal of Nuclear Medicine*, *28*, 175–82.

Badre, D., Doll, B. B., Long, N. M. & Frank, M. J. (2012). Rostrolateral prefrontal cortex and individual differences in uncertainty-driven exploration. *Neuron*, *73*, 595–607.

Baeken, C., Duprat, R., Wu, G. R., De Raedt, R. & van Heeringen, K. (2017). Subgenual anterior cingulate functional connectivity in medication-resistant major depression: A neurobiological marker for accelerated intermittent Theta Burst Stimulation treatment? *Biological Psychiatry: Cognitive Neuroscience and Neuroimaging*, *2*, no.7, 556–65.

Baklan, A. V., Huber, R. S., Coon, H., Gray, D., Wilson, P., McMahon, W. M. & Renshaw, P. F. (2015). Acute air pollution exposure and risk of suicide completion. *American Journal of Epidemiology*, *181*, 295–301.

Baldacara, L., Nery-Fernandes, F., Rocha, M., Quarantini, L. C., Rocha, G. G., Guimaraes, J. L., Araujo, C., Oliveira, I., Miranda-Scippa, A. & Jackowski, A. (2011). Is cerebellar volume related to bipolar disorder? *Journal of Affective Disorders*, *135*, 305–9.

Baldessarini, R. J. & Hennen, J. (2004). Genetics of suicide: An overview. *Harvard Review of Psychiatry*, *12*, 1–13.

Barker, A., Hawton, K. & Fagg, J. (1994). Seasonal and weather factors in parasuicide. *British Journal of Psychiatry*, *165*, 375–80.

Bartfai, A., Winborg, I. M., Nordström, P. & Asberg, M. (1990). Suicidal behavior and cognitive flexibility: Design and verbal fluency after attempted suicide. *Suicide and Life-Threatening Behavior*, *20*, 54–66.

Bartoli, F., Riboldi, I., Crocamo, C., Di Brita, C., Clerici, M. & Carrà, G. (2017). Ketamine as a rapid-acting agent for suicidal ideation: A meta-analysis. *Neuroscience and Biobehavioral Reviews*, *77*, 232–6.

Bastiampillai, T., Sharfstein, S. S. & Allison, S. (2016). Increase in US suicide rates and the critical decline in psychiatric beds. *Journal of the American Medical Association, 24*, 2591–2.

Beard, C., Rifkin, L. S. & Björgvinsson, T. (2017). Characteristics of interpretation bias and relationship with suicidality in a psychiatric hospital sample. *Journal of Affective Disorders, 207*, 321–6.

Beck, A. T., Steer, R. A., Beck, J. S. & Newman, C. F. (1993). Hopelessness, depression, suicidal ideation and clinical diagnosis of depression. *Suicide & Life-Threatening Behavior, 23*, 139–45.

Becker, E. S., Strohbach, D. & Rinck, M. (1999). A specific attentional bias in suicide attempters. *Journal of Nervous and Mental Disorders, 187*, 730–5.

Beckman, K., Mittendorfer-Rutz, E., Lichtenstein, P., Larsson, H., Almqvist, C., Runeson, B. & Dahlin, M. (2016). Mental illness and suicide after self-harm among young adults: Long-term follow-up of self-harm patients, admitted to hospital care, in a national cohort. *Psychological Medicine, 46*, 3397–405.

Beevers, C. G. & Miller, L. W. (2004). Perfectionism, cognitive bias, and hopelessness as prospective predictors of suicidal ideation. *Suicide & Life-Threatening Behavior, 34*, 126–37.

Beharelle, A. R., Polania, R., Hare, T. A. & Ruff, C. C. (2015). Transcranial stimulation over frontopolar cortex elucidates choice attributes and neural mechanisms used to resolve exploration-exploitation trade-off. *Journal of Neuroscience, 35*, 14544–56.

Bellivier, F., Belzeaux, R., Scott, J., Courtet, P., Goimard, J. L. & Azorin, J. M. (2017). Anticonvulsants and suicide attempts in bipolar I disorders. *Acta Psychiatrica Scandinavica, 13*, 470–8.

Ben-Efraim, Y. J., Wasserman, D. & Wasserman, J. (2011). Gene environment interactions between CRHR1 variants and physical assault in suicide attempts. *Genes, Brain and Behavior, 10*, 663–72.

Benedetti, F., Radaelli, D., Poletti, S., Locatelli, C., Falini, A., Colombo, C. & Smeraldi, E. (2011). Opposite effects of suicidality and lithium on gray matter volumes in bipolar depression. *Journal of Affective Disorders, 135*, 139–47.

Bergfeld, I. O., Mantione, M., Hoogendoorn, M. L., Ruhé, H. G., Van Laarhoven, J., Visser, I., Figee, M., De Kwaasteniet, B. P., Horst, F., Schene, A. H., Van den Munckhof, P., Beute, G., Schuurman, R. & Denys, D. (2016). Deep brain stimulation of the ventral anterior limb of the internal capsule for treatment-resistant depression: A randomized clinical trial. *JAMA Psychiatry, 73*, 456–64.

Bertsch, K., Schmidinger, I., Neumann, I. D. & Herpertz, S. C. (2013). Reduced plasma oxytocin levels in female patients with borderline personality disorder. *Hormones and Behavior, 673*, 424–9.

Besteher, B., Wagner, G., Koch, K., Schachtzabel, C., Reichenbach, J. R., Schlösser, R., Sauer, H. & Schultz, C. C. (2016). Pronounced prefronto-temporal cortical thinning in schizophrenia: Neuroanatomical correlate of suicidal behavior? *Schizophrenia Research, 176*, 151–7.

Bijttebier, S., Caeyenberghs, K., Van den Ameele, H., Achten, E., Rujescu, D., Titeca, K. & van Heeringen, K. (2015). The vulnerability to suicidal behavior is associated with reduced connectivity strength. *Frontiers in Human Neuroscience, 9*, 632.

Birkbak, J., Stuart, E. A., Lind, B. D., Qin, P., Stenager, E., Larsen, K. J., Wang, A. G., Nielsen, A. C., Pedersen, C. M., Winslov, J. H., Langhoff, C., Mühlmann, C., Nordentoft, M. & Erlangsen, A. (2016). Psychosocial therapy and causes of death after deliberate self-harm: A register-based nationwide multicentre study using propensity score matching. *Psychological Medicine, 46*, 4319–3427.

Björkholm, C. & Monteggia, L. M. (2016). BDNF – a key transducer of antidepressant effects. *Neuropsychopharmacology, 102*, 72–9.

Bolton, J. M., Gunnell, D. & Turecki, G. (2015). Suicide risk assessment and intervention in people with mental illness. *British Medical Journal, 351*, h4978.

Bostwick, J. M., Pabbati, C., Geske, J. P. & McKean, A. J. (2016). Suicide attempts as a risk factor for completed suicide: Even more lethal than we knew. *American Journal of Psychiatry, 173*, 1094–1100.

Botzung, A., Denkova, E. & Manning, L. (2008). Experiencing past and future events: Functional neuroimaging evidence on the neural bases of mental time travel. *Brain and Cognition, 66*, 202–12.

Bourgeois, M. (1987). Existe-t-il des modèles animaux du suicide? [Are there animal models of suicidal behavior?]. *Psychologie Medicale*, *19*, 739–40.

Braskie, M. N., Kohannim, O. & Jahanshad, N. (2013). Relation between variants in the neurotrophin receptor gene NTRK3, and white matter integrity in healthy young adults. *Neuroimage*, *82*, 146–53.

Brenner, B., Cheng, D., Clark, S. & Camargo, C. A. (2011). Positive association between altitude and suicide in 2584 US counties. *High Altitude Medicine & Biology*, *12*, 31–5.

Brent, D. (2009). In search of endophenotypes for suicidal behavior. *American Journal of Psychiatry*, *166*, 1087–8.

Brent, D. A. (2016). Antidepressants and suicidality. *Psychiatry Clinics*, *39*, 503–12.

Brezo, J., Klempan, T. & Turecki, G. (2008a). The genetics of suicide: A critical review of molecular studies. *Psychiatric Clinics of North America*, *31*, 179–203.

Brezo, J., Paris, J., Barker, E. D., Tremblay, R., Vitaro, F., Zoccolillo, M., Hébert, M. & Turecki, G. (2007). Natural history of suicidal behaviors in a population-based sample of young adults. *Psychological Medicine*, *37*, no.11, 1563–74.

Brezo, J., Paris, J., Vitaro, F., Hébert, M., Tremblay, R. E. & Turecki, G. (2008b). Predicting suicide attempts in young adults with histories of childhood abuse. *British Journal of Psychiatry*, *193*, 134–9.

Bridge, J. A., Barbe, R. P. & Birmaher, B. (2005). Emergent suicidality in a clinical psychotherapy trial for adolescent depression. *American Journal of Psychiatry*, *162*, 2173–5.

Bridge, J. A., Iyengar, S. & Salary, C. B. (2007). Clinical response and risk for reported suicidal ideation and suicide attempts in pediatric antidepressant treatment: A meta-analysis of randomized controlled trials. *JAMA*, *297*, 1683–96.

Bridge, J. A., McBee-Strayer, S. M., Cannon, E. A., Sheftall, A. H., Reynolds, B., Campo, J. V., Pajer, K. A., Barbe, R. P. & Brent, D. A. (2012). Impaired decision making in adolescent suicide attempters. *Journal of the American Academy of Child and Adolescent Psychiatry*, *51*, 394–403.

Brown, D. W., Anda, R. F., Tiemeier, H., Felitti, V. J., Edwards, V. J., Croft, J. B. & Giles, W. H. (2009). Adverse childhood experiences and the risk of premature mortality. *American Journal of Preventive Medicine*, *37*, 389–96.

Brown, G. K., Beck, A. T., Steer, R. A. & Grisham, J. R. (2000). Risk factors for suicide in psychiatric outpatients: A 20-year prospective study. *Journal of Consulting and Clinical Psychology*, *68*, 371–7.

Brown, G. K., Ten Have, T., Henriques, G. R., Xie, S. X., Hollander, J. E. & Beck, A. T. (2005). Cognitive therapy for the prevention of suicide attempts: A randomized controlled trial. *JAMA*, *294*, 563–70.

Bruffaerts, R., Demyttenaere, K., Borges, G., haro, J. M., Chiu, W. T., Hwang, I., Karam, E. G., Kessler, R. C., Sampson, N., Alonso, J., Andrade, L. H., Angermeyer, M., Benjet, C., Bromet, E., de Girolamo, G., De Graaf, R., Florescu, S., Gureje, O., Horiguchi, I., Hu, C., Kovess, V., Levinson, D., Posada-Villa, J., Sagar, R., Scott, K., Tsang, A., Vassilev, S. M., Williams, D. R. & Nock, L. K. (2010). Childhood adversities as risk factors for onset and persistence of suicidal behaviour. *British Journal of Psychiatry*, *197*, 20–7.

Brummelte, S., Mc Glanaghy, E., Bonnin, A. & Oberlander, T. F. (2017). Develomental changes in serotonin signalling: Implications for early brain function, behaviour and adaptation. *Neuroscience*, *3423*, 212–31.

Brundin, L., Erhardt, S., Bryleva, E. Y., Achtyes, E. D. & Postolache, T. T. (2015). The role of inflammation in suicidal behaviour. *Acta Psychiatrica Scandinavica*, *132*, 192–203.

Brunner, R., Parzer, P., Haffner, J., Steen, R., Roos, J., Klett, M. & Resch, F. (2007). Prevalence and psychological correlates of occasional and repetitive deliberate self-harm in adolescents. *Archives of Pediatric and Adolescent Medicine*, *161*, 641–9.

Bryleva, E. Y. & Brundin, L. (2017). Kynurenine pathways metabolites and suicidality. *Neuropharmacology*, *112*, 324–30.

Budday, S., Raybaud, C. & Kuhl, E. (2014). A mechanical model predicts morphological abnormalities in the developing human brain. *Science Reports*, *4*, 5644.

Busch, K. A., Fawcett, J. & Jacobs, D. G. (2003). Clinical correlates of inpatient suicide. *Journal of Clinical Psychiatry*, *64*, 14–19.

Canner, J. K., Giuliano, K., Selvarajah, S., Hammond, E. R. & Schneider, E. B. (2016). Emergency department visits for attempted suicide and self-harm in the USA: 2006–2013. *Epidemiology and Psychiatric Services*. Epub ahead of print.

Cannon, D. M., Ichise, M., Fromm, S. J., Nugent, A. C., Rollis, D., Gandhi, S. K. & Drevets, W. C. (2006). Serotonin transporter binding in bipolar I disorder assessed using [11C] DASB and positron emission tomography. *Biological Psychiatry*, *60*, 207–17.

Caplan, R., Siddarth, P., Levitt, J., Gurbani, S., Shields, W. D. & Sankar, R. (2010). Suicidality and brain volumes in pediatric epilepsy. *Epilepsy and Behavior*, *18*, 286–90.

Carmichael, A. G. (2014). BioSocial Methods Collaborative: Central Dogma Enhanced [Digital image]. Available at http://biosocialmethods.isr.umich.edu/epigenetics-tutorial/epigenetics-tutorial-gene-expression-from-dna-to-protein/.

Caspi, A., Sugden, K , Moffitt, T. E., Taylor, A., Craig, I. W., Harrington, H., McClay, J., Mill, J., Martin, J., Braithwaite, A. & Poulton, R. (2003). Influence of life stress on depression: Moderation by a polymorphism in the 5-HTT gene. *Science*, *301*, 386–9.

Cavanagh, J. T., Carson, A. J., Sharpe, M. & Lawrie, S. M. (2003). Psychological autopsy studies of suicide: A systematic review. *Psychological Medicine*, *33*, 395–405.

Cha, C. B., Najmi, S., Amir, N., Matthews, J. D., Deming, C. A., Glenn, J. J., Calixte, R. M., Harris, J. A. & Nock, M. (2017). Testing the efficacy of Attention Bias Modification for suicidal thoughts: Findings from two experiments. *Archives of Suicide Research*, *21*, 33–51.

Cha, C. B., Najmi, S., Park, J. M., Finn, C. T. & Nock, M. K. (2010). Attentional bias toward suicide-related stimuli predicts suicidal behavior. *Journal of Abnormal Psychology*, *119*, 616–22.

Chachamovich, E., Haggarty, J., Cargo, M., Hicks, J., Kirmayer, L. J. & Turecki, G. (2013). A psychological autopsy study of suicide among Inuit in Nunavut: Methodological and ethical considerations, feasibility and acceptability. *International Journal of Circumpolar Health*, *72*, 20078.

Chamberlain, S. R., Odlaug, B. L., Schreiber, L. R. N. & Grant, J. E. (2013). Clinical and neurocognitive markers of suicidality in young adults. *Journal of Psychiatric Research*, *47*, 586–91.

Chan, M. K., Bhatti, H., Meader, N., Stockton, S., Evans, J., O'Connor, R. C., Kapur, N. & Kendall, T. (2016). Predicting suicide following self-harm: Systematic review of risk factors and risk scales. *British Journal of Psychiatry*, *357*, 277–83.

Chang, B. P., Franklin, J. C., Ribeiro, J. D., Fox, K. R., Bentley, K. H., Kleiman, E. M. & Nock, M. K. (2016). Biological risk factors for suicidal behaviors: A meta-analysis. *Translational Psychiatry*, *6*, e887.

Chen, J. H. & Asch, S. M. (2017). Machine learning and prediction in medicine: Beyond the peak of inflated expectations. *New England Journal of Medicine*, *376*, 2507–9.

Chen, Z., Zhang, H., Jia, Z., Zhong, J., Huang, X., Du, M., Chen, L., Kuang, W., Sweeney, J. A. & Gong, Q. (2015). Magnetization transfer imaging of suicidal patients with major depressive disorder. *Scientific Reports*, *5*, 9670.

Cheng, A. T. (1995). Mental illness and suicide: A case-control study in east Taiwan. *Archives of General Psychiatry*, *52*, 594–603.

Chesin, M. S., Benjamin-Philip, C. A., Keilp, J., Fertuck, E. A., Brodsky, S. & Stanley, B. (2016). Improvements in executive attention, rumination, cognitive reactivity, and mindfulness among high-suicide risk patients participating in adjunct mindfulness-based cognitive therapy: Preliminary findings. *Journal of Alternative Complementary Medicine*, *22*, 642–9.

Ching, E. (2016). The complexity of suicide: Review of recent neuroscientific evidence. *Journal of Cognition and Neuroethics*, *3*, 27–40.

Cho, H., Guo, G. & Iritani, B. J. (2006). Genetic contribution to suicidal behaviors and associated risk factors among adolescents in the U.S. *Preventive Science*, *7*, 303–11.

Cho, S. S., Pellechia, G., Ko, J. H., Ray, N., Obeso, I., Houle, S. & Strafela, A. P. (2012). Effect of continuous theta burst stimulation of the right dorsolateral prefrontal cortex on cerebral blood flow changes during decision making. *Brain Stimulation*, *5*, 116–23.

Christodoulou, C., Douzenis, A., Papadopoulos, F. C., Papadopoulo, A., Bouras, G, Gourbellis, R. & Lykouras, L. (2012). Suicide and seasonality. *Acta Psychiatrica Scandinavica*, *125*, 127–46.

Chung, Y. & Jeglic, E. L. (2016). Use of the Modified Emotional Stroop Task to detect suicidality in college population. *Suicide & Life-Threatening Behavior*, *46*, 55–66.

(2017). Detecting suicide risk among college students: A test of the predictive validity of the modified emotional Stroop task. *Suicide & Life-Threatening Behavior*, *47*, 398–409.

Cipriani, A., Hawton, K., Stockton, S. & Geddes, J. R. (2013). Lithium in the prevention of suicide in mood disorders: Updated systematic review and meta-analysis. *British Medical Journal*, *364*, 346.

Clark, L., Dombrovski, A. Y., Siegle, G. J., Butters, M. A., Shollenberger, L., Sahakian, B. J. & Szanto, K. (2011). Impairment in risk-sensitive decision-making in older suicide attempters with depression. *Psychology and Aging*, *26*, no.2, 321–30.

Clayden, R. C., Zaruk, A., Meyre, D., Thabane, L. & Samaan, Z. (2012). The association of attempted suicide with genetic variants in the SLC6A4 and TPH genes depends on the definition of suicidal behavior: A systematic review and meta-analysis. *Translational Psychiatry*, *2*, e166.

Clive, M. L., Boks, M. P., Vinkers, C. H., Osborne, L. M., Payne, J. L., Ressler, K. J., Smith, A. K., Wilcox, H. C. & Kaminsky, Z. (2016). Discovery and replication of a peripheral tissue DNA methylation biosignature to augment a suicide prediction model. *Clinical Epigenetics*, *8*, 113.

Coelho, R., Viola, T. W., Walss-Bass, C., Brietzke, E. & Grassi-Oliveira, R. (2014). Childhood maltreatment and inflammatory markers: A systematic review. *Acta Psychiatrica Scandinavica*, *129*, 180–92.

Coenen, V. A., Panksepp, J., Hurwitz, T. A., Urbach, H. & Mädler, B. (2012). Human medial forebrain bundle (MFB) and anterior thalamic radiation (ATR): Imaging of two major subcortical pathways and the dynamic balance of opposite affects in understanding depression. *Journal of Neuropsychiatry and Clinical Neuroscience*, *24*, 223–36.

Colle, R., Chupin, M., Cury, C., Vandendrie, C., Gressier, F., Hardy, P., Falissard, B., Colliot, C., Ducreux, D. & Corruble, E. (2015). Depressed suicide attempters have smaller hippocampus than depressed patients without suicide attempts. *Journal of Psychiatric Research*, *61*, 13–18.

Conaghan, S. & Davidson, K. M. (2002). Hopelessness and the anticipation of positive and negative future experiences in older parasuicidal adults. *British Journal of Clinical Psychology*, *41*, 233–42.

Conner, K. R., Conwell, Y. & Duberstein, P. R. (2001). The validity of proxy-based data in suicide research: A study of patients 50 years of age and older who attempted suicide. II. Life events, social support and suicidal behavior. *Acta Psychiatrica Scandinavica*, *104*, 452–7.

Coplan, J. D., Abdallah, C. G., Tang, C. Y., Mathew, S. J., Martinez, J., Hof, P. R., Smith, E. L., Dwork, A. J., Perera, T. D., Pantol, G., Carpenter, D., Rosenblum, L. A., Shungu, D. C., Gelernter, J., Kaufman, A., Jackowski, A., Kaufman, J. & Gorman, J. M. (2010). The role of early life stress in the development of the anterior limb of the internal capsule in non-human primates. *Neuroscience Letters*, *480*, 93–6.

Corlett, P. R., Frith, C. D. & Fletcher, P. C. (2009). From drugs to deprivation: A Bayesian framework for understanding models of psychosis. *Psychopharmacology*, *206*, 515–30.

Coryell, W. & Schlesser, M. (2007). Combined biological tests for suicide prediction. *Psychiatry Research*, *150*, 187–91.

Coste, C. P., Sadaghiani, S., Friston, K. J. & Kleinschmidt, A. (2011). Ongoing brain activity fluctuations directly account for intertribal and indirectly for intersubject variability in Stroop task performance. *Cerebral Cortex*, *21*, 2612–19.

Coupland, C., Hill, T., Morriss, R., Arthur, A., Moore, M. & Hippisley-Cox, J. (2014). Antidepressant use and risk of suicide and attempted suicide or self-harm in people aged 20 to 64: Cohort study using a primary care database. *British Medical Journal*, *350*, 517.

Courtet, P., Giner, L., Seneque, M., Guillaume, S., Olie, E. & Ducasse, D. (2016). Neuroinflammation in suicide: Toward a comprehensive model. *The World Journal of Biological Psychiatry*, *17*, 564–86.

Coventry, W. L., James, M. R., Eaves, L. J., Gordon, S. D., Gillespie, N. A., Ryan, L., Heath, A. C., Montgomery, G. W., Martin, N. G. & Wray, N. R. (2010). Do 5HTTLPR and stress interact in risk for depression and suicidality? Item response analyses of a large sample. *American Journal of Medical Genetics Part B: Neuropsychiatric Genetics*, *153*, 757–65.

Crandall, S. R., Cruikshank, S. J. & Connors, B. W. (2016). A corticothalamic switch: Controlling the thalamus with dynamic synapses. *Neuron*, *86*, 768–82.

Crane, D. E., Black, S. E., Ganda, A., Mikulis, D. J., Nestor, S. M., Donahue, M. J. & MacIntosh, B. J. (2015). Gray matter blood flow and volume are reduced in association with white matter hyperintensity lesion burden: A cross-sectional MRI study. *Frontiers in Aging Neuroscience*, *7*, 131.

Crocket, M. J. & Cools, R. (2015). Serotonin and aversive processing in affective and social decision-making. *Current Opinion in Behavioral Sciences*, *5*, 64–70.

Cuijpers, P., De Beurs, D., Van Spijker, B., Berking, M., Andersson, G. & Kerkhof, A. (2013). The effects of psychotherapy for adult depression on suicidality and hopelessness: A systematic review and meta-analysis. *Journal of Affective Disorders*, *144*, 183–90.

Curtin, S. C., Warner, M. & Hedegaard, H. (2016). Increase in suicide rates in the United States, 1999–2014. NCHS data brief, no.241. Hyattsville, MD: National Center for Health Statistics.

Cutajar, M. C., Mullen, P. E., Ogloff, J. R. P., Thomas, S. D., Wells, D. L. & Spataro, J. (2010). Suicide and fatal drug overdose in child sexual abuse victims: A historical cohort study. *Medical Journal of Australia*, *192*, 184–7.

Cutler, G. J., Flood, A., Dreyfus, J. & Ortega, H. W. (2015). Emergency department visits for self-inflicted injuries in adolescents. *Pediatrics*, *136*, 28–34.

Cyprien, F., Courtet, P., Malafosse, A., Maller, J., Meslin, C., Bonafé, A., Le Bars, E., de Champfleur, N. M., Ritchie, K. & Artero, S. (2011). Suicidal behavior is associated with reduced corpus callosum area. *Biological Psychiatry*, *70*, 320–6.

Daubert, E. A. & Condron, B. G. (2010). Serotonin: A regulator of neuronal morphology and circuitry. *Trends in Neurosciences*, *33*, 424–34.

Daw, N. D., Niv, Y. & Dayan, P. (2005). Uncertainty-based competition between prefrontal and dorsolateral systems for behavioral control. *Nature Neuroscience*, *8*, 1704–11.

Daw, N. D., O'Doherty, J. P., Dayan, P., Seymour, B. & Dolan, R. J. (2006). Cortical substrates for exploratory decisions in humans. *Nature*, *441*, 876–9.

Dayan, P. & Huys, Q. J. M. (2008). Serotonin, inhibition, and negative mood. *PLoS Computational Biology*, *4*, e4.

Dayan, P. & Seymour, B. (2009). Values and actions in aversion. *Neuroeconomics*, 175–91.

Dazzi, T., Gribble, R. & Wessely, S. (2014). Does asking about suicide and related behaviours induce suicidal ideation? What is the evidence? *Psychological Medicine*, *44*, 3361–63.

De Berardis, D., Marini, S., Piersanti, M., Cavuto, M., Perna, G., Valchera, A., Mazza, M., Fornaro, M., Iasevoli, F., Martinotti, G. & Di Giannantonio, M. (2012). The relationships between cholesterol and suicide: An update. *ISRN Psychiatry*, 387901.

De Catanzaro, D. (1980). Human suicide: A biological perspective. *Behavioral and Brain Sciences*, *3*, 265–72.

De Luca, V., Viggiano, E., Dhoot, R., Kennedy, J. I. & Wong, A. H. (2009). Methylation and QTDT analysis of the 5-HT2A receptor 102C allele: Analysis of suicidality in major psychosis. *Journal of Psychiatric Research*, *43*, 532–7.

De Martino, B., Fleming, S. M., Garrett, N. & Dolan, R. J. (2013). Confidence in value-based choice. *Nature Neuro-*

science, *16*, 105–10.

Deakin, J. & Graeff, F. (1991). 5HT and mechanisms of defense. *Journal of Psychopharmacology*, *5*, 305–15.

Delaney, C., McGrane, J., Cummings, E., Morris, D. W., Tropea, D., Gil, M., Corvin, A. & Donohoe, G. (2012). Preserved cognitive function is associated with suicidal ideation and single suicide attempts in schizophrenia. *Schizophrenia Research*, *140*, 232–6.

Den Ouden, H. E. M., Kok, P. & De Lange, F. P. (2012). How prediction errors shape perception, attention and motivation. *Frontiers in Psychology*, *3*, 548.

Deshpande, G., Baxi, M. & Robinson, J. L. (2016). A neural basis for the acquired capability for suicide. *Frontiers in Psychiatry*, *7*, 125.

Desmyter, S., Bijttebier, S., van Heeringen, K. & Audenaert, K. (2013). The role of neuroimaging in our understanding of the suicidal brain. *CNS & Neurological Disorders Drug Targets*, *12*, 921–9.

Desmyter, S., Duprat, R., Baeken, C., Van Autreve, S., Audenaert, K. & van Heeringen, K. (2016). Accelerated intermittent theta burst stimulation for suicide risk in therapy-resistant depressed patients: A randomized, sham-controlled trial. *Frontiers in Human Neuroscience*, *10*, 480.

Desmyter, S., van Heeringen, K. & Audenaert, K. (2011). Structural and functional neuroimaging studies of the suicidal brain. *Progress in Neuro-Psychopharmacology and Biological Psychiatry*, *35*, 796–808.

Desrochers, T. M., Chatham, C. H. & Badre, D. (2015). The necessity of rostrolateral prefrontal cortex for higher-level sequential behavior. *Neuron*, *87*, 1357–68.

Devries, K. M., Mak, J. Y. T., Child, J. C., Falder, G., Bacchus, L. J., Astbury, J. & Watts, C. H. (2014). Childhood sexual abuse and suicidal behaviour: A meta-analysis. *Pediatrics*, *133*, e1331–e1344.

DeWall, C. N., MacDonald, G., Webster, G. D., Masten, C. L., Baumeister, R. F., Powell, C., Combs, D., Schurtz, D. R., Stillman, T. F., Tice, D. M. & Eisenberger, N. I. (2010). Acetominophen reduces social pain: behavioral and neural evidence. *Psychological Science*, *21*, 931–7.

Dhingra, K., Boduszek, D. & O'Connor, R. C. (2016). A structural test of the Integrated Motivational-Volitional Model of suicidal behaviour. *Psychiatry Research*, *239*, 169–78.

Dickerson, F., Wilcox, H., Adamos, M., Katsafanas, E., Kushalani, S., Origoni, A., Savage, C., Schweinfurth, L., Stallings, C., Sweeney, K. & Yolken, R. (2017). Suicide attempts and markers of immune response in individuals with serious mental illness. *Journal of Psychiatric Research*, *87*, 37–43.

Dixon-Gordon, K. L., Gratz, K. L., McDermott, M. J. & Tull, M. T. (2014). The role of executive attention in deliberate self-harm. *Psychiatry Research*, *218*, 113–17.

Dodds, T. J. (2017). Prescribed benzodiazepines and suicide risk: A review of the literature. *Primary Care Companion CNS Disorders*, *19*, 16r02037.

Dombrovski, A. Y., Butters, M. A., Reynolds, C. F., Houck, P. R., Clark, L., Mazumbar, S. & Szanto, K. (2008). Cognitive performance in suicidal depressed elderly: Preliminary report. *American Journal of Geriatric Psychiatry*, *16*, 109–115.

Dombrovski, A. Y., Clark, L., Siegle, G. J., Butters, M. A., Ichikawa, N., Sahakian, B. J. & Szanto, K. (2010). Reward/punishment learning in older suicide attempters. *American Journal of Psychiatry*, *167*, 699–707.

Dombrovski, A. Y., Siegle, G. J., Szanto, K., Clark, L., Reynolds, C. F. & Aizenstein, H. (2012). The temptation of suicide: Striatal gray matter, discounting of delayed rewards, and suicide attempts in late-life depression. *Psychological Medicine*, *42*, 1203–15.

Dombrovski, A. Y., Szanto, K., Clark, L., Reynolds, C. F. & Siegle, G. J. (2013). Reward signals, attempted suicide, and impulsivity in late-life depression. *JAMA Psychiatry*, *70*, 1020–1030.

Dombrovski, A. Y., Szanto, K., Siegle, G. J., Wallace, M. L., Forman, S. D., Sahakian, B., Reynolds, C. F. & Clark, L. (2011). Lethal forethought: Delayed reward discounting differentiates high- and low-lethality suicide attempts in old age. *Biological Psychiatry*, *70*, no.2, 138–44.

Dour, H. J., Cha, C. B. & Nock, M. K. (2011). Evidence for an emotion–cognition interaction in the statistical prediction of suicide attempts. *Behaviour Research and Therapy*, *49*, 294–8.

Doya, K. (2008). Modulators of decision making. *Nature Neuroscience*, *11*, 410–16.

Drabble, J., Bowles, D. P. & Barker, L. A. (2014). Investigating the role of executive attentional control to self-harm in a non-clinical cohort with borderline personality features. *Frontiers in Behavioral Neuroscience*, *8*, 274.

Dube, S. R., Feliti, V. J., Dong, M., Giles, W. H. & Anda, R. F. (2003). The impact of adverse childhood experiences on health problems: Evidence from four birth cohorts dating back to 1900. *Preventive Medicine*, *37*, 268–77.

Durkheim, E. (1897). *Suicide: A study in sociology.* Translation by John A. Spaulding and George Simpson, 1952. London: Routledge & Kegan.

Edmondson, A. J., Brennan, C. A. & House, A. O. (2016). Non-suicidal reasons for self-harm: A systematic review of self-reported accounts. *Journal of Affective Disorders*, *191*, 109–17.

Edwards, M. J., Adams, R. A., Brown, H., Pareés, I. & Friston, K. J. (2012). A Bayesian account of "hysteria." *Brain*, *135*, 3495–3512.

Ehrlich, S., Breeze, J. L., Hesdorffer, D. C., Noam, G. G., Hong, X., Alban, R. L., Davis, S. E. & Renshaw, P. F. (2005). White matter hyperintensities and their association with suicidality in depressed young adults. *Journal of Affective Disorders*, *86*, 281–7.

Ehrlich, S., Noam, G. G., Lyoo, I. K., Kwon, B. J., Clark, M. A. & Renshaw, P. F. (2004). White matter hyperintensities and their associations with suicidality in psychiatrically hospitalized children and adolescents. *Journal of the American Academy of Child and Adolescent Psychiatry*, *43*, 770–6.

Eisenberger, N. I. (2012). The neural bases of social pain: Evidence for shared representations with physical pain. *Psychosomatic Medicine*, *74*, 126–35.

Engelberg, H. (1992). Low serum cholesterol and suicide. *Lancet*, *339*, 727–9.

Evans, J., Williams, J. M. G., O'Loughlin, S. & Howells, K. (1992). Autobiographical memory and problem solving strategies of parasuicide patients. *Psychological Medicine*, *22*, 399–405.

Fan, T., Wu, X., Yao, L. & Dong, Y. (2013). Abnormal baseline brain activity in suicidal and non-suicidal patients with major depressive disorder. *Neuroscience Letters*, *534*, 35–40.

Fardet, L., Petersen, I. & Nazareth, I. (2012). Suicidal behavior and severe neuropsychiatric disorders following glucocorticoid therapy in primary care. *American Journal of Psychiatry*, *169*, 491–7.

Feldman, H. & Friston, K. J. (2010). Attention, uncertainty, and free-energy. *Frontiers in Human Neuroscience*, *4*, 215.

Fergusson, D. M., Boden, J. M. & Horwood, L. J. (2008). Exposure to childhood sexual and physical abuse and adjustment in early adulthood. *Child Abuse & Neglect*, *32*, 607–19.

Fergusson, D. M., Woodward, L. J. & Horwood, L. J. (2000). Risk factors and life processes associated with the onset of suicidal behaviour during adolescence and early adulthood. *Psychological Medicine*, *30*, 23–39.

Fink, M., Kellner, C. H. & McCall, W. V. (2014). The role of ECT in suicide prevention. *Journal of ECT*, *30*, 5–9.

Finkelstein, Y., MacDonald, E. M., Hollands, S., Sivilotti, M. L. A., Hutson, J. R., Mamdani, M. M., Koren, G. & Juurlink, D. N., for the Canadian Drug Safety and Effectiveness Research Network (CDSERN) (2015). Risk of suicide following deliberate self-poisoning. *JAMA Psychiatry*, *72*, 570–5.

Fiori, L. M. & Turecki, G. (2011). Epigenetic regulation of spermidine/spermine N1-acetyltransferase (SAT1) in suicide. *Journal of Psychiatric Research*, *45*, 1229–1235.

Fitzgerald, M. L., Kassir, S. A., Underwood, M. D., Bakalian, M. J., Mann, J. J. & Arango, V. (2017). Dysregulation of striatal dopamine receptor binding in suicide. *Neuropsychopharmacology*, *42*, 974–82.

Fjeldsted, R., Teasdale, T. W., Jensen, M. & Erlangsen, A. (2016). Suicide in relation to the experience of stressful life events: A population-based study. *Archives of Suicide Research.* Epub ahead of print.

Flegr, J. (2013). How and why Toxoplasma makes us crazy. *Trends in Parasitology*, *29*, 156–63.

Forman, E. M., Berk, M. S., Henriques, G. R., Brown, G. K. & Beck, A. T. (2004). History of multiple suicide attempts as a behavioural marker of severe psychopathology. *American Journal of Psychiatry*, *161*, 437–43.

Fountoulakis, K. N. (2016). Suicide and the economic situation in Europe: Are we experiencing the development of a "reverse stigma"? *British Journal of Psychiatry*, *208*, 273–4.

Fragoso, Y. D., Frota, E. R., Lopes, J. S., Noal, J. S., Giacomo, M. C. & Gomes, S. (2010). Severe depression, suicide attempts, and ideation during the use of interferon beta by patients with multiple sclerosis. *Clinical Neuropharmacology*, *33*, 312–16.

Friedman, R. A. (2014). Antidepressants' black box warning – 10 years later. *New England Journal of Medicine*, *371*, 1666–8.

Friston, K. (2005). A theory of cortical responses. *Philosophical Transactions of the Royal Society B*, *360*, 815–36.

Friston, K. J. (2010). The free-energy principle: A unified brain theory? *Nature Reviews Neuroscience*, *11*, 21–2.
    (2012). Prediction, perception and agency. *International Journal of Psychophysiology*, *83*, 248–52.

Friston, K. J., Rigoli, F., Ognibene, D., Mathys, C., Fitzgerald, T. & Pezzulo, G. (2015). Active inference and epistemic value. *Cognitive Neuroscience*, *6*, 187–224.

Friston, K. J., Stephan, K. E., Montague, R. & Dolan, R. J. (2014). Computational psychiatry: The brain as a phantastic organ. *Lancet Psychiatry*, *1*, 148–58.

Friston, K., Thornton, C. & Clark, A. (2012). Free-energy minimization and the dark-room problem. *Frontiers in Psychology*, *3*, 1–7.

Fuchs, I., Ansorge, U, Huber-Huber, C., Höflich, A. & Lanzenberger, R. (2015). S-ketamine influences strategic allocation of attention but not exogenous capture of attention. *Consciousness and Cognition*, *35*, 282–94.

Gananã, L., Oquendo, M. A., Tyrka, A. R., Cisneros-Trujillo, S., Mann, J. J. & Sublette, M. E. (2016). The role of cytokines in the pathophysiology of suicidal behaviour. *Psychoneuroendocrinology*, *63*, 296–310.

Garrett, N., Sharot, T., Faulkner, P., Korn, C. W., Roiser, J. P. & Dolan, R. J. (2014). Losing the rose-tinted glasses: Neural substrates of unbiased belief updating in depression. *Frontiers in Human Neuroscience*, *8*, 639.

Geoffroy, M. C., Gunnell, D. & Power, C. (2014). Prenatal and childhood antecedents of suicide: 50-year follow-up of the 1958 British Birth Cohort study. *Psychological Medicine*, *44*, 1245–56.

George, M. S., Raman, R., Benedek, D., Pelic, C., Grammer, G., Stokes, K., Schmidt, M., Spiegel, C., Dealmeida, N., Beaver, K. L., Borckardt, J. J., Sun, X., Jain, S. & Stein, M. B. (2014). A two-site pilot randomized 3-day trial of high dose left prefrontal repetitive transcranial magnetic stimulation (rTMS) for suicidal inpatients. *Brain Stimulation*, *7*, 421–31.

Geulayov, G., Kapur, N., Turnbull, P., Clements, C., Waters, K., Ness, J., Townsend, E. & Hawton, K. (2016). Epidemiology and trends in non-fatal self-harm in three centres in England 2000–2012: Findings from the Multicentre Study of Self-Harm in England. *British Medical Journal Open*, *6*, e010538.

Geurts, D. E. M., Huys, Q. J. M., DeOuden, H. E. M. & Cools, R. (2013). Aversive Pavlovian control of instrumental behavior in humans. *Journal of Cognitive Neuroscience*, *25*, 1428–41.

Giakoumatis, C. I., Tandon, N., Shaha, J., Mathew, I. T., Brady, R. O., Clementz, B. A., pearlson, G. D., Thaker, G. K., Tamminga, C. A., Sweeney, J. A. & Keshavan, M. S. (2013). Are structural brain abnormalities associated with suicidal behaviour in patients with psychotic disorders? *Journal of Psychiatric Research*, *47*, 1389–95.

Gibbons, R. D., Hur, K., Bhaumik, D. K. & Mann, J. J. (2005). The relationship between antidepressant medication use and rate of suicide. *Archives of General Psychiatry*, *62*, 165–72.

Gibbs, L. M., Dombrovski, A. Y., Morse, J., Siegle, G. J., Houck, P. R. & Szanto, K. (2009). When the solution is part of the problem: Problem solving in elderly suicide attempters. *International Journal of Geriatric Psychiatry*, *24*, 1396–1404.

Gilbert, P. & Allan, S. (1998). The role of defeat and entrapment (arrested flight) in depression: An exploration of an evolutionary view. *Psychological Medicine*, *28*, 585–98.

Gomez, S. H., Tse, J., Wang, Y., Turner, B., Millner, A. J., Nock, M. K. & Dunn, E. C. (2017). Are there sensitive periods when child maltreatment substantially elevates suicide risk? Results from a nationally representative sample of adolescents. *Depression and Anxiety*, *34*, 734–41.

Goodman, M., Hazlett, E. A., Avedon, J. B., Siever, D. R., Chu, K. W. & New, A. S. (2011). Anterior cingulate volume reduction in adolescents with borderline personality disorder and co-morbid major depression. *Journal of Psychiatric Research*, *45*, 803–7.

Gorlyn, M., Keilp, J. G., Oquendo, M. A., Burke, A. K. & Mann, J. J. (2013). Iowa gambling task performance in currently depressed suicide attempters. *Psychiatry Research*, *207*, 150–7.

Gorlyn, M., Keilp, J., Burke, A., Oquendo, M. A., Mann, J. J. & Grunebaum, M. (2015). Treatment-related improvement in neuropsychological functioning in suicidal depressed patients: Paroxetine vs. bupropion. *Psychiatry Research*, *225*, 407–12.

Gosnell, S. N., Velasquez, K. M., Molfese, P. J., Madan, A., Fowler, J. C., Frueh, B. C., Baldwin, P. R. & Salas, R. (2016). Prefrontal cortex, temporal cortex and hippocampus volume are affected in suicidal psychiatric patients. *Psychiatry Research Neuroimaging*, *256*, 250–6.

Gozzi, M., Dashow, E. M., Thurm, A., Swedo, S. E. & Zink, C. F. (2017). Effects of oxytocin and vasopressin on preferential brain responses to negative social feedback. *Neuropsychopharmacology*, *42*, 1409–19.

Graae, F., Tenke, G., Bruder, G., Rotheram, M. J., Placentini, J., Castro-Blanco, D., Leite, P. & Towey, J. (1996). Abnormality of EEG alpha wave asymmetry in female adolescent suicide attempters. *Biological Psychiatry*, *40*, 706–13.

Grabe, H. J., Wittfeld, K., Van der Auwera, S., Janowitz, D., Hegenscheid, K., Habes, M., Homuth, G., Barnow, S., John, U., Nauck, M., Völzke, H., Meyer zu Schwabedissen, H., Freyberger, H. J. & Hosten, N. (2016). Effect of the interaction between childhood abuse and rs1360780 of the FKBP5 gene on gray matter volume in a general population sample. *Human Brain Mapping*, *37*, 1602–13.

Grandclerc, S., De Labrouhe, D., Spodenkiewicz, M., Lachal, J. & Moro, M. R. (2016). Relations between non-suicidal self injury and suicidal behavior in adolescence: A systematic review. *PLoS One*, *11*, e0153760.

Gray, A. L., Hyde, T. M., Deep-Soboslay, A., Kleinman, J. E. & Sodhi, M. S. (2015). Sex differences in glutamate receptor gene expression in major depression and suicide. *Molecular Psychiatry*, *20*, 1057–68.

Greenwald, A. G., Nosek, B. A. & Banaji, M. R. (2003). Understanding and using the Implicit Association Test: I. An improved scoring algorithm. *Journal of Personality and Social Psychology*, *85*, 197–216.

Groschwitz, R. C., Plener, P. L., Groen, G., Bonenberger, M. & Abler, B. (2016). Differential neural processing of social exclusion in adolescents with non-suicidal self-injury. *Psychiatry Research Neuroimaging*, *255*, 43–9.

Grunebaum, M. F., Ellis, S. P., Duan, N., Burke, A. K., Oquendo, M. A. & Mann, J. J. (2012). Pilot randomized clinical trial of an SSRI vs bupropion: Effects on suicidal behavior, ideation, and mood in major depression. *Neuropsychopharmacology*, *37*, 697–706.

Guintivano, J., Brown, T., Newcomer, A., Jones, M., Cox, O., Maher, B. S., Eaton, W. W., Payne, J. L., Wilcox, H. C. & Kaminsky, Z. A. (2014). Identification and replication of a combined epigenetic and genetic biomarker predicting suicide and suicidal behaviors. *American Journal of Psychiatry*, *171*, 1287–96.

Gunnell, D., Löfving, S., Gustafsson, J. E. & Allebeck, P. (2011). School performance and risk of suicide in early adulthood: Follow-up of two national cohorts of Swedish schoolchildren. *Journal of Affective Disorders*, *131*, 104–12.

Hafeman, D. M., Merranko, J., Goldstein, T. R., Axelson, D., Goldstein, B. I., Monk, K., Hickey, M. B., Sakolsky, D., Diler, R., Iyengar, S., Brent, D. A., Kupfer, D. J., Kattan, M. W. & Birmaher, B. (2017). Assessment of a person-level risk calculator to predict new-onset bipolar spectrum disorder in youth at familial risk. *JAMA Psychiatry*, *74*, 841–7.

Hafenbrack, A. C., Kinias, Z. & Barsade, S. G. (2014). Debiasing the mind through meditation: Mindfulness and the sunk-cost bias. *Psychological Science*, *25*, 369–76.

Hagan, C. R., Ribeiro, J. D. & Joiner, T. E. (2016). Present status and future prospects of the interpersonal-psychological theory of suicidal behavior. In R. C. O'Connor & J. Pirkis (Eds.), *The international handbook of suicide prevention*. Chichester: Wiley.

Haghighi, F., Galfalvy, H., Chen, S., Huang, Y. Y., Cooper, T. B., Burke, A. K., Oquendo, M. A., Mann, J. J. & Sublette, M. E. (2015). DNA methylation perturbations in genes involved in polyunsaturated fatty acid biosynthesis associated with depression and suicide risk. *Frontiers in Neurology*, 6, 192.

Haghighi, F., Xin, Y., Chanrion, B., O'Donnell, A. H., Ge, Y., Dwork, A. J., Arango, V. & Mann, J. J. (2014). Increased DNA methylation in the suicide brain. *Dialogues in Clinical Neuroscience*, 16, 430–8.

Hardy, D. J., Hinkin, C. H., Levine, A. J., Castellon, S. A. & Lam, M. N. (2006). Risky decision making assessed with the gambling task in adults with HIV. *Neuropsychology*, 20, 355–60.

Harkavy-Friedman, J. M., Keilp, J. G., Grunebaum, M. F., Sher, L., Printz, D., Burke, A. K., Mann, J. J. & Oquendo, M. (2006). Are BPI and BPII suicide attempters distinct neuropsychologically? *Journal of Affective Disorders*, 94, 255–9.

Haroon, E., Fleischer, C. C., Felger, J. C., Chen, X., Woolwine, B. J., Patel, T., Hu, X. P. & Miller, A. H. (2016). Conceptual convergence: Increased inflammation is associated with increased basal ganglia glutamate in patients with major depression. *Molecular Psychiatry*, 21, 1351–7.

Harper, S., Charters, T. J., Strumpf, E. C., Galea, S. & Nandi, A. (2015). Economic downturns and suicide mortality in the USA, 1989–2010: Observational study. *International Journal of Epidemiology*, 44, 956–66.

Harris, E. C. & Barraclough, B. (1997). Suicide as an outcome of mental disorders: A meta-analysis. *British Journal of Psychiatry*, 170, 205–28.

Harrison, N. A., Voon, V., Cercignani, M., Cooper, E. A., Pessiglione, M. & Critchley, H. D. (2016). A neurocomputational account of how inflammation enhances sensitivity to punishments versus rewards. *Biological Psychiatry*, 80, 73–81.

Haws, C. A., Gray, D. D., Yurgelun-Todd, D. A., Moskos, M., Meyer, L. J. & Renshaw, P. F. (2009). The possible effect of altitude on regional variation in suicide rates. *Medical Hypotheses*, 73, 587–90.

Hawton, K. & van Heeringen, K. (2009). Suicide. *The Lancet*, 73, 1372–81.

Hawton, K., Appleby, L., Platt, S., Foster, T., Cooper, J., Malmberg, A. & Simkin, S. (1998). The psychological autopsy approach to studying suicide: A review of methodological issues. *Journal of Affective Disorders*, 50, 269–76.

Hawton, K., Malmberg, A. & Simkin, S. (2004). Suicide in doctors: A psychological autopsy study. *Journal of Psychosomatic Research*, 57, 1–4.

Hawton, K., Simkin, S., Rue, J., Haw, C., Barbour, F., Clements, A., Sakarovitch, C. & Deeks, J. (2002). Suicide in female nurses in England and Wales. *Psychological Medicine*, 32, 239–50.

Hawton, K., Witt, K. G., Taylor Salisbury, T. L., Arensman, E., Gunnell, D., Hazel, P., Townsend, E. & van Heeringen, K. (2016). Psychosocial interventions for self-harm in adults. *Cochrane Database of Systematic Reviews*, 5, CD012189.

Hebart, M. N. & Glätscher, J. (2015). Serotonin and dopamine differentially affect appetitive and aversive general Pavlovian-to-instrumental transfer. *Psychopharmacology*, 232, 437–51.

Heim, C., Shugart, M., Craighead, W. E. & Nemeroff, C. B. (2010). Neurobiological and psychiatric consequences of child abuse and neglect. *Developmental Psychobiology*, 52, 671–90.

Heim, C., Young, L. J., Newport, D. J., Mietzko, T., Miller, A. H. & Nemeroff, C. B. (2009). Lower CSF oxytocin concentrations in women with a history of childhood abuse. *Molecular Psychiatry*, 14, 954–8.

Helbich, M., Blüml, V., Leitner, M. & Kapusta, N. D. (2013). Does altitude moderate the impact of lithium on suicide? A spatial analysis in Austria. *Geospatial Health*, 7, 209–18.

Hepburn, S. R., Barnhofer, T. & Williams, J. M. G. (2006). Effects of mood on how future events are generated and perceived. *Personality and Individual Differences*, 41, 801–11.

Hetrick, S. E., McKenzie, J. E. & Cox, G. R. (2012). Newer generation antidepressants for depressive disorders in children and adolescents. *Cochrane Database of Systematic Reviews*, 11, CD004851.

Hibbeln, J. R. & Salem, N. (1996). Risks of cholesterol-lowering therapies. *Biological Psychiatry*, 40, 686–7.

Hibbeln, J. R., Umhau, J. C., George, D. T., Shoaf, S. E., Linnoila, M. & Salem, N. (2000). Plasma total cholesterol concentrations do not predict cerebrospinal fluid neurotransmitter metabolites: Implications for the biophysical role of highly unsaturated fatty acids. *American Journal of Clinical Nutrition*, *71*, 331S–338S.

Hitsman, B., Spring, B., Pingitore, R., Munafo, M. & Hedeker, D. (2007). Effect of tryptophan depletion on the attentional salience of smoking cues. *Psychopharmacology*, *192*, 317–24.

Hodgkinson, S., Steyer, J., Kaschka, W. P. & Jandl, M. (2016). Electroencephalographic risk markers of suicidal behavior. In W. P. Kaschka & D. Rujescu (Eds.), *Biological aspects of suicidal behavior*. Basel: Karger.

Hoehne, A., Richard-Devantoy, S., Ding, Y., Turecki, G. & Jollant, F. (2015). First-degree relatives of suicide completers have impaired decision-making but functional cognitive control. *Journal of Psychiatric Research*, *68*, 192–7.

Höflich, A., Hahn, A., Küblböck, M., Kranz, G. S., Vanicek, T., Windischberger, C., Saria, A., Kasper, S., Winkler, D. & Lanzenberger, R. (2015). Ketamine-induced modulation of the thalamo-cortical network in healthy volunteers as a model for schizophrenia. *International Journal of Neuropsychopharmacology*, *18*, 1–11.

Homberg, J. R. (2013). Serotonin and decision making processes. *Neuroscience and Biobehavioral Reviews*, *36*, 218–36.

Horga, G., Schatz, K. C., Abi-Dargham, A. & Peterson, B. S. (2014). Deficits in predictive coding underlie hallucinations in schizophrenia. *Journal of Neuroscience*, *34*, 8072–82.

Huber, R. S., Kim, N., Renshaw, C. E., Renshaw, P. F. & Kondo, D. G. (2014). Relationship between altitude and lithium in groundwater in the United States of America: Results of a 1992–2003 study. *Geospatial Health*, *9*, 231–5.

Hunter, E. C. & O'Connor, R. C. (2003). Hopelessness and future thinking in parasuicide: The role of perfectionism. *British Journal of Clinical Psychology*, *42*, 355–65.

Huys, Q. J. M., Eshel, N., O'Nions, E., Sheridan, L., Dayan, P. & Roiser, J. P. (2012). Bonsai trees in your head: How the Pavlovian system sculpts goal-directed choices by pruning decision trees. *PLoS Computational Biology*, *8*, e1002410.

Hwang, J. P., Lee, T. W., Tsai, S. J., Chen, T. J., Yang, C. H., Ling, J. F. & Tsai, C. F. (2010). Cortical and subcortical abnormalities in late-onset depression with history of suicide attempts investigated with MRI and voxel-based morphometry. *Journal of Geriatric Psychiatry and Neurology*, *23*, 171–84.

Hyafil, A. & Koechlin, E. (2016). A neurocomputational model of human frontopolar cortex function. *BioRxiv*. Epub ahead of print.

Iglesias, C., Saiz, P. A., Garcia-Portilla, P. & Bobes, J. (2016). Antipsychotics. In P. Courtet (Ed.), *Understanding suicide: From diagnosis to personalized treatment*. Heidelberg: Springer.

Ingram, R. E. & Luxton, D. D. (2005). Vulnerability-stress models. In B. L. Hankin & J. R. Z. Abela (Eds.), *Development of psychopathology: A vulnerability-stress perspective*. Los Angeles, CA: Sage Publications.

Ionescu, D. F., Swee, M. B., Pavone, K. J., Taylor, N., Akeju, O., Baer, L., Nyer, M., Cassano, P., Mischoulon, D., Alpert, J. E., Brown, E. N., Nock, M. K., Fava, M. & Cusin, C. (2016). Rapid and sustained reductions in current suicidal ideation following repeated doses of intravenous ketamine: Secondary analyses of an open-label study. *Journal of Clinical Psychiatry*, *77*, e719–e725.

Jee, H. J., Cho, C. H., Lee, Y. J., Choi, N., An, H. & Lee, H. J. (2017). Solar radiation increases suicide rate after adjusting for other climate factors in South Korea. *Acta Psychiatrica Scandinavica*, *135*, no.3, 219–27.

Jia, Z., Wang, Y., Huang, X. et al. (2014). Impaired frontothalamic circuitry in suicidal patients with depression revealed by diffusion tensor imaging at 3.0 T. *Journal of Psychiatry and Neuroscience*, *38*, 130023.

Johnson, J., Tarrier, N. & Gooding, P. (2008). An investigation of aspects of the cry of pain model of suicide risk: The role of defeat in impairing memory. *Behaviour Research and Therapy*, *46*, 968–75.

Johnston, J. A., Y., Wang, F., Liu, J., Blond, B. N., Wallace, A., Liu, J., spencer, L., Cox Lippard, E. T., Purves, K. L., Landeros-Weisenbergern, A., Hermes, E., Pittman, B., Zhang, S., King, R., Martin, A., Oquendo, M. A. & Blumberg, H. (2017). Multimodal neuroimaging of frontolimbic structure and function associated with suicide attempt in adolescents and young adults with bipolar disorder. *American Journal of Psychiatry*, *174*, 667–75.

Jokinen, J. & Nordström, P. (2009). HPA axis hyperactivity and attempted suicide in young adult mood disorder inpatients. *Journal of Affective Disorders*, *116*, 117–20.

Jokinen, J., Chatzitofis, A., Hellström, C., Nordström, P., Uynas-Moberg, K. & Asberg, M. (2012). Low CSF oxytocine reflects high intent insuicide attempters. *Psychoneuroendocrinology*, *37*, 482–90.

Jokinen, J., Nordström, A. L. & Nordström, P. (2010). Cholesterol, CSF 5-HIAA, violence and intent in suicidal men. *Psychiatry Research*, *178*, 217–19.

Jollant, F., Bellivier, F., Leboyer, M., Astruc, B., Torres, S., Verdier, R., Castelnau, D., Malafosse, A. & Courtet, P. (2005). Impaired decision making in suicide attempters. *American Journal of Psychiatry*, *162*, 304–10.

Jollant, F., Guillaume, S., Jaussent, I., Bechara, A. & Courtet, P. (2013). When knowing what to do is not sufficient to make good decisions: Deficient use of explicit understanding in remitted patients with histories of suicidal acts. *Psychiatry Research*, *210*, no.2, 485–90.

Jollant, F., Guillaume, S., Jaussent, I., Bellivier, F., Leboyer, M., Castelnau, D., Malafosse, A. & Courtet, P. (2007a). Psychiatric diagnoses and personality traits associated with disadvantageous decision-making. *European Psychiatry*, *22*, 455–61.

Jollant, F., Guillaume, S., Jaussent, I., Castelnau, D., Malafosse, A. & Courtet, P. (2007b). Impaired decision making in suicide attempters may increase the risk of problems in affective relationships. *Journal of Affective Disorders*, *99*, 59–62.

Jollant, F., Lawrence, N. S., Giampietro, V., Brammer, M. J., Fullana, M. A., Drapier, D., Courtet, P. & Philips, M. L. (2008). Orbitofrontal cortex response to angry faces in men with histories of suicide attempts. *American Journal of Psychiatry*, *165*, 740–8.

Jollant, F., Lawrence, N. S., Olié, E., O'Daly, O., Malafosse, A., Courtet, P. & Philips, M. L. (2010). Decreased activation of lateral orbitofrontal cortex during risky choices under uncertainty is associated with disadvantageous decision-making and suicidal behavior. *Neuroimage*, *51*, 1275–81.

Jollant, F., Lawrence, N. L., Olié, E., Guillaume, S. & Courtet, P. (2011). The suicidal mind and brain: A review of neuropsychological and neuroimaging studies. *The World Journal of Biological Psychiatry*, *12*, 319–39.

Jollant, F., Near, J., Turecki, G. & Richard-Devantoy, S. (2017). Spectroscopy markers of suicidal risk in depressed patients. *Progress in Neuropsychopharmacology and Biological Psychiatry*, *73*, 64–71.

Jonas, J. M. & Hearron, A. E. Jr. (1996). Alprazolam and suicidal ideation: A meta-analysis of controlled trials in the treatment of depression. *Journal of Clinical Psychopharmacology*, *16*, 208–11.

Jovev, M., Garner, B., Phillips, L., Velakoulis, D., Wood, S. J., Jackson, H. J., Pantelis, C., McGorry, P. D. & Chanen, A. M. (2008). An MRI study of pituitary volume and parasuicidal behavior in teenagers with first-presentation borderline personality disorder. *Psychiatry Research Neuroimaging*, *162*, 273–7.

Kaess, M., Hille, M., Parter, P., Maser-Gluth, C., Resch, F. & Brunner, R. (2012). Alterations in the neuroendocrinological stress response to acute psychosocial stress in adolescents engaging in nonsuicidal self-injury. *Psychoneuroendocrinology*, *37*, 157–61.

Kaminsky, Z., Wilcox, H. C., Eaton, W. W., Van Eck, K., Kilaru, V., Jovanovic, T., Klengel, T. Bradley, B., Binder, E., Ressler, K. J. & Smith, A. K. (2015). Epigenetic and genetic variation at SKA2 predict suicidal behaviour and post-traumatic stress disorder. *Translational Psychiatry*, *5*, e627.

Kanai, R., Komura, Y., Shipp, S. & Friston, K. J. (2015). Cerebral hierarchies: Predictive processing, precision and the pulvinar. *Philosophical Transactions of the Royal Society B*, *370*, 20140169.

Kang, H. J., Kim, J. M., Lee, J. Y., Kim, S. Y., Bae, K. Y. & Kim, S. W. (2013). BDNF promoter methylation and suicidal behavior in depressive patients. *Journal of Affective Disorders*, *151*, 679–85.

Kapur, N., Cooper, J., O'Connor, R. C. & Hawton, K. (2013). Non-suicidal self-injury versus attempted suicide: New diagnosis or false dichotomy? *British Journal of Psychiatry*, *202*, 326–8.

Kapur, N., Steeg, S., Webb, R., Haigh, M., Bergen, H., Hawton, K., Ness, J., Waters, K. & Cooper, J. (2013). Does clinical management improve outcomes following self-harm? Results from the Multicentre Study of Self-Harm in England. *PLoS One, 8*, e70434.

Karlsson, H., Hirvonen, J. & Kajander, J. (2010). Research letter: Psychotherapy increases brain serotonin 5-HT$_{1A}$ receptors in patients with major depressive disorder. *Psychological Medicine, 40*, 523–8.

Kaviani, H., Rahimi, M., Rahimi-Darabad, P., Kamyar, K. & Naghavi, H. (2003). How autobiographical memory deficits affect problem-solving in depressed patients. *Acta Medica Iranica, 41*, 194–8.

Kaviani, H., Rahimi, P. & Naghavi, H. R. (2004). Iranian depressed patients attempting suicide showed impaired memory and problem-solving. *Archives of Iranian Medicine, 7*, 113–17.

Kaviani, H., Rahimi-Darabad, P. & Naghavi, H. R. (2005). Autobiographical memory retrieval and problem-solving deficits of Iranian depressed patients attempting suicide. *Journal of Psychopathology and Behavioral Assessment, 27*, 39–44.

Keilp, J. G., Beers, S. R., Burke, A. K., Melhem, N. M., Oquendo, M. A., Brent, D. A. & Mann, J. J. (2014). Neuropsychological deficits in past suicide attempters with varying levels of depression severity. *Psychological Medicine, 44*, 2965–74.

Keilp, J. G., Gorlyn, M., Oquendo, M. A., Burke, A. K. & Mann, J. J. (2008). Attention deficit in depressed suicide attempters. *Psychiatry Research, 159*, 7–17.

Keilp, J., Gorlyn, M., Oquendo, M. A. & Mann, J. J. (2006). Aggressiveness, not impulsiveness or hostility distinguishes suicide attempters with major depression. *Psychological Medicine, 36*, 1779–88.

Keilp, J. G., Gorlyn, M., Russell, M., Oquendo, M. A., Burke, A. K., Harkavy-Friedman, J. & Mann, J. J. (2013). Neuropsychological function and suicidal behavior: Attentional control, memory and executive dysfunction in suicide attempt. *Psychological Medicine, 43*, 539–51.

Keilp, J. G., Oquendo, M. A., Stanley, B. H., Burke, A. K., Cooper, T. B., Malone, K. M. & Mann, J. J. (2010). Future suicide attempt and responses to serotonergic challenge. *Neuropsychopharmacology, 35*, 1063–72.

Keilp, J. G., Sackeim, H. A., Brodsky, B. S., Oquendo, M. A., Malone, K. M. & Mann, J. J. (2001). Neuropsychological dysfunction in depressed suicide attempters. *American Journal of Psychiatry, 158*, 735–41.

Keilp, J. G., Stanley, B. H., Beers, S. R., Melhem, N. M., Burke, A. K., Cooper, T. B., Oquendo, M. A., Brent, D. A. & Mann, J. J. (2016). Further evidence of low baseline cortisol levels in suicide attempters. *Journal of Affective Disorders, 190*, 187–92.

Keller, S., Sarchiapone, M., Zarrilli, F., Videtic, A., Ferraro, A. & Carli, V. (2010). Increased promoter methylation in the Wernicke area of suicide subjects. *Archives of General Psychiatry, 67*, 258–67.

Kelly, T. M. & Mann, J. J. (1996). Validity of DSM-III-R diagnosis by psychological autopsy: A comparison with clinician ante-mortem diagnosis. *Acta Psychiatrica Scandinavica, 94*, 337–43.

Kercher, A. & Rapee, R. M. (2009). A test of a cognitive diathesis–stress generation pathway in early adolescent depression. *Journal of Abnormal Child Psychology, 37*, 845–55.

Kessler, R. C., Borges, G. & Walters, E. E. (1999). Prevalence of and risk factors for lifetime suicide attempts in the National Comorbidity Survey. *Archives of General Psychiatry, 56*, 617–26.

Kessler, R. C., McLaughlin, K. A., Green, J. G., Gruber, M. J., Sampson, N. A., Zaslavsky, A. M., Aguilar-Gaxiola, S., Alhamzawi, A. O., Alonso, J., Angermeyer, M., Benjet, C., Bromet, E., Chatterji, S., deGirolamo, G., Demyttenaere, K., Fayyad, J., Florescu, S., Gal, G., Gureje, O., Haro, J. M., Karam, E. G., Kawakami, N., Lee, S., Lépine, J. P., Ormel, J., Posada-Villa, J., Sagar, R., Tsang, A., Üstün, T. B., Vassilev, S., Viana, M. C. & Williams, D. R. (2010). Childhood adversities and adult psychopathology in the WHO World Mental Health Surveys. *British Journal of Psychiatry, 197*, no.5, 378–85.

Kessler, R. C., McLaughlin, K. A., Green, J. G., Gruber, M. J., Sampson, N. A., Zaslavsky, A. M., Aguilar-Gaxiola, S., Alhamzawi, A. O., Alonso, J., Angermeyer, M., Benjet, C., Bromet, E., Chatterji, S., de Girolamo, G., Demyttenaere, K., Fayyad, J., Florescu, S., Gal, G., Gureje, O., Haro, J. M., Hu, C., Karam, E. G., Kawakami, N., Lee, S., Lépine, J. P., Ormel, J., Posada-Villa, J., Roberts, S., Keers, R., Lester, K. J., Coleman, J. R., Breen, G., Arendt, K., Blatter-Meunier, J., Cooper, P., Creswell, C., Fjermestad, K., Havik, O. E., Herren, C., Hogendoorn, S. M., Hudson, J. L., Krause, K., Lyneham, H. J., Morris, T., Nauta, M., Rapee, R. M., Rey, Y., Schneider, S., Schneider, S. C., Silverman, W. K., Thastum, M., Thirlwall, K., Waite, P., Eley, T. C. & Wong, C. C. (2015a). HPA axis related genes and response to psychological therapies: Genetics and epigenetics. *Depression and Anxiety*, *32*, 861–70.

Kessler, R. C., Warner, C. H., Ivany, C., Petukhova, M. V., Rose, S., Bromet, J., Brown, M. et al. (2015b). Predicting suicides after psychiatric hospitalization in US Army soldiers: The Army Study to Assess Risk and Resilience in Service Members (Army STARRS). *JAMA Psychiatry*, *72*, 49–57.

Khan, M., Asad, N. & Syed, E. (2016). Suicide in Asia: Epidemiology, risk factors and prevention. In R. C. O'Connor & J. Pirkis (Eds.), *The international handbook of suicide prevention*. Chichester: Wiley.

Kim, B., Oh, J., Kim, M. K., Lee, S., Tae, W. S., Kim, C. M., Choi, T. K. & Lee, S. H. (2015). White matter alterations are associated with suicide attempt in patients with panic disorder. *Journal of Affective Disorders*, *175*, 139–46.

Kim, H. S., Sherman, D. K., Taylor, S. E., Sasaki, J. Y., Chu, T. Q., Ryu, C., Suh, E. M. & Xu, J. (2010). Culture, serotonin receptor polymorphism and locus of attention. *Social and Cognitive Affective Neuroscience*, *5*, 21–218.

King, D. A., Conwell, Y., Cox, C., Henderson, R. E., Denning, D. G. & Caine, E. D. (2000). A neuropsychological comparison of depressed suicide attempters and non-attempters. *Journal of Neuropsychiatry and Clinical Neurosciences*, *12*, 64–70.

Klengel, T., Mehta, D., Anacker, C., Rex Haffner, M., Prüssner, J. C., Pariante, C. M., Pace, T. W. W., Mercer, K. B., Mayberg, H. S., Bradley, B., Nemeroff, C. B., Holsboer, F., Heim, C. M., Ressler, K. J., Rein, T. & Binder, E. B. (2013). Allele-specific FKBP5 DNA demethylation mediates gene-childhood trauma interactions. *Nature Neuroscience*, *16*, 33–41.

Klonsky, E. D. (2011). Non-suicidal self-injury in United States adults: Prevalence, socio-demographics, topography and functions. *Psychological Medicine*, *41*, 1981–6.

Kluen, L. M., Nixon, P., Agorastos, A., Wiedermann, K. & Schwabe, L. (2016). Impact of stress and glucocorticoids on schema-based learning. *Neuropsychopharmacology*, *42*, 1254–61.

Korpi, E. R., Kleinman, J. E. & Wyatt, R. J. (1988). GABA concentrations in forebrain areas of suicide victims. *Biological Psychiatry*, *32*, 109–14.

Krajniak, M., Miranda, R. & Wheeler, A. (2013). Rumination and pessimistic certainty as mediators of the relation between lifetime suicide attempt history and future suicidal ideation. *Archives of Suicide Research*, *17*, 196–211.

Kremen, W. S., Prom-Wormley, E., Panizzon, M. S., Eyler, L. T., Fischl, B., Neale, M. C., Franz, C. E., Lyons, M. J., Pacheco, J., Perry, M. E., Stevens, A., Schmitt, J. E., Grant, M. D., Seidman, L. J., Thermenos, H. W., Tsuang, M. T., Eisen, S. A., Dale, A. M. & Fennema-Notestine, C. (2010). Genetic and environmental influences on the size of specific brain regions in midlife: The VETSA MRI study. *NeuroImage*, *49*, 1213–23.

Krishnan, V. & Nestler, E. J. (2008). The molecular neurobiology of depression. *Nature*, *455*, 894–902.

Kundakovic, M., Gudsnuk, K., Herbstman, J. B., Tang, D., Perera, F. P. & Champagne, F. A. (2015). DNA methylation of BDNF as a biomarker of early-life adversity. *Proceedings of the National Academy of Sciences*, *112*, 6807–13.

Kuo, W. H., Gallo, J. J. & Eaton, W. W. (2004). Hopelessness, depression, substance disorder, and suicidality. *Social Psychiatry and Psychiatric Epidemiology*, *39*, 497–501.

Labonté, B., Suderman, M., Maussion, G., Lopez, J. P., Narro-Sanchez, L., Yerko, V., Mechawar, N., Szyf, M., Meaney, M. J. & Turecki, G. (2013). Genome-wide methylation changes in the brains of suicide completers. *American Journal of Psychiatry*, *170*, 511–20.

Labonté, B., Suderman, M., Maussion, G., Navaro, L., Yerko, V., Mahar, I., Bureau, A., Mechawar, N., Szyf, M., Meaney, M. J. & Turecki, G. (2012a). Genome-wide epigenetic regulation by early-life trauma. *Archives of General Psychiatry*, *69*, 722–31.

Labonté, B., Yerko, V., Gross, J., Mechawar, N., Meaney, M. J., Szyf, M. & Turecki, G. (2012b). Differential glucocorticoid receptor exon 1(B), 1(C), and 1(H) expression and methylation in suicide completers with a history of childhood abuse. *Biological Psychiatry*, *72*, 41–8.

Large, M., Kaneson, M., Myles, N., Myles, H., Gunaratne, P. & Ryan, C. (2016). Meta-analysis of longitudinal cohort studies of suicide risk assessment among psychiatric patients: Heterogeneity in results and lack of improvement over time. *PLoS One*, *11*, e0156322.

Lawson, R. P., Friston, K. J. & Rees, G. (2015). A more precise look at context in autism. *Proceedings of the National Academy of Sciences*, *112*, E5226.

Lawson, R. P., Rees, G. & Friston, K. J. (2014). An aberrant precision account of autism. *Frontiers in Human Neuroscience*, *8*, 302.

Le-Niculescu, H., Levey, D. F., Ayalew, M., Palmer, L., Gavrin, L. M., Jain, N., Winiger, E., Bhosrekar, S., Shankar, G., Radel, M., Bellanger, E., Duckworth, H., Olesek, K., Vergo, J., Schweitzer, R., Yard, M., Ballew, A., Shektar, A., Sandusky, G. E., Schork, N. J., Kurian, S. M., Salomon, D. R. & Niculescu, A. B. (2013). Discovery and validation of blood biomarkers for suicidality. *Molecular Psychiatry*, *18*, 1249–64.

Lee, B. H. & Kim, Y. K. (2010). The roles of BDNF in the pathophysiology of major depression and in antidepressant treatment. *Psychiatry Investigation*, *7*, 231–5.

(2011). Potential peripheral biological predictors of suicidal behavior in major depressive disorder. *Progress in Neuropsychopharmacology and Biological Psychiatry*, *35*, 842–7.

Lee, R., Ferris, C., VandeKar, L. D. & Coccaro, E. F. (2009). Cerebrospinal fluid oxytocin, life history of aggression, and personality disorder. *Psychoneuroendocrinology*, *34*, 1567–73.

Lee, S. J., Kim, B., Oh, D., Kim, M. K., Kim, K. H., Bang, S. Y., Choi, T. K. & Lee, S. H. (2016). White matter alterations associated with suicide in patients with schizophrenia or schizophreniform disorder. *Psychiatry Research*, *248*, 23–9.

Lee, Y. J., Kim, S., Gwak, R., Kim, S. J., Kang, S. G., Na, K. S., Son, Y. D. & Park, J. (2016). Decreased regional gray matter volume in suicide attempters compared to non-attempters with major depressive disorder. *Comprehensive Psychiatry*, *67*, 59–65.

Legris, J., Links, P. S., van Reekum, R., Tannock, R. & Toplak, M. (2012). Executive function and suicidal risk in women with borderline personality disorder. *Psychiatry Research*, *196*, 101–8.

Leibetseder, M. M., Rohrer, R. R., Mackinger, H. F. & Fartacek, R. R. (2006). Suicide attempts: Patients with and without affective disorder show impaired autobiographical memory specificity. *Cognition and Emotion*, *20*, 516–26.

Leon, A. C., Friedman, R. A., Sweeney, J. A., Brown, R. P. & Mann, J. J. (1990). Statistical issues in the identification of risk factors for suicidal behavior: The application of survival analysis. *Psychiatry Research*, *31*, 99–108.

Levey, D. F., Niculescu, E. M., Le-Niculescu, H., Dainton, H. L., Phalen, P. L., Ladd, T. B., Weber, H., Belanger, E., Graham, D. L., Khan, F. N., Vanipenta, N. P., Stage, E. C., Ballew, A., Gelbart, T., Shekhar, A., Schork, N. J., Kurian, S. M., Sandusky, G. E., Salomon, D. R. & Niculescu, A. B. (2016). Understanding and predicting suicidality in women: Biomarkers and clinical risk assessment. *Molecular Psychiatry*, *21*, 768–85.

Lewitzka, U., Severus, E., Bauer, R., Ritter, P., Müller-Oerlinghausen, B. & Bauer, M. (2015). The suicide prevention effect of lithium: More than 20 years of evidence – a narrative review. *International Journal of Bipolar Disorder*, *3*, 15.

Leyton, M., Paquette, V., Gravel, P., Rosa-Neto, P., Weston, F., Diksic, M. & Benkelfat, C. (2006). α-[^{11}C] Methyl-L-tryptophan trapping in the orbital and ventromedial prefrontal cortex of suicide attempters. *European Neuropsychopharmacology*, *16*, 220–3.

Li, D. & He, L. (2007). Meta-analysis supports association between serotonin transporter (5-HTT) and suicidal behavior. *Molecular Psychiatry*, *12*, 47–54.

Li, J., Kuang, W. H., Zou, K., Deng, W., Li, T., Gong, Q. Y. & Sun, X. L. (2009). A proton magnetic spectroscopy research on hippocampus metabolisms in people with suicide-attempted depressions (in Chinese with English abstract). *Sichuan Da Xue Xue Bao Yi Xue Ban*, *40*, 59–62.

Li, L. & Vlisides, P. E. (2016). Ketamine: Fifty years of modulating the mind. *Frontiers in Human Neuroscience*, *10*, 612.

Lim, L., Radua, J. & Rubia, K. (2014). Gray matter abnormalities in childhood maltreatment: A voxel-wise meta-analysis. *American Journal of Psychiatry*, *171*, 854–63.

Lin, G. Z., Li, L., Song, Y. F., Shen, Y. X., Shen, S. Q. & Ou, C. Q. (2016). The impact of ambient air pollution on suicide mortality: A case-crossover study in Guangzhou, China. *Environmental Health*, *15*, 90.

Lin, P. Y. & Tsai, G. (2004). Association between serotonin transporter gene promoter polymorphism and suicide: Results of a meta-analysis. *Biological Psychiatry*, *55*, 1023–30.

Lindqvist, D., Isaksson, A., Träskman-Bendz, L. & Brundin, L. (2008). Salivary cortisol and suicidal behavior: A follow-up study. *Psychoneuroendocrinology*, *33*, 1061–8.

Lindström, M. B., Ryding, E., Bosson, P., Ahnlide, J. A., Rosén, I. & Träskman-Bendz, L. (2004). Impulsivity related to brain serotonin transporter binding capacity in suicide attempters. *European Neuropsychopharmacology*, *14*, 295–300.

Liu, D., Diorio, J., Tannenbaum, B., Caldji, C., Francis, D., Freedman, A., Sharma, S., Pearson, D., Plotsky, P. M. & Meaney, M. J. (1997). Maternal care, hippocampal glucocorticoid receptors, and hypothalamic-pituitary-adrenal responses to stress. *Science*, *277*, 1659–62.

Lockwood, J., Daley, D., Towsend, E. & Sayall, K. (2017). Impulsivity and self-harm in adolescence: A systematic review. *European Child and Adolescent Psychiatry*, *26*, 387–402.

Lopez-Larson, M., King, J. B., McGlade, E., Bueler, E., Stoeckel, A.,Epstein, D. J. & Yurgelun-Todd, D. (2013). Enlarged thalamic volumes and increased fractional anisotropy in the thalamic radiations in veterans with suicide behaviors. *Frontiers in Psychiatry*, *4*, 83.

Ludwig, J. & Marcotte, D. E. (2005). Antidepressants, suicide, and drug regulation. *Journal of Policy Analysis and Management*, *24*, 259.

Lund-Sørensen, H., Benros, M. E., Madsen, T., Sørensen, H. J., Eaton, W. W., Postolache, T. T., Nordentoft, M. & Erlangsen, A. (2016). A nationwide cohort study of the association between hospitalization with infection and risk of death by suicide. *JAMA Psychiatry*, *73*, 912–19.

Lutz, P. E. & Turecki, G. (2014). DNA methylation and childhood maltreatment: From animal models to human studies. *Neuroscience*, *264*, 142–56.

Lutz, P. E., Tanti, A., Gasecka, A., Barnett-Burns, S., Kim, J. J., Zhou, Y., Chen, G. C., Wakid, M., Shaw, M., Almeida, D., Chay, M. A., Yang, J., Larivière, V., M'Boutchou, M. N., Van Kempen, L. C., Yerko, V., Prud'homme, J., Davoli, M. A., Vaillancourt, K., Théroux, J. F., Bramouillé, A., Zhang, T. Y., Meaney, M. J., Ernst, C., Côté, D., Mechawar, N. & Turecki, G. (2017). Association of a history of child abuse with impaired myelination in the anterior cingulate cortex: Convergent epigenetic, transcriptional, and morphological evidence. *American Journal of Psychiatry*. Epub ahead of print.

Lynch, P. J. (2010). Brain human sagittal section. Wikimedia Commons. https://commons.wikimedia.org/wiki/File:-Serotonergic_neurons.svg.

Maciejewski, D. F., Creemers, H. E., Lynskey, M. T., Madden, P. A. F., Heath, A. C., Statham, D. J., Martin, N. G. & Verweij, K. (2014). Overlapping genetic and environmental influences on non-suicidal self-injury and suicidal ideation: Different outcomes, same etiology? *JAMA Psychiatry*, *71*, 699–705.

MacLeod, A. K., Pankhania, B. & Mitchell, D. (1997). Parasuicide, depression and the anticipation of positive and negative future experiences. *Psychological Medicine*, *27*, 973–7.

MacLeod, A. K., Rose, G. S. & Williams, J. M. G. (1993). Components of hopelessness about the future in parasuicide. *Cognitive Therapy and Behaviour*, *17*, 441–55.

MacLeod, A. K., Tata, P., Tyrer, P., Schmidt, U., Davidson, K. & Thompson, S. (2005). Hopelessness and positive and negative future thinking in parasuicide. *British Journal of Clinical Psychology*, *44*, 495–504.

Mahon, K., Burdick, K. E., Wu, J., Ardekani, B. A. & Szeszko, P. R. (2012). Relationship between suicidality and impulsivity in bipolar I disorder: A diffusion tensor imaging study. *Bipolar Disorder, 14*, 80–9.

Makris, G. D., Reutfors, J., Larsson, R., Isacsson, G., Ösby, U., Ekbom, A., Ekselius, L. & Papadopoulos, F. C. (2016). Serotonergic medication enhances the association between suicide and sunshine. *Journal of Affective Disorders, 189*, 276–81.

Malloy-Diniz, L. F., Neves, F. S., Abrantes, S. S. C., Fuentes, D. & Correa, H. (2009). Suicide behavior and neuropsychological assessment of type I bipolar patients. *Journal of Affective Disorders, 112*, 231–6.

Mandelli, L. & Serretti, A. (2016). Gene-environment interaction studies in suicidal behaviour. In W. P. Kaschka & D. Rujescu (Eds.), *Biological aspects of suicidal behavior*. Basel: Karger.

Maniglio, R. (2011). The role of childhood sexual abuse in the etiology of suicide and non-suicidal self-injury. *Acta Psychiatrica Scandinavica, 124*, 30–41.

Mann, J. J. (2003). Neurobiology of suicidal behaviour. *Nature Reviews Neuroscience, 4*, 819–28.

(2013). The serotonergic system in mood disorders and suicidal behavior. *Philosophical Transactions of the Royal Society B Biological Science, 368*, 20120537.

Mann, J. J. & Arango, V. (1992). Integration of neurobiology and psychopathology in a unified model of suicidal behavior. *Journal of Clinical Psychopharmacology, 12*, S2–S7.

Mann, J. J. & Currier, D. (2016). Relationships of genes and early-life experience to the neurobiology of suicidal behavior. In R. C. O'Connor & J. Pirkis (Eds.), *The international handbook of suicide prevention*. Chichester: Wiley.

Mann, J. J. & Haghighi, F. (2010). Genes and environment: Multiple pathways to psychopathology. *Biological Psychiatry, 68*, 403–4.

Mann, J. J. & Michel, C. A. (2016). Prevention of firearm suicide in the United States: What works and what is possible. *American Journal of Psychiatry, 173*, 969–79.

Mann, J. J., Apter, A., Bertolote, J., Beautrais, A., Currier, D., Haas, A., Hegerl, U., Lonnqvist, J., Malone, K., Marusic, A., Mehlum, L., Patton, G., Phillips, M., Rutz, W., Rihmer, Z., Schmidtke, A., Shaffer, D., Silverman, M., Takahashi, Y., Varnik, A., Wasserman, D., Yip, P. & Hendin, H. (2005). Suicide prevention strategies: A systematic review. *JAMA, 294*, 2064–74.

Mann, J. J., Arango, V., Avenevoli, S., Brent, D. A., Champagne, F. A., Clayton, P., Currier, D., Dougherty, D. M., Haghigi, F., Hodge, S. E., Kleinman, J., Lehner, T., McMahon, F., Moscicki, E. K., Oquendo, M. A., Pandey, G. N., Pearson, J., Stanley, B., Terwilliger, J. & Wenzel, A. (2009). Candidate endophenotypes for genetic studies of suicidal behavior. *Biological Psychiatry, 65*, 556–63.

Mann, J. J., Currier, D., Stanley, B., Oquendo, M. A., Amsel, L. V. & Ellis, S. P. (2006). Can biological tests assist prediction of suicide in mood disorders? *International Journal of Neuropsychopharmacology, 9*, 465–74.

Mann, J. J., Waternaux, C., Haas, G. L. & Malone, K. M. (1999). Toward a clinical model of suicidal behavior in psychiatric patients. *American Journal of Psychiatry, 156*, 181–9.

Marchand, W. R., Lee, J. N., Johnson, S., Thatcher, J., Gale, P., Wood, N. & Jeong, E. K. (2012). Striatal and cortical midline circuits in major depression: Implications for suicide and symptom expression. *Progress in Neuropsychopharmacology and Biological Psychiatry, 36*, 290–9.

Martino, D. J., Strejilevich, S. A., Torralva, T. & Manes, F. (2011). Decision making in euthymic bipolar I and bipolar II disorders. *Psychological Medicine, 41*, 1319–27.

Marusic, A. (2005). History and geography of suicide: Could genetic risk factors account for the variation in suicide rates? *American Journal of Medical Genetics C Seminars in Medical Genetics, 133*, 43–7.

Marzuk, P. M., Hartwell, N., Leon, A. C. & Portera, L. (2005). Executive functioning in depressed patients with suicidal ideation. *Acta Psychiatrica Scandinavica, 112*, 294–301.

Mataix-Cols, D., Fernandez de la Cruz, L., Monzani, B., Rosenfield, D., Anderson, E., Perez-Viogil, A. et al. (2017). D-cycloserine augmentation of exposure-based cognitive behaviour therapy for anxiety, obsessive-compulsive, and posttraumatic stress disorders: A systematic review and meta-analysis of individual participant data. *JAMA Psychiatry*, *74*, 501–10.

Mathias, C. W., Dougherty, D. M., James, L. M., Richard, D. M., Dawes, M. A., Acheson, A. & Hill-Kapturczak, N. (2011). Intolerance to delayed reward in girls with multiple suicide attempts. *Suicide & Life- Threatening Behavior*, *41*, 277–86.

Matsuo, K., Nielsen, N., Nicoletti, M. A., Hatch, J. P., Monkul, E. S., Watanabe, Y., Zunta-Soares, G. B., Nery, F. G. & Soares, J. C. (2010). Anterior genu corpus callosum and impulsivity in suicidal patients with bipolar disorder. *Neuroscience Letters*, *469*, 75–80.

McCall, W. V., Benca, R. M., Rosenquist, P. B., Riley, M. A., McCloud, L., Newman, J. C., Case, D., Rumble, M. & Krystal, A. D. (2017). Hypnotic medications and suicide: Risk, mechanisms, mitigation and the FDA. *American Journal of Psychiatry*, *174*, 18–25.

McGirr, A. & Turecki, G. (2007). The relationship of impulsive aggressiveness to suicidality and other depression-linked behaviors. *Current Psychiatry Reports*, *9*, 460–6.

McGirr, A., Diaconu, G., Berlim, M. T., Pruessner, J. C., Sablé, R., Cabot, S. & Turecki, G. (2010). Dysregulation of the sympathetic nervous system, hypothalamic-pituitary-adrenal axis and executive function in individuals at risk for suicide. *Journal of Psychiatry and Neuroscience*, *35*, 399–408.

McGirr, A., Diaconu, G., Berlim, M. T. & Turecki, G. (2011). Personal and family history of suicidal behaviour is associated with lower peripheral cortisol in depressed outpatients. *Journal of Affective Disorders*, *131*, 368–73.

McGirr, A., Dombrovski, A. Y., Butters, M. A., Clark, L. & Szanto, K. (2012). Deterministic learning and attempted suicide among older depressed individuals: Cognitive assessment using the Wisconsin Card Sorting Task. *Journal of Psychiatric Research*, *46*, 226–32.

McGirr, A., Jollant, F. & Turecki, G. (2013). Neurocognitive alterations in first degree relatives of suicide completers. *Journal of Affective Disorders*, *145*, 264–9.

McGowan, P. O., Sasaki, A., D'Alessio, A. C., Dymov, S., Labonte, B., Szyf, M., Turecki, G. & Meaney, M. J. (2009). Epigenetic regulation of the glucocorticoid receptor in human brain associates with childhood abuse. *Nature Neuroscience*, *12*, 342–8.

McGuire, J. T., Nassar, M. R., Gold, J. I. & Kable, J. W. (2014). Functionally dissociable influences on learning rate in a dynamic environment. *Neuron*, *84*, 870–81.

Meerwijk, E. L., Ford, J. M. & Weiss, S. J. (2013). Brain regions associated with psychological pain: Implications for a neural network and its relationship to physical pain. *Brain Imaging and Behavior*, *7*, 1–14.

Melhem, N. M., Keilp, J. G., Porta, G., Oquendo, M. A., Burke, A., Stanley, B., Cooper, T. B., Mann, J. J. & Brent, D. A. (2016). Blunted HPA axis activity in suicide attempters compared to those at high risk for suicidal behavior. *Neuropsychopharmacology*, *41*, 1447–56.

Meltzer, H. Y., Alphs, L., Green, A. I., Altamura, A. C., Anand, R., Bertoldi, A., Bourgeois, M., Chouinard, G., Islam, M. Z., Kane, J., Krishnan, R., Lindenmayer, J. P., Potkin, S. & International Suicide Prevention Trial Study Group (2003). Clozapine treatment for suicidality in schizophrenia: International Suicide Prevention Trial (InterSePT). *Archives of General Psychiatry*, *60*, 82–91.

Menon, V. & Kattimani, S. (2015). Suicide and serotonin: Making sense of evidence. *Indian Journal of Psychological Medicine*, *37*, 377–8.

Meyer, J. H., Houle, S., Sagrati, S., Carella, A., Hussey, D. F., Ginovart, N., Goulding, V., Kennedy, J. & Wilson, A. A. (2004). Brain serotonin transporter binding potential measured with carbon 11-labeled DASB positron emission tomography: Effects of major depression episodes and severity of dysfunctional attitudes. *Archives of General Psychiatry*, *61*, 1271–9.

Meyer, J. H., McMain, S., Kennedy, S. H., Korman, L. Brown, G. M., DaSilva, J. N., Wilson, A. A., Blak, T., Eynan-Harvey, R., Goulding, V. S., Houle, S. & Links, P. (2003). Dysfunctional attitudes and 5-HT$_2$ receptors during depression and self-harm. *American Journal of Psychiatry*, *160*, 90–9.

Miller, A. B., Esposito-Smythers, C., Weismoore, J. T. & Renshaw, K. D. (2013). The relationship between child maltreatment and adolescent suicidal behaviour: A systematic review and critical examination of the literature. *Clinical Child and Family Psychology Review*, *16*, 146–72.

Miller, J. M., Kinnally, E. L., Ogden, R. T., Oquendo, M. A., Mann, J. J. & Parsey, R. V. (2009). Reported childhood abuse is associated with low serotonin binding in vivo in major depressive disorder. *Synapse*, *63*, 565–73.

Miranda, R., Valderrama, J., Tsypes, A., Gadol, E. & Gallagher, M. (2013). Cognitive inflexibility and suicidal ideation: Mediating role of brooding and hopelessness. *Psychiatry Research*, *210*, 174–81.

Mirkovic, B., Laurent, C., Podlipski, M. A., Frebourg, T., Cohen, D. & Gerardini, P. (2016). Genetic association studies of suicidal behavior: A review of the past 10 years, progress, limitations, and future directions. *Frontiers in Psychiatry*, *7*, 158.

Mittendorfer-Rutz, E., Rasmussen, F. & Wasserman, D. (2007). Familial clustering of suicidal behaviour and psychopathology in young suicide attempters: A register-based nested case control study. *Social Psychiatry and Psychiatric Epidemiology*, *43*, 28–36.

Miu, A. C., Carnut, M., Vulturara, R., Szekelly, R. D., Bilc, M. I., Chis, A., Fernandez, K. C., Szentagotai Tatar, A. & Gross, J. J. (2017). BDNF Val66Met polymorphism moderates the link between child maltreatment and reappraisalability. *Genes, Brain and Behavior*, *16*, 419–26.

MMWR (2013). Suicide among adults aged 35–64 years – United States, 1999–2010. *MMWR Morbidity and Mortality Weekly Reports*, *62*, 321–5.

(2017). Average number of deaths from motor vehicle injuries, suicide, and homicide, by day of the week. *US Department of Health and Human Services/Centers for Disease Control and Prevention*, *66*, 22.

Monkul, E. S., Hatch, J P., Nicoletti, M. A., Spence, S., Brambilla, P., Lacerda, A. L. T., Sassi, R. B., Mallinger, A. G., Keshavan, M. S. & Soares, J. C. (2007). Fronto-limbic brain structures in suicidal and non suicidal female patients with major depressive disorder. *Molecular Psychiatry*, *12*, 360–6.

Monroe, S. M. & Hadjiyannakis, H. (2002). The social environment and depression: Focusing on severe life stress. In I. H. Gotlib & C. L. Hammen (Eds.), *Handbook of depression*. New York, NY: Guilford Press.

Monson, E. T., De Klerk, K., Gaynor, S. C., Wagner, A. H., Breen, M. E., Parsons, M., Casavant, T. L., Zandi, P. P., Potash, J. B. & Willour, V. L. (2016). Whole-gene sequencing investigation of *SAT1* in attempted suicide. *American Journal of Medical Genetics Part B: Neuropsychiatric Genetics*, *171*, 888–95.

Montague, P. R., Dolan, R. J. & Friston, K. J. (2012). Computational psychiatry. *Trends in Cognitive Sciences*, *16*, 72–80.

Moran, R. J., Campo, P., Symmonds, M., Stephan, K. E., Dolan, R. J. & Friston, K. J. (2013). Free energy, precision and learning: The role of cholinergic neuromodulation. *Journal of Neuroscience*, *33*, 8227–36.

Morthorst, B. R., Soegaard, B., Nordentoft, M. & Erlangsen, A. (2016). Incidence rates of deliberate self-harm in Denmark 1994–2011. *Crisis*, *37*, 256–64.

Moutsiana, C., Charpentier, C. J., Garrett, N., Cohen, M. X. & Sharot, T. (2015). Human frontal-subcortical circuit and asymmetric belief updating. *Journal of Neuroscience*, *35*, 14077–85.

Muehlenkamp, J. J., Claes, L., Havertape, L. & Plener, P. L. (2012). International prevalence of adolescent non-suicidal self-injury and deliberate self-harm. *Child and Adolescent Psychiatry and Mental Health*, *6*, 10.

Muldoon, M. F., Manuck, S. B., Mendelsohn, A. B., Kaplan, J. R. & Belle, S. H. (2001). Cholesterol reduction and non-illness mortality: Meta-analysis of randomised clinical trials. *British Medical Journal*, *322*, 11–15.

Mullins, N., Hodgson, K., Tansey, K. E., Perroud, N., Maier, W., Mors, O., Rietschel, M., Hauser, J., Henigsberg, N., Souery, D., Aitchison, K., Farmer, A., McGuffin, P., Breen, G., Uher, R. & Lewis, C. M. (2014). Investigation of blood mRNA biomarkers for suicidality in an independent sample. *Translational Psychiatry*, *4*, e474.

Mumford, D. (1992). On the computational architecture of the neocortex. II. The role of cortico-cortical loops. *Biological Cybernetics*, *66*, 241–51.

Murphy, T. M., Ryan, M. & Foster, T. (2011). Risk and protective genetic variants in suicidal behaviour: Association with SLC1A2, SLC1A3, 5-HTR1B and NTRK2 polymorphisms. *Behavioral and Brain Functions*, *7*, 22.

Muthukumaraswamy, S. D., Shaw, A. D., Jackson, L. E., Hall, J., Moran, R. & Saxena, N. (2015). Evidence that sub-anesthetic doses of ketamine cause sustained disruptions of NMDA and AMPA-mediated frontoparietal connectivity in humans. *Journal of Neuroscience*, *35*, 11694–706.

National Confidential Inquiry into Suicide and Homicide by People with Mental Illness. (2014). *Suicide in primary care in England:2002–2011*. Manchester, UK. Available at www.bbmh.manchester.ac.uk/cmhr/research/centre-forsuicideprevention/nci/reports/SuicideinPrimaryCare2014.pdf.

Nemeroff, C. B. (2016). Paradise lost: The neurobiological and clinical consequences of child abuse and neglect. *Neuron*, *89*, 892–909.

Nery-Fernandes, F., Rocha, M. V., Jackowski, A., Ladeia, G., Guimaraes, J. L., Quarantini, L. C., Araùgo-Neto, C. A., De Oliveira, I. R. & Miranda-Scippa, A. (2012). Reduced posterior corpus callosum area in suicidal and non-suicidal patients with bipolar disorder. *Journal of Affective Disorders*, *142*, 150–5.

Niculescu, A. B., Levey, D., Le-Niculescu, H., Niculescu, E., Kurian, S. M. & Salomon, D. (2015a). Psychiatric blood biomarkers: Avoiding jumping to premature negative or positive conclusions. *Molecular Psychiatry*, *20*, 286–8.

Niculescu, A. B., Levey, D. F., Phalen, P. L., Le-Niculescu, H., Dainton, H. D., Jain, N., Belanger, E., James, A., George, S., Weber, H., Graham, D. L., Schweitzer, R., Ladd, T. B., Learman, R., Niculescu, E. M., Vanipenta, N. P., Khan, F. N., Mullen, J., Shankar, G., Cook, S., Humbert, C., Ballew, A., Yard, M., Gelbart, T., Shekhar, A., Schork, N. J., Kurian, S. M., Sandusky, G. E. & Salomon, D. R. (2015b). Understanding and predicting suicidality using a combined genomic and clinical risk assessment approach. *Molecular Psychiatry*, *20*, 1266–85.

Nielsen, O., Wallace, D. & Large, M. (2017). Pokorny's complaint: The insoluble problem of the overwhelming number of false positives generated by suicide risk assessment. *British Journal of Psychiatry Bulletin*, *41*, 18–20.

Njau, S., Joshi, S. H., Espinoza, R., Leaver, A. M., Vasavada, M., Marguina, A., Woods, R. P. & Narr, K. L. (2017). Neurochemical correlates of rapid treatment response to electroconvulsive therapy in patients with major depression. *Journal of Psychiatry and Neuroscience*, *42*, 6–16.

Nock, M. K. & Banaji, M. R. (2007). Assessment of self-injurious thoughts using a behavioral test. *American Journal of Psychiatry*, *164*, 820–3.

Nock, M. K. & Mendes, W. B. (2008). Physiological arousal, distress tolerance, and social problem-solving deficits among adolescent self-injurers. *Journal of Consulting and Clinical Psychology*, *75*, 28–38.

Nock, M. K., Borges, G., Bromet, E. J., Alonso, J., Angermeyer, M., Beautrais, A., Bruffaerts, R., Chiu, W. T., De Girolamo, G., Gluzman, S., De Graaf, R., Gureje, O., Haro, J. M., Huang, Y., Karam, E., Kessler, R. C., Lepine, J. P., Levinson, D., Medina-Mora, M. E., Ono, Y., Posada-Villa, J. & Williams, D. (2008). Cross-national prevalence and risk factors for suicidal ideation, plans and attempts. *British Journal of Psychiatry*, *192*, 98–105.

Nock, M. K., Park, J. M., Finn, C. T., Deliberto, T. L., Dour, H. J. & Banaji, M. R. (2010). Measuring the suicidal mind: Implicit cognition predicts suicidal behavior. *Psychological Science*, *21*, 511–17.

Nordentoft, M. (2011). Crucial elements in suicide prevention strategies. *Progress in Neuropsychopharmacology and Biological Psychiatry*, *35*, 848–53.

Nordt, C., Warnke, I., Seifritz, E. & Kawohl, W. (2015). Modelling suicide and unemployment: A longitudinal analysis covering 63 countries, 2000–2011. *Lancet Psychiatry*, *2*, 239–45.

NSRF (2016). *National self-harm registry Ireland: Annual report 2015*. Cork: National Suicide Research Foundation.

NVSS (2016). *National vital statistics reports*, vol. 65, no.4.

Nye, J. A., Purselle, D., Plisson, C., Voll, R. J., Stehouwer, J. S., Votaw, J. sR., Klits, C. D., Goodman, M. M. & Nemeroff, C. B. (2013). Decreased brainstem and putamen SERT binding potential in depressed suicide attempters using [11C]-zient PET imaging. *Depression & Anxiety*, *30*, 902–7.

O'Connor, D. B., Ferguson, E., Green, A., O'Carroll, R. E. & O'Connor, R. C. (2016). Cortisol levels and suicidal behavior: A meta-analysis. *Psychoneuroendocrinology*, *63*, 370–9.

O'Connor, D. B., Green, J. A., Ferguson, E., O'Carroll, R. E., O'Connor, R. C. (2017). Cortisol reactivity and suicidal behavior: Investigating the role of hypothalamic-pituitary-adrenal axis responses to stress in suicide attempters and ideators. *Psychoneuroendocrinology*, *75*, 183–91.

O'Connor, R. C. (2011). Towards an integrated motivational-volitional of suicidal behaviour. In R. C. O'Connor, S. Platt, & J. Gordon (Eds.), *International handbook of suicide prevention: Research, policy and practice* (pp. 181–98). Hoboken, NJ: Wiley Blackwell.

O'Connor, R. C. & Nock, M. (2014). The psychology of suicidal behaviour. *Lancet Psychiatry*, *1*, 73–85.

O'Connor, R. C., Ferguson, E., Scott, F., Smyth, R., McDaid, D., Park, A. L., Beautrais, A. & Armitage, C. J. (2017). A brief psychological intervention to reduce repetition of self-harm in patients admitted to hospital following a suicide attempt: A randomised controlled trial. *Lancet Psychiatry*, *4*, 541–460.

O'Connor, R. C., Fraser, L., Whyte, M. C., MacHale, S. & Masterton, G. (2008). A comparison of specific future expectancies and global hopelessness as predictors of suicidal ideation in a prospective study of repeat self-harmers. *Journal of Affective Disorders*, *110*, 207–14.

OECD (2012). *Health at a glance: Europe 2012*. Paris: OECD Publishing. Ohmann, S., Schuch, B., König, M., Blaas, S., Fliri, C. & Popow, C. (2008). Self-injurious behavior in adolescent girls. *Psychopathology*, *41*, 226–35.

Oldershaw, A., Grima, E., Jollant, F., Richards, C., Simic, M., Taylor, L. & Schmidt, U. (2009). Decision making and problem solving in adolescents who deliberately self-harm. *Psychological Medicine*, *39*, 95–104.

Olfson, M., Shaffer, D. & Marcus, S. C. (2003). Relationship between antidepressant medication treatment and suicide in adolescents. *Archives of General Psychiatry*, *60*, 978–82.

Olié, E., Ding, Y., Le Bars, E., Menjot de Champfleur, N., Mura, T., Bonafé, A., Courtet, P. & Jollant, F. (2015). Processing of decision making and social threat in patients with history of suicide attempt: A neuroimaging replication study. *Psychiatry Research Neuroimaging*, *234*, 369–77.

Olié, E., Jollant, F., Deverdun, J., Menjot de Champfleur, N., Cyprien, F., Le Bars, E., Mura, T., Bonafé, A. & Courtet, P. (2017). The experience of social exclusion in women with a history of suicidal acts: A neuroimaging study. *Scientific Reports*, *7*, 89.

Olié, E., Picot, M. C., Guillaume, S., Abbar, M. & Courtet, P. (2011). Measurement of total serum cholesterol in the evaluation of suicidal risk. *Journal of Affective Disorders*, *133*, 234–8.

Olvet, D. M., Peruzzo, D., Thapa-Chhetry, B., Sublette, M. E., Sullivan, G. M., Oquendo, M. A., Mann, J. J. & Parsey, R. V. (2014). A diffusion tensor imaging study of suicide attempters. *Journal of Psychiatric Research*, *51*, 60–7.

Oquendo, M. A., Galfalvy, H. C., Currier, D., Grunebaum, M. F., Sher, L., Sullivan, G. M., Burke, A. K., Harkavy-Friedman, J., Sublette, M. E., Parsey, R. V. & Mann, J. J. (2011). Treatment of suicide attempters with bipolar disorder: A randomized clinical trial comparing lithium with valproate in the prevention of suicidal behavior. *American Journal of Psychiatry*, *168*, 1050–56.

Oquendo, M. A., Galfalvy, H., Russo, S., Ellis, S. P., Grunebaum, M. F., Burke, A. & Mann, J. J. (2004). Prospective study of clinical predictors of suicidal acts after a major depressive episode in patients with major depressive disorder or bipolar disorder. *American Journal of Psychiatry*, *61*, 1433–41.

Oquendo, M. A., Galfalvy, H., Sullivan, G. M., Miller, J. M., Milak, M. M., Sublette, E., Cisneros-Trujillo, S., Burke, A. K., Parsey, R. V. & Mann, J. J. (2016). Positron emission tomographic imaging study of the serotonergic system and prediction of risk and lethality of future suicidal behavior. *JAMA Psychiatry*, *73*, 1048–55.

Oquendo, M. A., Perez-Rodriguez, M. M., Poh, E., Burke, A. K., Sublette, M. E., Mann, J. J. & Galfalvy, H. (2014a). Life events: A complex role in the timing of suicidal behavior among depressed patients. *Molecular Psychiatry*, *19*, 902–9.

Oquendo, M. A., Placidi, G. P., Malone, K. M., Campbell, C., Keilp, J., Brodsky, B., Kegeles, L. S., Cooper, T. B., Parsey, R. V., Van Heertum, R. L. & Mann, J. J. (2003). Positron emission tomography of regional brain metabolic responses to a serotonergic challenge and lethality of suicide attempts in major depression. *Archives of General Psychiatry*, *60*, 14–22.

Oquendo, M. A., Sullivan, G. M., Sudol, K., Baca-Garcia, E., Stanley, B. H., Sublette, M. E. & Mann, J. J. (2014b). Toward a biosignature for suicide. *American Journal of Psychiatry*, *171*, 1259–77.

Orlando, C. M., Broman-Fulks, J. J., Whitlock, J. L., Curtin, L. & Michael, K. D. (2015). Non-suicidal self-injury and suicidal self-injury: A taxometric investigation. *Behavior Therapy*, *46*, 824–33.

Osuch, E., Ford, K., Wrath, A., Bartha, R. & Neufeld, R. (2014). Functional MRI of pain application in youth who engaged in repetitive non- suicidal self-injury vs. psychiatric controls. *Psychiatry Research Neuroimaging*, *223*, 104–12.

Ouellet-Morin, I., Wong, C. C., Danese, A., Pariante, C. M., Papadopoulos, A. S., Mill, J. & Arseneault, L. (2013). Increased serotonin transporter gene (SERT) DNA methylation is associated with bullying victimization and blunted cortisol response to stress in childhood: A longitudinal study of discordant monozygotic twins. *Psychological Medicine*, *43*, 1813–23.

Pan, L. A., Batezati-Alves, S. C., Almeida, J. R. C., Segreti, A., Akkal, D., Hassel, S., Lakdawala, S., Brent, D. A. & Philips, M. L. (2011). Dissociable patterns of neural activity during response inhibition in depressed adolescents with and without suicidal behavior. *Journal of the American Academy of Child and Adolescent Psychiatry*, *50*, 602–11.

Pan, L. A., Hassel, S., Segreti, A., Nau, S. A., Brent, D. A. & Philiups, M. L. (2013a). Differential patterns of activity and functional connectivity in emotion processing neural circuitry to angry and happy faces in adolescents with and without suicide attempt. *Psychological Medicine*, *43*, 2129–42.

Pan, L. A., Segreti, A., Almeida, J., Jollant, F., Lawrence, N., Brent, D. A. & Philips, M. L. (2013b). Preserved hippocampal function during learning in the context of risk in adolescent suicide attempt. *Psychiatry Research Neuroimaging*, *211*, 112–18.

Pandey, G. N. & Dwivedi, Y. (2010). What can postmortem studies tell us about the pathoetiology of suicide? *Future Neurology*, *5*, 701–20.

(2012). Peripheral biomarkers for suicide. In Y. Dwivedi (Ed.), *The neurobiological basis of suicide*. Boca Raton, FL: CRC Press.

Passos, I. C., Mwangi, B. & Kapczinski, F. (2016). Big data analytics and machine learning: 2015 and beyond. *The Lancet Psychiatry*, *2016*, no.3, 13–15.

Pechtel, P., Lyons-Ruth, K., Anderson, C. M. & Teicher, M. H. (2014). Sensitive periods of amygdala development: The role of maltreatment in preadolescence. *NeuroImage*, *97*, 236–44.

Pedersen, M. G., Mortensen, P. B., Norgaard-Pedersen, B. & Postolache, T. T. (2012). *Toxoplasma gondii* infection and self-directed violence in mothers. *Archives of General Psychiatry*, *69*, 1123–30.

Perada, N., Guilera, G., Forns, M. & Gomez-Benito, J. (2009). The prevalence of sexual abuse in community and student samples: A meta-analysis. *Clinical Psychology Review*, *29*, 328–38.

Perroud, N., Paoloni-Giacobino, A., Prada, P., Olié, E., Salzmann, A., Nicastro, R., Guillaume, S., Mouthon, D., Stouder, C., Dieben, K., Huguelet, P., Courtet, P. & Malafosse, A. (2011). Increased methylation of glucocorticoid receptor gene (NR3C1) in adults with a history of childhood maltreatment: A link with the severity and type of trauma. *Translational Psychiatry*, *1*, e59.

Perroud, N., Salzmann, A., Prada, P., Nicastro, R., Hoeppli, M. E., Furrer, S., Ardu, S., Krejci, I., Karege, F. & Malafosse, A. (2013). Response to psychotherapy in borderline personality disorder and methylation status of the BDNF gene. *Translational Psychiatry*, *3*, e207.

Pestian, J. P., Sorfter, M., Connolly, B., Bretonnel, K., McCullumsmith, C., Gee, J. T., Morency, P. P., Scherer, S. & Rohlfs, L. for the STM Research Group. (2017). A machine learning approach to identifying thought markers of suicidal subjects: A prospective multicenter trial. *Suicide & Life-Threatening Behavior*, *47*, 112–21.

Petersen, S. E. & Posner, M. I. (2012). The attention system of the human brain: Twenty years after. *Annual Review of*

Neuroscience, 21, 73–89.

Philip, N. S., Tyrka, A. R., Albright, S. E., Sweet, L. H., Almeida, J., Price, L. H. & Carpenter, L. L. (2016). Early life stress predicts thalamic hyperconnectivity: A transdiagnostic study of global connectivity. *Journal of Psychiatric Research, 79,* 93–100.

Pirkis, J., Mok, K., Robinson, J. & Nordentoft, M. (2016). Media influences on suicidal thoughts and behaviors. In R. C. O'Connor & J. Pirkis (Eds.), *The international handbook of suicide prevention.* Chichester: Wiley.

Pirnia, T., Joshi, S. H., Leaver, A. M., Vasavada, M., Njau, S., Woods, R. P., Espinoza, R. & Narr, K. L. (2016). Electroconvulsivbe therapy and structural neuroplasiticiy in neocortical, limbic and paralimbic cortex. *Translational Psychiatry, 6,* e832.

Plener, P. L., Zohsel, K., Hohm, A., Buchmann, A. F., Banaschewskia, T., Zimmermann, U. S. & Laucht, M. (2017). Lower cortisol level in response to a psychosocial stressor in young females with self-harm. *Psychoneuroendocrinology, 76,* 84–7.

Pokorny, A. D. (1983). Prediction of suicide in psychiatric patients: Report of a prospective study. *Archives of General Psychiatry, 40,* 249–57.

Pollock, L. R. & Williams, J. M. G. (1998). Problem solving and suicidal behavior. *Suicide and Life-Threatening Behavior, 28,* 375–87.

(2001). Effective problem solving in suicide attempters depends on specific autobiographic recall. *Suicide and Life-Threatening Behavior, 31,* 386–96.

(2004). Problem-solving in suicide attempters. *Psychological Medicine, 34,* no.1, 163–7.

Pompili, M., Ehrlich, S., De Pisa, E., Mann, J. J., Innamorati, M., Cittadini, A., Montagna, B., Iliceto, P., Romano, A., Amore, M., Tatarelli, R. & Girardi, P. (2007). White matter hyperintensities and their associations with suicidality in patients with major affective disorders. *European Archives of Psychiatry and Clinical Neuroscience, 257,* 494–9.

Pompili, M., Innamorati, M., Mann, J. J., Oquendo, M. A., Lester, D., Del Casale, A., Serafini, G., Rigucci, S., Romano, A., Tamburello, A., Manfredi, G., De Pisa, E., Ehrlich, S., Giupponi, G., Amore, M., Tatarelli, R. & Girardi, P. (2008). Periventricular white matter hyperintensities as predictors of suicide attempts in bipolar disorders and unipolar depression. *Progress in Neuropsychopharmacology and Biological Psychiatry, 32,* 1501–7.

Pompili, M., Innamorati, M., Masotti, V., Personnè, F., Lester, D., Di Vittorio, C., Pompili, M., Longo, L., Dominici, G., Serafini, G., Lamis, D. A., Amore, M. & Girardi, P. (2016). Polyunsaturated fatty acids and suicide risk in mood disorders: A systematic review. *Progress in Neuropsychopharmacology and Biological Psychiatry.* Epub ahead of print.

Popova, N. K. & Naumenko, V. S. (2013). 5-HT$_{1A}$ receptor as a key player in the brain 5-HT system. *Reviews in the Neurosciences, 24,* 191–204.

Post, R. M. (1992). Transduction of psychosocial stress into the neurobiology of recurrent affective disorder. *American Journal of Psychiatry, 149,* 999–1010.

Poudel-Tandukar, K., Nanri, A., Iwasaki, L. M., Mizoue, T., Matsushita, Y., Takahashi, Y., Noda, M., Inoue, M. & Tsugane, S. and the Japan Public Health Center-Based Prospective Study Group (2011). Long chain n-3 fatty acids intake, fish consumption, and suicide in a cohort of Japanese men and women: The Japan Public Health Center-based (JPHC) prospective study. *Journal of Affective Disorders, 129,* 282–8.

Pouliot, L. & De Leo, D. (2006). Critical issues in psychological autopsy studies. *Suicide and Life-Threatening Behavior, 36,* 491–510.

Poulter, M. O., Weaver, I. C., Palkovits, M., Faludi, G., Merali, Z., Szyf, M. & Anisman, H. (2008). GABAA receptor promotor hypermethylation in the suicide brain: Implications for the involvement of epigenetic processes. *Biological Psychiatry, 64,* 645–52.

Preti, A. (2007). Suicide among animals: A review of evidence. *Psychological Reports, 101,* 831–48.

(2011). Animal models and neurobiology of suicide. *Progress in Neuro-Psychopharmacology and Biological*

Psychiatry, *35*, 818–830.

Price, R. B., Iosifescu, D. V., Murrough, J. W., Chang, L. C., Al Jurdi, R. K., Iqbal, S. Z., Soleimani, L., Charney, D. S., Foulkes, A. L. & Mathew, S. J. (2014). Effects of ketamine on explicit and implicit suicidal cognition: A randomized controlled trial in treatment-resistant depression. *Depression and Anxiety*, *31*, 335–43.

Priya, P. K., Rajappa, M., Kattimani, S., Mohanraj, P. S. & Revathy, G. (2016). Association of neurotrophins, inflammation and stress with suicide risk in young adults. *Clinica Chimica Acta*, *457*, 41–5.

Prosser, A., Helfer, B. & Leucht, S. (2016). Biological v. psychosocial treatments: A myth about pharmacotherapy v. psychotherapy. *British Journal of Psychiatry*, *208*, 309–11.

Pustilnik, A., Elkana, O., Vatine, J. J., Franko, M. & Hamdan, S. (2017). Neuropsychological markers of suicidal risk in the context of medical rehabilitation. *Archives of Suicide Research*, *21*, 293–306.

Rahnev, D. A., Maniscalco, B., Luber, B., Lau, H. & Lisanby, S. H. (2012). Direct injection of noise to the visual cortex decreases accuracy but increases decision confidence. *Journal of Neurophysiology*, *107*, 1556–63.

Rajkumar, R., Fam, J., Yeo, E. Y. M. & Dawe, G. S. (2015). Ketamine and suicidal ideation in depression: Jumping the gun? *Pharmacological Research*, *99*, 23–35.

Randall, J. R., Bowe, B. H., Dong, K. A., Nock, M. K. & Colman, I. (2013). Assessment of self-harm risk using implicit thoughts. *Psychological Assessment*, *25*, 714–21.

Rasmussen, S. A., O'Connor, R. C. & Brodie, D. (2008). The role of perfectionism and autobiographical memory in a sample of parasuicide patients: An exploratory study. *Crisis*, *29*, 64–72.

Raust, A., Slama, F., Flavie, M., Roy, I., Chenu, A., Koncke, D., Fouques, D., Jollant, F., Jouvent, E., Courtet, P., Leboyer, M. & Bellivier, F. (2007). Prefrontal cortex dysfunction in patients with suicidal behaviour. *Psychological Medicine*, *37*, 411–19.

Reeves, R. R. & Ladner, M. E. (2010). Antidepressant-induced suicidality: An update. *CNS Neuroscience & Therapeutics*, *16*, 227–34.

Reichl, C., Heyera, A., Brunner, R., Parzerc, P., Völker, J. M., Resch, F. & Kaess, M. (2016). Hypothalamic-pituitary-adrenal axis, childhood adversity and adolescent non-suicidal self-injury. *Psychoneuroendocrinology*, *74*, 203–11.

Reisch, T., Seifritz, E., Esposito, F., Wiest, R., Valach, L. & Michel, K. (2010). An fMRI study on mental pain and suicidal behavior. *Journal of Affective Disorders*, *126*, 321–5.

Reitz, S., Kluetsch, R., Niedtfeld, I, Korz, T., Lis, S., Paret, C., Kirsch, P. Meyer-Lindenberg, A., Treede, R. D., Baumgartner, U., Bohus, M. & Schmahl, C. (2015). Incision and stress regulation in borderline personality disorder: Neurobiological mechanisms of self-injurious behaviour. *British Journal of Psychiatry*, *207*, 165–72.

Renteria, M. E., Schmall, L., Hibar, D. P., Couvy-Duchesnel, B., Strike, L. T., Mills, N. T. et al. (2017). Subcortical brain structure and suicidal behaviour in major depressive disorder: A meta-analysis from the ENIGMA-MDD working group. *Translational Psychiatry*, *7*, 1116.

Resnick, S., Smith, R., Beard, J., Holena, D., Reilly, P., Schwab, C. W., Seamon, M. J. (2017). Firearm deaths in America: Can we learn from 462, 000 lives lost? *Annals of Surgery*, *266*, 432–40.

Retterstøl, N. (1993). *Suicide: A European perspective*. London: Cambridge University Press.

Ribeiro, J. D., Franklin, K. R., Fox, K. R., Bentley, K. H., Kleiman, E. M., Chang, B. P. & Nock, M. K. (2016). Self-injurious thoughts and behaviors as risk factors for future suicide ideation, attempts, and death: A meta-analysis of longitudinal studies. *Psychological Medicine*, *46*, no.2, 225–36.

Richard-Devantoy, S., Berlim, M. T. & Jollant, F. (2014). A meta-analysis of neuropsychological markers of vulnerability to suicidal behavior in mood disorders. *Psychological Medicine*, *44*, 1663–73.

(2015). Suicidal behaviour and memory: A systematic review and meta- analysis. *World Journal of Biological Psychiatry*, *16*, 544–66.

Richard-Devantoy, S., Ding, Y., Lepage, M., Turecki, G. & Jollant, F. (2016a). Cognitive inhibition in depression and suicidal behaviour: A neuroimaging study. *Psychological Medicine*, *46*, 933–44.

Richard-Devantoy, S., Ding, Y., Turecki, G. & Jollant, F. (2016b). Attentional bias toward suicide-relevant information: A cross-sectional study and a meta-analysis. *Journal of Affective Disorders*, *196*, 101–8.

Richard-Devantoy, S., Olié, E., Guillaume, S. & Courtet, P. (2016c). Decision-making in unipolar and bipolar suicide. *Journal of Affective Disorders*, *190*, 128–36.

Rihmer, Z. & Döhme, P. (2016). Major mood disorders and suicidal behavior. In R. C. O'Connor & J. Pirkis (Eds.), *The international handbook of suicide prevention*. Chichester: Wiley.

Rihmer, Z. & Gonda, X. (2013). Pharmacological prevention of suicide in patients with major mood disorder. *Neuroscience and Biobehavioral Reviews*, *37*, 2398–403.

Roberts, S., Keers, R., Lester, K. J., Coleman, J. R., Breen, G., Arendt, K., Blatter-Meunier, J., Cooper, P., Creswell, C., Fjermestad, K., Havik, O. E., Herren, C., Hogendoorn, S. M., Hudson, J. L., Krause, K., Lyneham, H. J., Morris, T., Nauta, M., Rapee, R. M., Rey, Y., Schneider, S., Schneider, S. C., Silverman, W. K., Thastum, M., Thirlwall, K., Waite, P., Eley, T. & Wong, C. C. Y. (2015). HPA axis-related genes and response to psychological therapies: Genetics and epigenetics. *Depresion & Anxiety*, *32*, 861–70.

Robinson, O. J., Vytal, K., Cornwell, B. R. & Grillon, C. (2013). The impact of anxiety upon cognition: Perspectives from human threat of shock studies. *Frontiers in Human Neuroscience*, *7*, 203.

Rockett, I. R. H., Lilly, C. L., Jia, H., Larkin, G. L., Miller, T. R., Nelson, L. S., Nolte, K. B., Putnam, S. L., Smith, G. S. & Caine, E. D. (2016). Self- injury mortality in the United States in the early 21st century: A comparison with proximally ranked diseases. *JAMA Psychiatry*, *73*, 1072–81.

Ross, O., Skatova, A., Madlon-Kay, S. & Daw, N. D. (2016). Cognitive control predicts use of model-based reinforcement learning. *Journal of Cognitive Neuroscience*, *27*, 319–33.

Roth, T. L., Lubin, F. D., Funk, A. J. & Sweatt, J. D. (2009). Lasting epigenetic influence of early-life adversity on the BDNF gene. *Biological Psychiatry*, *65*, 760–9.

Rowland, L. M., Bustillo, J. R., Mullins, P. G., Jung, R. E., Lenroot, R., Landgraf, E., Barrow, R., Yeo, R., Lauriello, J. & Brooks, W. M. (2005). Effects of ketamine on anterior cingulate glutamate metabolism in healthy humans: A 4-T proton MRS study. *American Journal of Psychiatry*, *162*, 394–6.

Roy, A. (2012). Gene-environment interaction and suicidal behaviour. In Y. Dwivedi (Ed.), *The biological basis of suicide*. Boca Raton, FL: CRC Press.

Roy, A., Gorodetsky, E., Yuan, Q., Goldman, D. & Enoch, M. A. (2010). Interaction of FKBP5, a stress-related gene, with childhood trauma increases the risk for attempting suicide. *Neuropsychopharmacology*, *35*, 1674–83.

Roy, A., Hodgkinson, C. A., DeLuca, V., Goldman, D. & Enoch, M. A. (2012). Two HPA axis genes, CRHBP and FKBP5, interact with childhood trauma to increase the risk for suicidal behavior. *Journal of Psychiatric Research*, *46*, 72–9.

Roy, A., Hu, X. Z., Janal, M. N. & Goldman, D. (2007). Interaction between childhood trauma and serotonin transporter gene variation in suicide. *Neuropsychopharmacology*, *32*, 2046–52.

Roy, B. & Dwivedi, Y. (2017). Understanding epigenetic architecture of suicide neurobiology: A critical perspective. *Neuroscience and Biobehavioral Reviews*, *72*, 10–27.

Roy, B., Shelton, R. C. & Dwivedi, Y. (2017). DNA methylation and expression of stress related genes in PBMC of MDD patients with and without serious suicidal ideation. *Journal of Psychiatric Research*, *89*, 115–24.

Rubinstein, D. H. (1986). A stress–diathesis theory of suicide. *Suicide and Life-Threatening Behavior*, *16*, 182–97.

Rüsch, N., Spoletini, I., Wilke, M., Martinotti, G., Bria, P., Trequattrini, A., Bonaviri, G., Caltagirone, C. & Spalletta, G. (2008). Inferior frontal white matter volume and suicidality in schizophrenia. *Psychiatry Research Neuroimaging*, *164*, 206–14.

Rutherford, B. R., Wager, T. D. & Roose, S. P. (2010). Expectancy and the treatment of depression: A review of experimental methodology and effects on patient outcome. *Current Psychiatry Review*, *6*, 1–10.

Rutherford, B. R., Wall, M. M., Brown, P. J., Choo, T. H., Wager, T. D., Peterson, B. S., Chung, S., Kirsch, I. & Roose, S. P. (2017). Patient expectancy as a mediator of placebo effects in antidepressant trials. *American*

Journal of Psychiatry, *174*, 135–42.

Rutherford, B. R., Wall, M. M., Glass, A. & Stewart, J. W. (2014). The role of patient expectancy in placebo and nocebo effects in antidepressant trials. *Journal of Clinical Psychiatry*, *75*, 1040–6.

Ryding, E., Ahnlide, J. A., Lindström, M. B., Rosén, I. & Träskman-Bendz, L. (2006). Regional brain serotonin and dopamine transporter binding capacity in suicide attempters relate to impulsiveness and mental energy. *Psychiatry Research Neuroimaging*, *148*, 195–203.

Sachs-Ericsson, N., Corsentino, E., Rushing, N. C. & Sheffler, J. (2013). Early childhood abuse and late-life suicidal ideation. *Aging and Mental Health*, *17*, no.4, 489–94.

Sachs-Ericsson, N., Hames, J. L., Joiner, T. E., Corsentino, M. S., Rushing, N. C., Palmer, E., Gotlib, I. H., Selby, E. A., Zarit, S. & Steffens, D. C. (2014). Differences between suicide attempters and non-attempters in depressed older patients: Depression severity, white matter lesions, and cognitive functioning. *American Journal of Geriatric Psychiatry*, *22*, 75–85.

Sachs-Ericsson, N. J., Rushing, N. C., Stanley, I. H. & Sheffler, J. (2015). In my end is my beginning: Developmental trajectories of adverse childhood experiences to late-life suicide. *Aging & Mental Health*, *20*, 139–65.

Sackheim, H. A. (2017). Modern electroconvulsive therapy: Vastly improved yet greatly underused. *JAMA Psychiatry*, *74*, 779–80.

Sadeh, N., Wolf, E. J., Logue, M. W., Hayes, J. P., Stone, A., Griffin, L. M., Schichman, S. A. & Miller, M. W. (2016). Epigenetic variation at SKA2 predicts suicide phenotypes and internalizing psychopathology. *Depression and Anxiety*, *33*, 308–15.

Sagar, R., Tsang, A., Ustun, T. B., Vassilev, S., Viana, M. C. & Williams, D. R. (2010). Childhood adversities and adult psychopathology in the WHO World Mental Health Surveys. *British Journal of Psychiatry*, *197*, 378–85.

Salpekar, J. A., Joshi, P. T., Axelson, D. A., Reinblatt, S. P., Yenokyan, G., Sanyal, A., Walkup, J. T., Vitiello, B., Luby, J. L., Wagner, K. D., Nusrat, N. & Riddle, M. A. (2015). Depression and suicidality outcomes in the treatment of early age mania study. *Journal of the American Academy of Child and Adolescent Psychiatry*, *4*, 999–1007.

Sanacora, G., Frye, M. A., McDonald, W., Mathew, S. J., Turner, M. S., Schatzberg, A. F., Summergrad, P. & Nemeroff, C. B., for the American Psychiatric Association (APA) Council of Research Task Force on Novel Biomarkers and Treatments (2017). A consensus statement on the use of ketamine in the treatment of mood disorders. *JAMA Psychiatry*, *74*, 399–405.

Sargalska, J., Miranda, R. & Marroquin, B. (2011). Being certain about an absence of the positive: Specificity in relation to hopelessness and suicidal ideation. *International Journal of Cognitive Therapy*, *4*, 104–16.

Sauder, C. L., Derbridge, C. M. & Beauchaine, T. P. (2015). Neural responses to monetary incentives among self-injury adolescent girls. *Development and Psychopathology*, *28*, 277–91.

Schaffer, A., Isometsa, E. T., Tondo, L., Moreno, D., Turecki, G., Reis, C., Cassidy, F., Sinyor, M., Azorin, J. M., Kessing, L. V., Ha, K., Goldstein, T., Weizman, A., Beautrais, A., Chou, Y. H., Diazgranados, N., Levitt, A. J., Zarate, C. A., Rihmer, Z. & Yatham, N. (2015). International Society for Bipolar Disorders Task Force on Suicide: Meta-analyses and meta-regression of correlates of suicide attempts and suicide deaths in bipolar disorder. *Bipolar Disorder*, *17*, 1–16.

Schmaal, L., Marquand, A. F., Rhebergen, D., van Tol, M. J., Ruhe, H. G., van der Wee, N. J., Veltman, D. J. & Penninx, B. W. (2015). Predicting the naturalistic course of major depressive disorder using clinical and multimodal neuroimaging information: A multivariate pattern recognition study. *Biological Psychiatry*, *78*, 278–86.

Schmitt, L. I., Wimmer, R. D., Nakajima, M., Happ, M., Mofakham, S. & Halassa, M. M. (2017). Thalamic amplification of cortical connectivity sustains attentional control. *Nature*, *545*, 219–23.

Schneider, B., Maurer, K., Sark, D., Heiskel, H., Weber, B. & Frolich, L. (2004). Concordance of DSM-IV Axis I and II diagnoses by personal and informant's interview. *Psychiatry Research*, *127*, 121–36.

Schneider, E., El Hajj, N., Müller, F., Navarro, B. & Haaf, T. (2015). Epigenetic dysregulation in the prefrontal cortex of suicide completers. *Cytogenetic and Genome Research, 146*, 19–27.

Schnieder, T. P., Trencevska, I., Rosoklija, G., Stankov, A., Mann, J. J., Smiley, J. & Dwork, A. J. (2014). Microglia of prefrontal white matter in suicide. *Journal of Neuropathology and Experimental Neurology, 73*, 880–9.

Scholes, K. E., Harrison, B. J., O'Neill, B. V., Leung, S., Croft, R. J., Pipingas, A., Phan, K. L. & Nathan, P. J. (2007). Acute serotonin and dopamine depletion improves attentional control: Findings from the Stroop task. *Neuropsychopharmacology, 32*, 1600–10.

Schotte, D. E. & Clum, G. A. (1982). Suicide ideation in a college population. *Journal of Consulting and Clinical Psychology, 50*, 690–6.

Schulman, J. J., Cancro, R., Lowe, S., Lu, F., Walton, K. D. & Llinas, R. R. (2011). Imaging of thalamocortical dysrhythmia in neuropsychiatry. *Frontiers in Human Neuroscience, 5*, 69.

Seguin, M., Beauchamp, G., Robert, M., Di Mambro, M. & Turecki, G. (2014). Developmental model of suicide trajectories. *British Journal of Psychiatry, 205*, 120–6.

Seguin, M., Lesage, A., Turecki, G., Bouchard, M., Chawky, N., Tremblay, N., Daigle, F. & Guy, A. (2007). Life trajectories and burden of adversity: Mapping the developmental profiles of suicide mortality. *Psychological Medicine, 37*, 1575–83.

Seligman, E. (1972). Learned helplessness. *Annual Review in Medicine, 23*, 407–12.

Sequeira, A., Mamdani, F., Ernst, C., Vawter, M. P. & Turecki, G. (2009). Global brain gene expression analysis links glutamatergic and GABAergic alterations to suicide and major depression. *PLoS One, 4*, e6585.

Serafini, G., Pompili, M., Innamorati, M., Fusar-Poli, P., Akiskal, H. S., Rihmer, Z., Lester, D., Romano, A., de Oliveira, I. R., Strusi, L., Ferracuti, S., Girardi, P. & Tatarelli, R. (2011). Affective temperamental profiles are associated with white matter hyperintensity and suicidal risk in patients with mood disorders. *Journal of Affective Disorders, 129*, 47–55.

Serafini, G., Pompili, M., Lindqvist, D., Dwivedi, Y. & Girardi, P. (2013). The role of neuropeptides in suicidal behavior: A systematic review. *BioMed Research International*, 687575.

Seymour, K., Jones, R. N., Cushman, G. K., Galvan, T., Puzia, M. E., Kim, K. L., Spirito, A. & Dickstein, D. P. (2016). Emotional face recognition in adolescent suicide attempters and adolescents engaging in non-suicidal self-injury. *European Child and Adolescent Psychiatry, 25*, 247–59.

Shaffer, A., Isometsä, E. T., Tondo, L., Moreno, D., Turecki, G., Reis, C., Cassidy, F., Sinyor, M., Azorin, J. M., Kessing, L. V., Ha, K., Goldstein, T., Weizman, A., Beautrais, A., Chou, Y. H., Diazgrandos, N., Levitt, A. J., Zarate, C. A., Rihmer, Z. & Yatham, L. N. (2015). International Society for Bipolar Disorders Task Force on Suicide: Meta-analysis and meta-regression of correlates of suicide attempts and suicide deaths in bipolar disorder. *Bipolar Disorder, 17*, no.1, 1–16.

Sharot, T. (2011). The optimism bias. *Current Biology, 21*, R941–R945.

(2012). The optimism bias. A TED talk on February 2012 [Internet]. TED conferences LLC, New York, NY. Available at www.ted.com/talks/tali_sharot_the_optimism_bias.html.

Sharot, T. & Garrett, N. (2016). Forming beliefs: Why valence matters. *Trends in Cognitive Sciences, 20*, 25–33.

Sharot, T., Kanai, R., Marston, D., Korn, C. W., Rees, G. & Dolan, R. J. (2012). Selectively altering belief formation in the human brain. *Proceedings of the National Academy of Science, 109*, 17058–62.

Sharot, T., Korn, C. W. & Dolan, R. J. (2011). How unrealistic optimism is maintained in the face of reality. *Nature Neuroscience, 14*, 1475–9.

Sheng, C. F. S., Stickley, A., Konishi, S. & Watanabe, C. (2016). Ambient air pollution and suicide in Tokyo, 2001–2011 *Journal of Affective Disorders, 201*, 194–202.

Shepard, D. S., Gurewich, D., Lwin, A. K., Reed, G. A. & Silverman, M. M. (2016). Suicide and suicidal attempts in the United States: Costs and policy implications. *Suicide and Life-Threatening Behavior, 46*, 352–62.

Sherman, S. M. (2016). Thalamus plays a central role in ongoing cortical functioning. *Nature Neuroscience, 19*, 533–41.

Sherman, S. M. & Guillery, R. W. (1998). On the actions that one nerve cell can have on another: Distinguishing between "drivers" and "modulators." *Proceedings of the National Academy of Sciences*, *95*, 7121–6.

Shinozaki, G., Romanowicz, M., Mrazek, D. A. & Kung, S. (2013). State dependent gene-environment interaction: Serotonin transporter gene-child abuse interaction associated with suicide attempt history among depressed psychiatric inpatients. *Journal of Affective Disorders*, *150*, 1200–3.

Shneidman, E. S. (1981). The psychologic autopsy. *Suicide and Life-Threatening Behavior*, *11*, 5–12.

Sidley, G. L., Whitaker, K., Calam, R. M. & Wells, A. (1997). The relationship between problem-solving and autobiographical memory in parasuicide patients. *Behavioural and Cognitive Psychotherapy*, *25*, 195–202.

Silverman, M. M. (2016). Challenges to defining and classifying suicide and suicidal behaviors. In R. C. O'Connor & J. Pirkis (Eds.), *The international handbook of suicide prevention*. Chichester: Wiley.

Simon, G. E. (2006). How can we know whether antidepressants increase suicide risk? *American Journal of Psychiatry*, *163*, 1861–3.

Sinclair, J. M. A., Crane, C., Hawton, K. & Williams, J. M. G. (2007). The role of autobiographical memory specificity in deliberate self-harm: Correlates and consequences. *Journal of Affective Disorders*, *102*, 11–18.

Snider, J. E., Hane, S. & Berman, A. L. (2006). Standardizing the psychological autopsy: Addressing the Daubert standard. *Suicide and Life-Threatening Behavior*, *36*, 511–18.

Soloff, P. H., Chiappetta, L., Mason, N. S., Becker, C. & Price, J. C. (2014). Effects of serotonin-2A receptor binding and gender on personality traits and suicidal behavior in borderline personality disorder. *Psychiatry Research – Neuroimaging*, *222*, 140–8.

Soloff, P. H., Price, J. C., Meltzer, C. C., Fabio, A., Frank, G. K. & Kaye, W. H. (2007). 5HT2A receptor binding is increased in borderline personality disorder. *Biological Psychiatry*, *62*, 580–7.

Soloff, P. H., Pruitt, P., Sharma, M., Radwan, J., White, R. & Diwadkar, V. A. (2012). Structural brain abnormalities and suicidal behavior in borderline personality disorder. *Journal of Psychiatric Research*, *46*, 516–25.

Sourander, A., Klomek, A. B., Niemelä, S., Haavisto, A., Gyllenberg, D., Helenius, H., Sillanmaki, L., Ristkari, T., Kumpulainen, K., Tamminen, T., Moilanen, I., Piha, J., Almqvist, F. & Gould, M. S. (2009). Childhood predictors of completed and severe suicide attempts: Findings from the Finnish 1981 Birth Cohort Study. *Archives of General Psychiatry*, *66*, 398–406.

Spence, S. A. (2009). *The actor's brain: Exploring the cognitive neuroscience of free will*. Oxford: Oxford University Press.

Spoletini, I., Piras, F., Fagioli, S., Rubino, I. A., Martinotti, G., Siracusano, A., Caltagirone, C. & Spalletta, G. (2011). Suicidal attempts and increased right amygdala volume in schizophrenia. *Schizophrenia Research*, *125*, 30–40.

Stefansson, J., Chatzittofis, A., Nordström, P., Arver, S., Asberg, M. & Jokinen, J. (2016). CSF and plasma testosterone in attempted suicide. *Psychoneuroendocrinology*, *74*, 1–6.

Stein, D. J., Chiu, W. T., Hwang, I., Kessler, R. C., Sampson, N. & Nock, M. K. (2010). Cross-national analysis of the associations between traumatic events and suicidal behavior: Findings from the WHO World Mental Health Surveys. *PLoS One*, *5*, e10574.

Stephan, K. E., Schlagenhauf, F., Huys, Q., Raman, S., Aponte, E. A., Brodersen, K. H., Rigoux, L., Moran, R. J., Daunizeau, J., Dolan, R. J., Friston, K. J. & Heinz, A. (2017). Computational neuroimaging strategies for single patient predictions. *NeuroImage*, *145*, 180–99.

Steward, J. G., Glenn, C. R., Esposito, E. C., Cha, C. B., Nock, M. K. & Auerbach, R. P. (2017). Cognitive control deficits differentiate adolescent suicide ideators from attempters. *Journal of Clinical Psychiatry*, *78*, 614–21.

Stone, A. (1971). Suicide precipitated by psychotherapy. *American Journal of Psychotherapy*, *25*, 18–28.

Stone, M., Laughren, T., Jones, M. L., Levenson, M., Holland, P. C., Hughes, A., Hammad, T. A., Temple, R. & Rochester, G. (2009). Risk of suicidality in clinical trials of antidepressants in adults: Analysis of propriety data submitted to US Food and Drug Administration. *British Medical Journal*, *339*, b2880.

Strike, L. T., Couvy-Duchesne, B., Hansell, N. K., Cuellar-Partida, G., Medland, S. E. & Wright, M. J. (2015). Genetics and brain morphology. *Neuropsychological Reviews, 25*, 63–96.

Stuckler, D. & Basu, S. (2013). *The body economic: Why austerity kills.* New York, NY: Basic Books.

Sublette, M. E., Hibbeln, J. R., Galfalvy, H., Oquendo, M. A. & Mann, J. J. (2006). Omega-3 polyunsaturated essential fatty acid status as a predictor of future suicide risk. *American Journal of Psychiatry, 163*, 1100–2.

Sublette, M. E., Milak, M. S., Galfalvy, H. C., Oquendo, M. A., Malone, K. M. & Mann, J. J. (2013). Regional brain glucose uptake distinguishes suicide attempters from non-attempters in major depression. *Archives of Suicide Research, 17*, 434–47.

Suderman, M., McGowan, P. O., Sasaki, A., Huang, T. C., Hallett, M. T., Meaney, M. J., Turecki, G. & Szyf, M. (2012). Conserved epigenetic sensitivity to early life experience in the rat and human hippocampus. *Proceedings of the National Academy of Sciences of the United States of America, 109*, 17266–72.

Sudol, K. & Mann, J. J. (2017). Biomarkers of suicide attempt behavior: Towards a biological model of risk. *Current Psychiatry Reports, 19*, 31.

Sullivan, G. M., Oquendo, M. A., Milak, M., Miller, J. M., Burke, A., Ogden, R. T., Parsey, R. V. & Mann, J. J. (2015). Positron emission tomography quantification of serotonin 1A receptor binding in suicide attempters with major depression. *JAMA Psychiatry, 72*, 169–78.

Sun, Y., Farzan, F., Mulsant, B. H., Rajji, T. K., Fitzgerald, P. B., Barr, M. S., Downar, J., Wong, W., Blumberger, D. M. & Daskalakis, Z. J. (2016). Indicators for remission of suicidal ideation following magnetic seizure therapy in patients with treatment-resistant depression. *JAMA Psychiatry, 73*, 337–45.

Szanto, K., Bruine de Bruin, W., Parker, A. M., Hallquist, M. N., Vanyukov, P. M. & Dombrovski, A. Y. (2015). Decision-making competence and attempted suicide. *Journal of Clinical Psychiatry, 76*, 1590–7.

Szymkowicz, S. M., McLaren, M. E., Suryadera, U. & Woods, A. J. (2016). Transcranial direct stimulation use in the treatment of neuropsychiatric disorders: A brief review. *Psychiatric Annals, 46*, 642–6.

Tatarelli, R., Girardi, P. & Amore, M. (2008). Suicide in the elderly. A psychological autopsy study in a north Italy area (1994–2004). *American Journal of Geriatric Psychiatry, 16*, 727–35.

Teicher, M. H. & Samson, J. A. (2013). Childhood maltreatment and psychopathology: A case for ecophenotypic variants as clinically and neurobiologically distinct subtypes. *American Journal of Psychiatry, 170*, 1114–33.
(2016). Enduring neurobiological effects of childhood abuse and neglect. *Journal of Child Psychology and Psychiatry, 57*, 241–66.

Teicher, M. H., Samson, J. A., Anderson, C. M. & Ohashi, K. (2016). The effects of childhood maltreatment on brain structure, function and connectivity. *Nature Reviews Neuroscience, 17*, 652–66.

Tiihonen, J., Haukka, J., Taylor, M., Haddad, P. M., Patel, M. X. & Korhonen, P. (2011). A nationwide cohort study of oral and depot antipsychotics after first hospitalization for schizophrenia. *American Journal of Psychiatry, 168*, 603–9.

Tiihonen, J., Lonnqvist, J. & Wahlbeck, K. (2006). Antidepressants and the risk of suicide, attempted suicide, and overall mortality in a nationwide cohort. *Archives of General Psychiatry, 63*, 1358–67.

Tkachev, D., Mimmack, M. L., Huffaker, S. J., Ryan, M. & Bahn, S. (2007). Further evidence for altered myelin biosynthesis and glutamatergic dysfunction in schizophrenia. *International Journal of Neuropsychopharmacology, 10*, 557–63.

Tondo, L. & Baldessarini, R. J. (2016). Suicidal behaviour in mood disorders: Response to pharmacological treatment. *Current Psychiatry Reports, 18*, 88.

Toplak, M. E., Sorge, G. B., Benoit, A., West, R. F. & Stanovich, K. E. (2010). Decision-making and cognitive abilities: A review of associations between Iowa Gambling Task performance, executive functions and intelligence. *Clinical Psychology Review, 30*, 562–81.

Tops, M., van der Pompe, G., Wijers, A. A., Den Boer, J. A., Meijman, T. F. & Korf, J. (2004). Free recall of pleasant words from recency positions is especially sensitive to acute administration of cortisol. *Psychoneuroendocrinology, 29*, 327–38.

Toranzo, J. M., Calvo, M., Padilla, E., Ballinger, T., Lucia, D., Swisher, T. et al. (2011). Dopaminergic projection abnormalities in untreated schizophrenia and unaffected first degree relatives. *Social Neuroscience Abstracts, 41*, 680.

Troister, T. & Holden, R. R. (2010). Comparing psychache, depression and hopelessness in their associations with suicidality: A test of Shneidman's theory of suicide. *Personality and Individual Differences*, 7, 689–93.

Tsafrir, S., Chubarov, E., Shoval, G., Levi, M., Nahshoni, E., Ratmansky, M., Weizman, A. & Zalsman, G. (2014). Cognitive traits in inpatient adolescents with and without prior suicide attempts and non-suicidal self-injury. *Comprehensive Psychiatry*, 55, 370–3.

Tsai, A. C., Lucas, M., Odereke, O. I., O'Reilly, E. J., Mirzaei, F., Kawachi, I., Ascherio, A. & Willlett, W. C. (2014). Suicide mortality in relation to dietary intake of n-3 and n-6 polyunsaturated fatty acids and fish: Equivocal findings from three large US cohort studies. *American Journal of Epidemiology*, 179, 1458–66.

Tsai, J. F. (2015). Suicide risk: Sunshine or temperature increase? *JAMA Psychiatry*, 72, 624–5.

Tsypes, A., Owens, M., Hajcak, G. & Brandon, E. (2017). Neural responses to gains and losses in children of suicide attempters. *Journal of Abnormal Psychology*, 126, 237–43.

Turecki, G. (2005). Dissecting the suicide phenotype: The role of impulsive-aggressive behaviours. *Journal of Psychiatry and Neuroscience*, 30, 398–408.

(2014a). Epigenetics and suicidal behavior research pathways. *American Journal of Preventive Medicine*, 47, S144–S151.

(2014b). The molecular bases of the suicidal brain. *Nature Reviews Neuroscience*, 15, 802–16.

(2016). Epigenetics of suicidal behaviour. In W. P. Kashka & D. Rujescu (Eds.), *Biological aspects of suicidal behaviour*. Basel: Karger.

Turecki, G. & Brent, D. (2016). Suicide and suicidal behaviour. *Lancet*, 387, 1227–39.

Turecki, G. & Meaney, M. J. (2016). Effects of the social environment and stress on glucocorticoid receptor gene methylation: A systematic review. *Biological Psychiatry*, 79, 87–96.

Turecki, G., Ernst, C., Jollant, F., Labonté, B. & Mechawar, N. (2012). The neurodevelopmental origins of suicidal behavior. *Trends in Neurosciences*, 35, 14–23.

Tyrka, A. R., Burgers, D. E., Philips, N. S., Price, L. H. & Carpenter, L. L. (2013). The neurobiological correlates of childhood adversity and implications for treatment. *Acta Psychiatrica Scandinavica*, 128, 434–46.

Tyrka, A. R., Price, L. H., Marsit, C., Walters, O. C. & Carpenter, L. L. (2012). Childhood adversity and epigenetic modulation of the leukocyte glucocorticoid receptor: Preliminary findings in healthy adults. *PLoS One*, 7, e30148.

US Department of Health and Human Services, Children's Bureau. (2017). *Child maltreatment 2015*. Available at www.acf.hhs.gov/sites/default/files/cb/cm2015.pdf.

Valuck, R. J., Libby, A. M. & Sills, M. R. (2004). Antidepressant treatment and risk of suicide attempt by adolescents with major depressive disorder: A propensity-adjusted retrospective cohort study. *CNS Drugs*, 18, 1119–32.

Van Dam, N. T., Rando, K., Potenza, M. N., Tuit, K. & Sinha, R. (2014). Childhood maltreatment, altered limbic neurobiology and substance abuse relapse severity via trauma-specific reductions in limbic gray matter volume. *JAMA Psychiatry*, 71, 917–25.

van Heeringen, K. (Ed.) (2001). *Understanding suicidal behaviour: The suicidal process approach to research, treatment and prevention*. Chichester: John Wiley & Sons.

van Heeringen, K. (2010). The story of Valerie. In M. Pompili (Ed.), *Suicide in the words of suicidologists* (pp. 215–7). New York, NY: Nova Science Publishers.

van Heeringen, K. & Mann, J. J. (2014). The neurobiology of suicide. *Lancet Psychiatry*, 1, 63–74.

van Heeringen, K., Audenaert, K., Van Laere, K., Dumont, F., Slegers, G., Mertens, J. & Dierckx, R. A. (2003). Prefrontal 5-HT2a receptor binding index, hopelessness, and personality characteristics in attempted suicide. *Journal of Affective Disorders*, 74, 149–58.

van Heeringen, K., Bijttebier, S. & Godfrin, K. (2011). Suicidal brains: A review of functional and structural brain studies in association with suicidal behaviour. *Neuroscience and Biobehavioural Reviews*, *35*, 688–98.

van Heeringen, K., Bijttebier, S., Desmyter, S., Vervaet, M. & Baeken, C. (2014). Is there a neuroanatomical basis of the vulnerability to suicidal behavior? A coordinate-based meta-analysis of structural and functional MRI studies. *Frontiers in Human Neuroscience*, *8*, 824.

van Heeringen, K., Godfrin, K. & Bijttebier, S. (2011). Understanding the suicidal brain: A review of neuropsychological studies of suicidal ideation and behaviour. In R. C. O'Connor, S. Platt, & J. Gordon (Eds.), *International handbook of suicide prevention: Research, policy and practice*. Hoboken, NJ: Wiley Blackwell.

van Heeringen, K., Van den Abbeele, D., Vervaet, M., Soenen, L. & Audenaert, K. (2010). The functional neuro-anatomy of mental pain in depression. *Psychiatry Research*, *181*, 141–4.

van Heeringen, K., Wu, G. R., Vervaet, M., Vanderhasselt, M. A. & Baeken, C. (2017). Decreased resting state metabolic activity in frontopolar and parietal brain regions is associated with suicide plans in depressed individuals. *Journal of Psychiatric Research*, *84*, 243–48.

Van Ijzendoorn, M. H., Caspers, K., Bakermans-Kranenburg, M. J., Beach, S. R. & Philibert, R. (2010). Methylation matters: Interaction between methylation density and serotonin transporter genotype predicts unresolved loss or trauma. *Biological Psychiatry*, *68*, 405–7.

Van Orden, K. A., Witte, T. K., Cukrowicz, K. C., Braithwaite, S., Selby, E. A. & Joiner, T. E. (2010). The interpersonal theory of suicide. *Psychological Reviews*, *117*, no.2, 575–600.

Vancayseele, N., Portzky, G. & van Heeringen, K. (2016). Increase in self-injury as a method of self-harm in Ghent, Belgium: 1987–2013. *PLoS One*, *11*, e0156711.

Vang, R. J., Ryding, E., Träskman-Bendz, L. & Lindstrom, M. B. (2010). Size of basal ganglia in suicide attempters, and its association with temperament and serotonin transporter density. *Psychiatry Research*, *183*, 177–9.

Vanyukov, P. M., Szanto, K., Hallquist, M. N., Siegle, G. J., Reynolds, C. F. III, Forman, S. D., Aizenstein, H. J. & Dombrovski, A. Y. (2016). Paralimbic and lateral prefrontal encoding of reward value during intertemporal choice in attempted suicide. *Psychological Medicine*, *46*, 381–91.

Verrocchio, M. C., Carrozzino, D., Marchetti, D., Andreasson, K., Fulcheri, M. & Bech, P. (2016). Mental pain and suicide: A systematic review of the literature. *Frontiers in Psychiatry*, *7*, 108.

Vinckier, F., Gaillard, R., Palimenteri, S., Rigoux, L., Salvador, A., Fornito, A., Adapa, R., Krebs, M. O., Pessiglione, M. & Fletcher, P. C. (2016). Confidence and psychosis: A neuro-computational account of contingency learning disruption by NMDA blockade. *Molecular Psychiatry*, *21*, 946–55.

Vita, A., De Peri, L. & Sacchetti, E. (2015). Lithium in drinking water and suicide prevention: A review of the evidence. *International Clinical Psychopharmacology*, *30*, 1–5.

Voracek, M. & Loible, L. M. (2007). Genetics of suicide: A systematic review of twin studies. *Wiener Klinische Wochenschriften*, *119*, 463–475.

Voracek, M. & Sonneck, G. (2007). Surname study of suicide in Austria: Differences in regional suicide rates correspond to the genetic structure of the population. *Wiener Klinische Wochenschriften*, *119*, 355–360.

Vyssoki, B., Kapusta, N. D., Praschak-Rieder, N., Dorffner, G. & Wileit, M. (2014). Direct effect of sunshine on suicide. *JAMA Psychiatry*, *71*, 1231–7.

Wagner, G., Koch, K., Schachtzabel, C., Schultz, C. C., Sauer, H. & Schlösser, R. G. (2011). Structural brain alterations in patients with major depressive disorder and high risk for suicide: Evidence for a distinct neurobiological entity? *Neuroimage*, *54*, 1607–14.

Wagner, G., Schultz, C. C., Koch, K., Schachtzabel, C., Sauer, H. & Schlösser, R. G. (2012). Prefrontal cortical thickness in depressed patients with high risk for suicidal behaviour. *Journal of Psychiatric Research*, *46*, 1449–55.

Walsh, N. D., Dalgleish, T., Lombardo, M. V., Dunn, V. J., VanHarmelen, A. L., Ban, M. & Goodyer, I. M. (2014). General and specific effects of early-life psychosocial adversities on adolescent grey matter volume. *NeuroImage*, *4*, 308–18.

Weaver, I. C. G., Cervoni, N., Champagne, F. A., D'Alessio, A. C., Sharma, S., Seckl, J. R., Dymov, S., Szyf, M. & Meaney, M. J. (2004). Epigenetic programming by maternal behavior. *Nature Neuroscience*, *7*, 847–54.

Weik, U., Ruhweza, J. & Deinzer, R. (2017). Reduced cortisol output during public speaking stress in ostracized women. *Frontiers in Psychology*, *8*, 60.

Weinstock, M. (2008). The long-term behavioural consequences of prenatal stress. *Neuroscience and Biobehavioral Reviews*, *32*, 1073–86.

Welk, B., McArthur, E., Ordon, M., Anderson, K. K., Hayward, J. & Dixon, S. (2017). Association of suicidality and depression with 5alpha-reductase inhibitors. *JAMA Internal Medicine*, *177*, 683–91.

Wender, P. H., Kety, S. S. & Rosenthal, D. (1986). Psychiatric disorders in the biological and adoptive families of ad-opted individuals with affective disorders. *Archives of General Psychiatry*, *43*, 923–9.

Wenzel, A. & Beck, A. T. (2008). A cognitive model of suicidal behavior: Theory and treatment. *Applied & Preventive Psychology*, *12*, no.4, 189–201.

Westheide, J., Quednow, B. B., Kuhn, K. U., Hoppe, C., Cooper-Mahkorn, D., Hawellek, B., Eichler, P., Maier, W. & Wagner, M. (2008). Executive performance of depressed suicide attempters: The role of suicidal ideation. *European Archives of Psychiatry and Clinical Neuroscience*, *258*, 414–21.

Whalley, K. (2016). Breaking down ketamine's actions. *Nature Reviews Neuroscience*, *17*, 399.

Whitaker, A. H., Van Rossem, R., Feldman, J. F., Schonfeld, I. S., Pinto- Martin, J. A., Tore, C., Shaffer, D. & Paneth, N. (1997). Psychiatric outcomes in low-birth-weight children at age six years: Relation to neonatal cranial ultra-sound abnormalities. *Archives of General Psychiatry*, *54*, 847–56.

Whitlock, J., Muehlenkamp, J., Eckenrode, J., Purington, A., Barrera, P., Baral-Abrams, G. & Smith, E. (2013). Non-suicidal self-injury as a gateway to suicide in adolescents and young adults. *Journal of Adolescent Health*, *52*, 486–92.

WHO (2014). *Preventing suicide: A global imperative*. Geneva: World Health Organization.

(2017). Suicide rates (per 100,000 population). Available at www.who.int/gho/mental_health/suicide_rates/en/.

Wilkinson, P., Kelvin, R., Roberts, C., Dubicka, B. & Goodyer, I. (2011). Clinical and psychosocial predictors of suicide attempts and nonsuicidal self-injury in the Adolescent Depression Antidepressants and Psychotherapy Trial (ADAPT). *American Journal of Psychiatry*, *168*, 495–501.

Willeumier, K., Taylor, D. V. & Amen, D. G. (2011). Decreased cerebral blood flow in the limbic and prefrontal cortex using SPECT imaging in a cohort of completed suicides. *Translational Psychiatry*, *1*, 28.

Williams, J. M. G. (1996). Depression and the specificity of autobiographical memory. In D. C. Rubin (Ed.), *Remembering our past: Studies in autobiographical memory* (pp. 244–67). Cambridge: Cambridge University Press.

(2001). *The cry of pain*. London: Penguin.

Williams, J. M. G. & Broadbent, K. (1986). Autobiographical memory in suicide attempters. *Journal of Abnormal Psychology*, *95*, no.2, 144–9.

Williams, J. M. G. & Dritschel, B. H. (1988). Emotional disturbance and the specificity of autobiographical memory. *Cognition and Emotion*, *2*, 221–34.

Williams, J. M. G. & Pollock, L. (2001). Psychological aspects of the suicidal process. In K. van Heeringen (Ed.), *Understanding suicidal behaviour: The suicidal process approach to research, treatment and prevention* (pp. 76–94). Chichester: John Wiley.

Williams, J. M. G., Barnhofer, T., Crane, C. & Beck, A. T. (2005a). Problem solving deteriorates following mood challenge in formerly depressed patients with a history of suicidal ideation. *Journal of Abnormal Psychology*, *114*, 421–31.

Williams, J. M. G., Barnhofer, T., Crane, C., Hermans, D., Raes, F., Watkins, E. & Dalgleish, T. (2007). Autobiographical memory specificity and emotional disorder. *Psychological Medicine*, *133*, 122–48.

Williams, J. M. G., Crane, C., Barnhofer, T. & Duggan, D. (2005b). Psychology and suicidal behavior: Elaborating the entrapment model. In K. Hawton (Ed.), *Suicide and suicidal behavior: From science to practice* (pp. 71–90). Oxford:

Oxford University Press.

Williams, J. M. G., Fennell, M., Barnhofer, T., Crane, R. & Silverton, S. (2015). *Mindfulness and the transformation of despair: Working with people at risk of suicide.* New York: Guilford Press.

Williams, J. M. G., van der Does, A. J. W., Barnhofer, T., Crane, C. & Zegal, Z. S. (2008). Cognitive reactivity, suicidal ideation and future fluency: Preliminary investigation of a differential activation theory of hopelessness/suicidality. *Cognitive Therapy and Research, 32,* 83–104.

Windfuhr, K., Steeg, S., Hunt, I. M. & Kapur, N. (2016). International perspectives on the epidemiology and etiology of suicide and self-harm. In R. C. O'Connor & J. Pirkis (Eds.), *The international handbook of suicide prevention.* Chichester: Wiley.

Witt, K. (2017). The use of emergency department-based psychological interventions to reduce repetition of self-harm. *Lancet Psychiatry, 4,* 428–9.

Yager, J. (2015). Addressing patients' psychic pain. *American Journal of Psychiatry, 172,* 939–43.

Yang, A. C., Tsai, S. J. & Huang, N. E. (2011). Decomposing the association of completed suicide with air pollution, weather and unemployment data at different time scales. *Journal of Affective Disorders, 129,* 275–81.

Ych, Y. W., Ho, P. S., Chen, C. Y., Kuo, S. C., Liang, C. S., Ma, K. H., Shiue, C. Y., Huang, W. S., Cheng, C. Y., Wang, T. Y., Lu, R. B. & Huang, S. Y. (2015). Incongruent reduction of serotonin transporter associated with suicide attempts in patients with major depressive disorder: A positron emission tomography study with 4-[^{18}F]-ADAM. *International Journal of Neuropsychopharmacology, 18,* 1–9.

Yin, H., Pantazatos, S. P., Galfalvy, H., Huang, Y., Rosoklija, G. B., Dwork, A. J., Burke, A., Arango, V., Oquendo, M. A. & Mann, J. J. (2016). A pilot integrative genomics study of GABA and glutamate neurotransmitter systems in suicide, suicidal behavior, and major depressive disorder. *American Journal of Medical Genetics Part B, 171,* 414–26.

Yoshimasu, K., Kiyohara, C., Miyashita, C. and the Stress Research Group of the Japanese Society for Hygiene (2008). Suicidal risk factors and completed suicide: Meta-analyses based on psychological autopsy studies. *Environmental Health and Preventive Medicine, 13,* 243–56.

Young, K. A., Bonkale, W. L., Holcomb, L. A., Hicks, P. B. & German, D. C. (2008). Major depression, 5HTTL-PR genotype, suicide and antidepressant influence on thalamic volume. *British Journal of Psychiatry, 192,* 285–9.

Young, K. A., Holcomb, L. A., Bonkale, W. L., Hicks, P. B. & German, D. C. (2007). 5HTTLPR polymorphism and enlargement of the pulvinar: Unlocking the backdoor to the limbic system. *Biological Psychiatry, 61,* 813–18.

Yovell, Y., Bar, G., Mashiah, M., Baruch, Y., Briskman, I., Asherov, J., Lotan, A., Rigbi, A. & Panksepp, J. (2016). Ultra-low-dose buprenorphine as a time-limited treatment for severe suicidal ideation: A randomized controlled trial. *American Journal of Psychiatry, 173,* 491–8.

Yuan, X. & Devine, D. P. (2016). The role of anxiety in vulnerability for self-injurious behaviour: Studies in a rodent model. *Behavioural Brain Research, 311,* 201–209.

Yurgelun-Todd, D. A., Bueler, C. E., McGlade, E. C., Churchwell, J. C., Brenner, L. A. & Lopez-Larson, M. P. (2011). Neuroimaging correlates of traumatic brain injury and suicidal behavior. *Journal of Head Trauma Rehabilitation, 26,* 276–89.

Zeng, L. L., Liu, L., Liu, Y., Shen, H., Li, Y. & Hu, D. (2012). Antidepressant treatment normalizes white matter volume in patients with major depression. *PLoS One, 7,* no.8, e44248.

Zhang, J., Wieczorek, W., Conwell, Y., Tu, X. M., Wu, B. Y. & Xiao, S. (2010). Characteristics of young rural Chinese suicides: A psychological autopsystudy. *Psychological Medicine, 40,* 581–9.

Zhang, S., Chen, J. M., Kuang, L., Cao, J., Zhang, H., Ai, M., Wang, W., Zhang, S. D., Wang, S. Y., Liu, S. J. & Fang, W. D. (2016). Association between abnormal default mode network activity and suicidality in depressed adolescents. *BMC Psychiatry, 16,* 337.

Zhang, Y., Catts, V. S., Sheedy, D., McCrossin, T., Krill, J. J. & Shannon Weickert, C. (2016). Cortical gray matter volume reduction in people with schizophrenia is associated with neuro-inflammation. *Translational Psychiatry*, *6*, 982.

Zou, Y., Li, H., Shi, C., Zhou, H. & Zhang, J. (2017). Efficacy of psychological-pain theory-based cognitive therapy in suicidal patients with major depressive disorder: A pilot study. *Psychiatry Research*, *249*, 23–9.

Zuckerman, M. (1999). *Vulnerability to psychopathology: A biosocial model*. Washington, DC: American Psychological Association.

索 引

（索引所标示数字为本书边码）

译后记

　　自杀意愿是最复杂、最令人困惑的心理现象之一，因为它违背了人类乃至生物的自我保护本能。相当多心理学、精神病学研究者投身到自杀领域的研究中，希望厘清自杀背后的原因，找到精准的预防和干预方法。尽管这些研究已经取得了很多成果，但我们离真正的精准预防还有很长的一段路要走。

　　我从读硕士开始就一直从事有关自伤、自杀的研究，研究对象主要集中于青少年和大学生。这个群体的情绪波动大、冲动性强，容易出现自伤、自杀等极端行为。我主要使用问卷、访谈等自我报告的方法进行研究。自我报告法的好处是效度高，能直接测量到我们想测的内容；效率高，能同时收集成百上千人的数据。我们也从这样的研究中得到了很多有意义的结果，比如发现了自伤、自杀行为的远端家庭风险因素与近端情绪、认知风险因素及其交互作用的影响，并据此建立了准确度较高的筛查模型。

　　在使用自我报告法进行自伤、自杀研究的同时，我也在关注着使用神经科学方法进行自杀相关研究的进展。神经科学方法相较于自我报告法是较新的研究方法，相关文章数量较少，高质量的综述文章更是鲜少见到。这对于想要系统了解自杀行为的神经科学的研究者来说，无疑是一个困难。

　　2020 年，当收到浙江教育出版社的邀请，翻译由比利时根特大学的自杀研究专家凯斯·万·黑林根教授所著的《自杀行为神经科学》时，我感到既兴奋又激动，立刻便答应了。一方面，我可以借由翻译本书的机会系统地了解有关自杀行为的神经科学方面的研究成果；另一方面，也有机会为自杀研究在我国的深入开展贡献一点微薄的力量。

　　翻译完本书后，我得出了这样一些结论：首先，自杀的神经科学研究仍然处在初级阶段，很多研究是零散的、不成系统的，很多研究结果是不能重复的、甚至是相互矛盾的，后续还有大量工作需要更多研究者参与进来，找出一块块自杀行为的神经科学拼图，并将这些拼图整合成一幅完整的图画；其次，在现有的科技水平下，神经科学方法还是要跟自我报告法结合起来使用，才能达到最佳的预测自杀行为的效果。此外，在干预自杀的方法中，药物治疗、神经疗法和心理治疗都可能有效果，但具体使用什么方法或哪些方法的组合，还是要针对具体个案做具体分析。

本书翻译的完成是我和我的学生团队共同努力的结果。黄佳铃、许淑芳、蒋丽云参与了第 1 章的翻译；应洁峰、陈丹睿、许梓彦、刘心豪参与了第 2 章的翻译；吴慧娇、高倩倩参与了第 3 章的翻译；周星霖、张雁双参与了第 4 章的翻译；刘贝妮参与了第 5 章和第 8 章的翻译；沈云红、黄洁姮、黄舞月参与了第 6 章的翻译；王盈双、孙若涵、黄伟舜参与了第 7 章的翻译；郭佳琪、张雁双参与了第 9 章的翻译；武如云、孙若涵、陈泽铭参与了第 10 章的翻译。由于水平不足，翻译难免有错漏之处，还请读者指正。

自杀是对人类威胁最大的心理问题。我希望透过本书，有更多的人能关注有关自杀的研究，也期待自杀研究的进展能为预防日益频发的自杀行为指明进一步的方向。

攸佳宁

2022 年 1 月